W0262793

Andreas Nieden
Werner Geigle

UNIX

für Systemverwalter

Andreas Nieden
Werner Geigle

UNIX

für Systemverwalter

**Eine professionelle Anleitung
am Beispiel von SCO UNIX**

Die Deutsche Bibliothek - CIP-Einheitsaufnahme

Nieden, Andreas:
UNIX für Systemverwalter : eine professionelle Anleitung am
Beispiel von SCO UNIX / Andreas Nieden ; Werner Geigle. -
Braunschweig ; Wiesbaden : Vieweg, 1993
   ISBN-13:978-3-322-83053-1   e-ISBN-13:978-3-322-83052-4
   DOI: 10.1007/978-3-322-83052-4

NE: Geigle, Werner:

Das in diesem Buch enthaltene Programm-Material ist mit keiner Verpflichtung oder Garantie irgendeiner Art verbunden. Die Autoren und der Verlag übernehmen infolgedessen keine Verantwortung und werden keine daraus folgende oder sonstige Haftung übernehmen, die auf irgendeine Art aus der Benutzung dieses Programm-Materials oder Teilen davon entsteht.

Der Verlag Vieweg ist ein Unternehmen der Verlagsgruppe Bertelsmann International.

Gedruckt auf säurefreiem Papier

ISBN-13:978-3-322-83053-1

Vorwort

Die Idee, ein Buch über die Systemadministration von **UNIX** auf
dem Personal Computer zu schreiben, kam im direkten Umgang mit
diesem Betriebssystem in der Praxis. Das Wälzen der in englischer
Sprache verfaßten Handbücher war äußerst mühsam, was zusätzlich
noch durch eine für unsere Begriffe schlecht durchdachte Aufteilung
der Handbücher unnötig erschwert wurde. Was bis dahin fehlte, war
eine kompakte Zusammenfassung aller Themen in einem durchschau-
baren Werk, das sowohl als Lektüre wie auch als Nachschlagewerk zu
gebrauchen sei.
Aus diesen Gedanken heraus entstand letztendlich dieses Buch, bei
dem von unserer Seite her besonderer Wert darauf gelegt wurde, die
wirklich wichtigen Themen zum Handling eines so komplexen Betriebssystems, wie es **UNIX** ist, gründlich zu behandeln. Die Adres-
saten dieses Buches sind in erster Linie die, die sich mit der Installation, Wartung und Administration von **SCO-UNIX** auseinandersetzen wollen oder müssen.
Durchaus brauchbare Tips und Hinweise wird es sicherlich auch für
den einen oder anderen 'eingefleischten' UNIX-Profi unter Ihnen geben können, insbesondere dann, wenn diese von den 'großen' **UNIX**-
Systemen auf **SCO-UNIX** 'losgelassen' werden. Vieles ist dabei halt
doch etwas anders, als bei den teilweise doch sehr monströsen Maschinen der EDV-Vorzeit, schließlich haben Sie es, liebe Leser, nunmehr
mit Personal Computern zu tun, und mit dem damit zwangsläufig
verbundenen exorbitanten Angebot an Soft- und Hardware.
Gerade die Hardware aber ist es, die den Systemadministratoren vielfach Kopfschmerzen bereitet, denn eine ganze Reihe an mehr oder weniger sinnvoller Hardware wird zwar unter **MS-DOS**, aber lange noch
nicht von **SCO-UNIX** unterstützt. Unter den ganzen **PC-UNIX-**

Derivaten, die es zur Zeit auf dem Markt gibt, ist das **UNIX** der Santa Cruz Operation nicht nur das am weitesten verbreitete, sondern auch das mit der größten Palette an Hardwaretreibern. Sollte also das I/O Board 'X' oder aber der Netzwerkadapter 'Y' relativ stark auf dem Hardwaremarkt verbreitet sein, so können Sie sich bereits fast sicher sein: **SCO** stellt hierfür bereits standardmäßig einen Treiber bereit. Ein weiterhin äußerst interessantes Einsatzgebiet unseres Buches ist sicherlich der Schulungsbereich, wobei es bei **UNIX**-Schulungen unterschiedlichster Formen als Begleit- und Nachschlagewerk dienen kann.

Bonn, im März 1993   Werner Geigle
                                               Andreas Nieden

Inhaltsverzeichnis

Einleitung

Zur Lektüre des vorliegenden Werkes möchten wir Sie, liebe Leser, recht herzlich begrüßen. Was dürfen Sie eigentlich von einem Buch über die Systemverwaltung von **SCO-UNIX** erwarten? Vielleicht sollten wir zunächst ein paar grundsätzliche Begriffe klären, wobei wir Sie allerdings von der in der Vergangenheit bereits schon oft zitierten Entstehungsgeschichte des **UNIX**-Betriebssystems bewahren möchten.

SCO-UNIX ist das Mehrbenutzersystem, das die technischen Fähigkeiten eines INTEL 386/486 Prozessors in vollem Umfang nutzt. Dieser Prozessor ist das Herz der Personal Computer, die wie keine anderen Rechner auf dem heutigen Markt einen derartigen Boom verzeichnen konnten.

Wir möchten, daß Sie mit dem Begriff **UNIX** auch schlicht Freude an der Arbeit mit dem Personal Computer verbinden. Viele liebe Kollegen arbeiten unter Umständen mit Ihnen an einem Rechner und teilen sich die wertvolle CPU-Zeit. Eine ganze Reihe an Programmen, die mit dem Betriebssystem zur Auslieferung kommen, sind speziell nur für den Bereich Kommunikation gedacht. Wenn Ihnen danach ist, einen Arbeitskollegen zu grüßen, dann schreiben Sie ihm doch eine 'E- Mail'. Wenn Sie direkt mit jemandem etwas abklären wollen, dann rufen Sie doch das Programm **talk** auf, um direkt Ihr Problem loszuwerden.

UNIX kommt aus einer amerikanischen (kalifornischen) Universität, und ist speziell dazu konzipiert worden, daß mehrere Studenten sich die vorhandenen Ressourcen teilen. Der Begriff 'Kommunikation' war dabei sicherlich nicht nur ein Schlagwort, sondern das Thema schlechthin. Was wir Ihnen langjähriger Erfahrung im Umgang mit dem Betriebssystem **UNIX**, wie auch im Umgang mit unseren Kunden sagen möchten, ist: sehen Sie bloß alles nicht so schrecklich verbissen und 'bierernst'. Ist das Betriebssystem einmal abgestürzt (davor sind Sie wirklich niemals sicher), dann versuchen Sie ruhig einmal, auch einen Witz darüber loszuwerden. Glauben Sie uns: in den meisten Fällen hätte der Systemadministrator den Fehler zum Beispiel durch angemessene Konfiguration verhindern können.

Soviel zu diesem Thema. Knüpfen wir nun dort an, wo **UNIX** seine Geburtsstunde erleben durfte. Wen verwundert es, daß genau dort auch der Grundstein für ein Unternehmen gelegt wurde, das heute weltweit Marktführer für **UNIX**-Betriebssysteme auf dem 'Personal Computer' ist.

Die Santa Cruz Operation wurde zu Beginn der 80er Jahre im sonnigen Kalifornien gegründet und befaßt sich seit jeher schon mit der Portierung von **UNIX**-Betriebssystemen auf Rechner mit INTEL Prozessoren. Am Anfang war das aber noch nicht das AT&T-UNIX, sondern eine Portierung von Microsoft. Diese breitete sich unter dem Deckmäntelchen **XENIX** auf diesem neuen und sicherlich schon damals interessanten Personal Computer-Markt aus. Die erste Version von **XENIX** der Santa Cruz Operation war eine Portierung für den INTEL 8086 Prozessor. Da dieser allerdings nur 1 MB Speicher adressieren konnte und zudem noch keinerlei Speicherschutzmechanismen aufzuzeigen hatte, war das für viele uninteressant.

Als jedoch 1984/85 die ersten 80286-AT's vorgestellt wurden, und mit diesen Rechnern das **SCO XENIX 286**, kam langsam aber sicher Bewegung in den Markt der Betriebssysteme. Schließlich stellte **SCO** ein Mehrbenutzersystem vor, das von dem neuen geschützten Modus des INTEL 80286 Prozessors Gebrauch machte. Mit diesem 'protected mode' fielen die Grenzen des damals schon nicht ausreichend vorhandenen Arbeitsspeichers (allerdings mußte man sich immer noch mit der Segmentierung des Speichers herumärgern), und es war möglich, bis zu 16 MByte an RAM zu verwalten (eine für damalige Begriffe unerhörte Menge an Speicher). Wenige Zeit später gesellten sich dann die INTEL 80386 Prozessoren hinzu, die endlich als volle 32-Bit Rechner anderen, altgedienten und bewährten 32-Bit Prozessoren (etwa 68020/30 von Motorola) Paroli bieten konnten. So ließ die Entwicklung eines **SCO XENIX 386** nicht lange auf sich warten. Daß mit dieser neuen Technologie irgendwann auch der bis dahin 'geheiligte'

Name **UNIX** mit ins Rennen gebracht wurde, war nur noch eine Frage der Zeit (oder der Finanzen ?). Im Jahre 1989 war es dann schließlich soweit. **SCO UNIX System V/386 Release 3.2** wurde vorgestellt. Seit Ende 1989 aber ist einige Zeit vergangen, und ein Großteil der Kinderkrankheiten eines solchen Portierungsprojektes sind ausgemerzt, so daß wir es heute mit einer doch recht stabilen Version 4.0 des Releases 3.2 zu tun haben. Aus mehreren Gründen haben wir uns entschieden, in unserem Werk speziell auf das **UNIX** der Santa Cruz Operation einzugehen. Zum einem ist im Bereich der Hardware der sogenannte Personal Computer basierend auf INTEL 80386/486 Prozessoren unbestritten Marktführer, zum anderen kann man das gleiche auch von **SCO UNIX System V/386 Release 3.2** im Bereich der **UNIX**-Betriebssysteme für den Personal Computer sagen.

Nun sind wir bei einem Systemhaus beschäftigt, das seit 1988 unter anderem Distributor für Produkte der Santa Cruz Operation ist. Dadurch bedingt sind natürlich das technische Wissen und vor allen Dingen eine gehörige Kenntnis der **SCO-UNIX**-Interna vorhanden, die uns die Wahl des speziell zu behandelnden Betriebssystems leicht fallen ließ. Sollten Sie jetzt vor die Aufgabe gestellt sein, Systemverwalter auf einem anderen **UNIX**-Derivat zu sein, so legen Sie um Himmels willen nicht das Buch weg! SCO durfte nur deshalb auch den Namen **UNIX** über ihr Produkt schreiben, weil (neben einem horrenden zu zahlenden Lizenzsatz) das Produkt in seinen Zügen nahezu völlig dem Vorbild der AT&T entsprach.

Im Grunde genommen ist AT&T-**UNIX** eine Teilmenge des **SCO UNIX System V/386 Release 3.2**. Über die Grundforderungen der AT&T hinausgehend nämlich hat die Santa Cruz Operation eine ganze Menge an Zusatzsoftware, die sich größtenteils bereits unter **SCO XENIX** bewähren konnte, implementiert. Großartig beispielsweise ist die Auswahl an den sogenannten **DOS- Cross Development Tools**. Mit Kommandos wie **doscp**, **dosdir**, **dosformat** und vielen anderen mehr wird das Handling der **DOS**-Partition von **UNIX** aus gesehen zum Kinderspiel. Für immer auf die Bedürfnisse des Anwenders angepaßte Tastaturen und Bildschirme sorgen Hilfsprogramme wie **mapkey** und **mapchan**. Die Installation von Software wird mit **custom** zu einer Ihrer leichtesten Übungen.

Alles in allem haben die Entwickler der Santa Cruz Operation wirklich an die vielen, armen und oftmals auch hoffnungslos überforderten Anwender gedacht. Durch eine geschickte Aufteilung der Unter-

nehmensressourcen und dem damit entstandenen europäischen Stütz-
punkt in Großbritannien bekam die Internationalisierung der SCO-
Produkte eine immer größer werdende Rolle. Ihr haben wir es sicherlich auch zu verdanken, daß die gängigsten europäischen Tastaturen
und Zeichensätze schon seit langem die volle Unterstützung durch das
Betriebssystem finden konnten. Wer schon länger im **UNIX**-Bereich
gearbeitet hat, weiß, daß das nicht unbedingt selbstverständlich ist.

Wie dem auch sei, seit einiger Zeit sind in der **UNIX**-Szene heftige
Diskussionen im Gange, die sich allesamt um das Thema **System V
Release 4** drehen. Wir würden kein **UNIX**-Buch schreiben, ohne
in irgendeiner Form auch zu diesem strittigen Punkt Stellung zu nehmen. Am einfachsten gelingt das sicherlich, wenn wir uns vor Augen
führen, was System V Release 4 eigentlich ist. Im Grunde ist dieses neue **UNIX**-Release eine Ansammlung von Technologien, nicht
aber ein in sich geschlossenes und vor allem 'fertiges' Produkt. Jeder
Hersteller, der etwas auf sich hält, hat Portierungsrechte für dieses
UNIX-Derivat eingekauft und bastelt nun, speziell auf die eigenen
Maschinen angepaßt, an einem eigenen **UNIX** herum. Was dabei letztendlich herauskommt, kann gar nicht mit bestehenden und ernstzu-
nehmenden Standards konform sein. Ich als Anwender kann und darf
also bei diesem **UNIX**-Release gar nicht davon ausgehen, daß meine
Applikation, die ich auf der Maschine X entwickelt habe, auch uneingeschränkt auf Maschine Y mit gleichem Prozessor, aber anderem
UNIX System V Release 4 Derivat ablauffähig ist. Anders hingegen
bei **SCO UNIX**, wo bestehenden Standards wie XPG/3, POSIX oder
iBCS/2 mit akribischer Genauigkeit Rechnung getragen wird. Diese
Standards eben sorgen für eine große Portabilität von Software auf
den unterschiedlichsten Plattformen. Das aber ist der Punkt, der für
ein Unternehmen, wie es die Santa Cruz Operation darstellt, wichtig
ist. Und das wird auch der Grund sein, warum **SCO UNIX System
V/386 Release 3.2** immer noch unbestrittener Marktführer im Bereich 'UNIX auf Personal Computern' ist (trotz der vielen 'billigeren'
System V Release 4 Implementationen, die es bereits auf dem Markt
gibt).

Bevor es nun endlich losgeht, möchte ich Sie keinesfalls im unklaren
darüber lassen, was eigentlich genau Sie in der nächsten Zeit bei der
Lektüre dieses Werkes erwarten wird. Nun, wir beginnen (wie sollte
es anders sein) mit einer recht detaillierten Beschreibung der Systeminstallation. Die Umgebung und Einsatzgebiete des **SCO UNIX-**

Systems selbst können unterschiedlich ausfallen, eines jedoch ist immer gleich: Der Anwender sitzt mit einem großen Haufen von Disketten (vielleicht auch nur mit einem Tape oder einer CD) vor einem 'jungfräulichen' Rechner und muß ein komplexes Betriebssystem auf die Festplatte bringen. Es kommt nicht von ungefähr, daß wir das Thema 'Systeminstallation' als erstes behandeln. Zu gut kennen wir die Probleme, die bei der Installation von **UNIX** auftreten können. Ich denke schon, daß der eine oder andere wertvolle Tip für Sie in diesem Abschnitt zu finden ist.

Läuft das System erst einmal, so sind immer wieder administrative Aufgaben zu verrichten, bei denen Ihnen die 'System Administration Shell' als vielleicht noch wenig bedarften **UNIX**-Kenner sicherlich eine große Hilfe sein kann. Komplett menügesteuert werden Sie komfortabel zu der von Ihnen individuell vorzunehmenden Änderung geführt. Klar, daß selbst dabei noch Fragen offenbleiben. Diese zu beantworten und letzte Zweifel auszuräumen ist Aufgabe des zweiten Abschnittes, der sich sehr ausführlich mit den einzelnen Komponenten der 'System Administration Shell' auseinandersetzt.

Weiter geht es mit einer detaillierten Beschreibung von Dateien und Dateisystemen, denen, wie wir meinen, wichtigsten Bestandteilen eines modernen Betriebssystems überhaupt. Gerade **UNIX** muß, um mehrbenutzer- und mehrprozeßfähig zu sein, wichtige Mechanismen zur Wahrung dieser Ziele bereitstellen. Und das tut es auch. Leider ist es gerade für den Anfänger oder Umsteiger oftmals sehr schwierig, durch die große Fülle an Parametern und Funktionen von Dateien und Dateisystemen durchzublicken. Sicherlich wird Ihnen die Entschlüsselungsbrille in Form des 3. Abschnittes bei allen Fragen, die im Zusammenhang mit diesem Thema im Raum stehen, eine große Hilfestellung sein.

Eine weitere, wichtige Sache innerhalb von **UNIX** ist das simple 'Hoch- und Runterfahren' des Betriebssystems. Gerade die Leser unter uns, die von **MS-DOS** nach **UNIX** umsteigen, müssen sich vielleicht noch an die Tatsache gewöhnen, daß ein **UNIX**-System nicht einfach per Knopfdruck abgeschaltet werden darf (man kann es schon, aber man darf nicht ...). Warum das so ist, welche Dateien in diesem Zusammenhang wichtig sein könnten und was alles so beim 'Hochfahren' des Systems passiert, soll im vierten Abschnitt ausführlich erläutert werden.

Die wichtigste Schnittstelle für den Anwender oder Benutzer eines Betriebssystems ist die Tastatur (und in dem Zusammenhang der Bildschirm). Nichts ist schlimmer, als an einer nicht angepaßten Tastatur arbeiten zu müssen. Wir wissen das. Und weil wir das wissen, sagen wir Ihnen auch, was Sie tun und beachten müssen, um beispielsweise eine Tastatur an der Konsole einzurichten, die der von **MS-DOS** in keiner Weise nachsteht. Natürlich würde es reichen, Ihnen einfach einige Kommandos zu verraten, mit deren Hilfe das alles bewerkstelligt werden kann. Sie aber sollen verstehen, was passiert. Aus diesem Grunde versuchen wir, Ihnen die Zusammenhänge und das Zusammenspiel von Hardware, Betriebssystem und Anwenderschnittstelle zu erläutern und auch im Einzelfall von **MS-DOS** abzugrenzen.

Kein Dokument ist so aussagekräftig, wie wenn es in Papierform in den Händen liegt. Alles, was auf dem Computerbildschirm angezeigt wird, wirkt eben sehr abstrakt, vergänglich und wirklichkeitsfern. Damit Sie den Genuß bedruckten Papiers auch unter **SCO UNIX** erleben dürfen, werden wir Ihnen im sechsten Abschnitt alles Wissenswerte über die Einrichtung eines Druckers erläutern.

Im siebten Abschnitt werden wir uns mit einem Thema befassen, das immer schon sehr wichtig war. Es geht um die Datensicherung und damit auch um das große Themengebiet Datensicherheit. In einem Buch für Systemverwalter muß der Bereich Datensicherung zwingend aufbereitet werden, denn Sie werden sich sicherlich mit dieser Aufgabe auseinandersetzen müssen. Welche Mechanismen es da gibt, in welchen Zeitabständen und auf welchen Medien Daten gesichert werden können, das alles soll in diesem Abschnitt zur Sprache kommen.

Nicht minder wichtig ist die Einrichtung und die Verwaltung der Benutzer, die im achten Kapitel angesprochen werden soll. Gerade in diesem Bereich hat **SCO UNIX System V/386 Release 3.2** gegenüber dem AT&T Standard doch noch einiges mehr zu bieten. Hier teilt sich die große Schar der **UNIX**-Anhänger in zwei nicht einander näherzubringende Gruppen. Die einen schwärmen für die traditionellen Sicherheitsformen, die **UNIX** von jeher bietet, während der anderen Gruppe diese Sicherheit schon lange nicht mehr ausreicht. Tatsächlich ist im **UNIX** der Santa Cruz Operation ein Sicherheitsstandard implementiert worden, der an den C2 Security Level nach dem 'Orange Book' der amerikanischen Verteidigungsbehörde angelehnt ist. Aber viele Fans dieses neuen Sicherheitsstandards kämpfen mit den Tücken, die ein derart abgesichertes System in sich birgt. Damit Sie quasi spielend mit dieser Thematik fertig werden, ist im achten Kapitel exklusiv für Sie, liebe Leser, alles Wissenswerte über die Einrichtung und Verwaltung von Benutzern, gerade auch unter dem Aspekt der verstärkten Sicherheit, zusammengetragen worden. Frei nach dem Motto 'Sicherheit hoch drei' knüpft der Inhalt des neunten Kapitels an dieses hochbrisante Thema an. Wer von Ihnen bereits versucht hat, ein abgestürztes **UNIX**-System wieder zum Leben zu erwecken, der weiß in Zukunft geeignete Präventivmaßnahmen zu schätzen, die die Folgen eines 'Systemcrashes' zu mildern verstehen. Sicherlich brauche ich Ihnen nicht erzählen, wieviel Unheil ein böswilliger Benutzer, der unter mysteriösen Umständen 'Superuserrechte' erlangt hat, anrichten kann. Tatsächlich kann so etwas durchaus passieren. Aber nur, wenn Sie als Systemverwalter nicht aufgepaßt haben. Damit Sie sich diesen Schuh nicht anziehen müssen, werden wir im neunten Abschnitt versuchen, Sie über alle Eigenheiten des Sicherheitshandlings von **SCO UNIX System V/386 Release 3.2** aufzuklären.

Durchaus der Thematik der Systemsicherheit angemessen erscheint die Behandlung des 'Audit-Subsystem'. Hier beschreiben wir die Möglichkeiten der Protokollierung von Systemaktivitäten, mit der akribisch genau nachgehalten werden kann, was jeder Benutzer alles so gemacht hat.

Wer **UNIX** kennt, der kennt auch das Programm **cron**. In ein Buch über die Systemadministration von **UNIX** gehört die Behandlung von **cron** einfach hinein, denn hier können einige Systemaufgaben, die chronologisch zu erledigen sind, automatisch abgearbeitet werden. Wie das im einzelnen funktioniert, und was vor allen Dingen dabei zu beachten ist, das soll im elften Abschnitt zur Sprache kommen.

Wir schließen unser Buch ab mit der ausführlichen Besprechung von Systemtuning und - diagnose. Das ist ein, wie ich finde, sehr sehr wichtiges Thema, denn was nützt die beste und teuerste Hardware, wenn sie vom System nicht auch optimal genutzt wird. Wie Sie die vorhandenen Systemressourcen am besten nutzen, welche Hilfsmittel und Parameter es gibt, und wie das Zusammenspiel der einzelnen Parameter funktioniert, das ist in dem letzten Abschnitt ausführlich erklärt. Eigentlich ist dieser Abschnitt zu Beginn seiner Entwicklung weitaus größer ausgefallen, wie er Ihnen jetzt vorliegt. Das liegt einfach daran, daß eine mehr oder weniger große Abhandlung über Gerätetreiber angehängt war. Wir sind allerdings zum jetzigen Zeitpunkt der Meinung, daß das nicht so recht in die Thematik 'Systemadministration' hineinpaßt. In einem Buch über Systemprogrammierung wäre die Abhandlung dieses Themas sicherlich eher angebracht gewesen, da unter anderem auch gute C-Kenntnisse zwingende Voraussetzung für das Verständnis von Entwicklung und Implementation von Gerätetreibern ist.

Soviel zu den einzelnen Abschnitten des Buches. Vielleicht noch ein Wort in eigener Sache. Zwei Autoren an einem Werk, das bedeutet gleichzeitig auch unterschiedliche Stilrichtungen. Wenn Sie das Buch durchlesen, werden Sie sicherlich merken, welche Abschnitte von welchem Autor geschrieben worden sind. Wir wollen es jetzt mal vorwegnehmen: Jeder wird bestimmt auf seine Kosten kommen. Wer mehr an Fakten interessiert ist und vielleicht das eine oder andere nachschlagen und schnell auffinden will, ist mit einem kurzen und prägnanten Stil sicherlich richtig bedient. Auf der anderen Seite wird auch denjenigen Lesern unter uns Rechnung getragen, die das Buch als eine Art Lektüre verstehen und es beispielsweise anstelle eines süßen Bonbons als Betthupferl vorziehen. Wie dem auch sei, für jeden von Ihnen ist sicherlich etwas dabei. Wir dürfen Ihnen nun recht viel Vergnügen bei der Lektüre dieses Buches wünschen.

Kapitel 1

Die Systeminstallation

Die Installation von **SCO-UNIX** läßt sich in zwei Teile einteilen:

▷ Die Initialisierung der Festplatte.

▷ Das Einspielen der Betriebssystem-Software.

Während der zweite Punkt im wesentlichen aus dem Einlegen der Disketten oder eines Bandes und der Beantwortung einiger Fragen besteht, wird beim ersten Punkt unter anderem das Layout der Festplatte bestimmt. Daher ist hier besondere Sorgfalt angebracht. Muß das Layout der Festplatte geändert werden, ist in der Regel eine Neu-Installation notwendig.

1.1 Die Partitionierung der Festplatte

Wie eingangs erwähnt, sollte vor der Installation die Partitionierung der Festplatte geplant werden. Die gewählte Partitionierung hängt natürlich von dem geplanten Einsatz des Systems ab. Besonders wichtig ist in diesem Zusammenhang die Größe der **UNIX**-Partition und die Größe des *root*-Dateisystems.

Die Festplatte läßt sich in bis zu vier logische Laufwerke, Partitionen, aufteilen. Hierbei können verschiedene Partitionen verschiedene Betriebssysteme enthalten. Eine dieser Partition wird als aktiv gekennzeichnet. Von dieser Partition wird beim Hochfahren des Systems gebootet.

Soll das System auch unter **DOS** benutzt werden, so werden vor der Installation von **UNIX** eine oder mehrere **DOS**-Partitionen angelegt. Die primäre **DOS**-Partition sollte sich am Anfang der Festplatte befinden.

Während der **UNIX**-Installation werden eine oder mehrere **UNIX**-Partitionen angelegt. Hierbei wird diejenige Partition aktiviert, die das **UNIX**-Betriebssystem enthalten soll. Zusätzliche **UNIX**-Partitionen können z.B als sogenannte *raw devices* für Datenbank-Systeme benutzt werden.

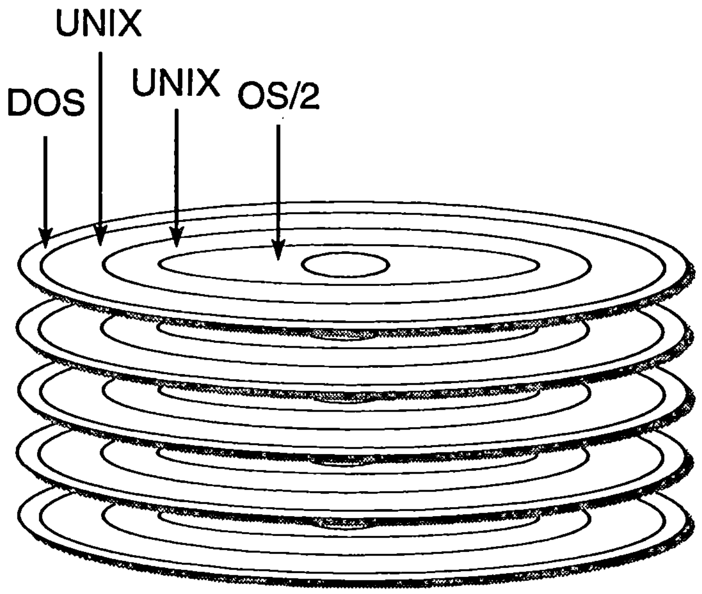

Abbildung 1.1:
Die Partitionierung der Festplatte.

Zur Partitionierung wird die Größe der Festplatte in Spuren (*tracks*) angegeben. Die Anzahl der zur Verfügung stehenden Spuren ergibt sich aus der Anzahl der Schreib-Leseköpfe multipliziert mit der Anzahl der Zylinder. Hat z.B die Festplatte 637 Zylinder und 64 Köpfe so ergibt sich eine Zahl von 40768 Spuren.

Die Spur 0 ist für den Masterboot-Block reserviert. Am Ende des Masterboot-Blocks befindet sich die Partitions-Tabelle. Diese Tabelle beinhaltet Lage und Größe der Partitionen, und enthält die Information welche Partition aktiv ist.

Partitionen sollten am Anfang eines Zylinders beginnen, d.h. die Start-Spur und die Anzahl der Spuren einer Partition sollte durch die Anzahl der Köpfe teilbar sein.

Die Größe einer Partition in 1K-Blöcken ergibt sich aus der Formel

$$\frac{Anzahl\_der\_Spuren * Sektoren/Spur}{2}$$

da ein 1K-Block aus 2 Sektoren besteht.

Hat z.B eine Festplatte 32 Sektoren/Spur, so hat eine Partition mit 20000 Spuren eine Größe von 20000*32/2 = 320000 1K-Blöcken, also von 320000/1024 = 312 MB.

Eine **UNIX**-Partition wird weiter in Divisionen eingeteilt. Die aktive **UNIX**-Partition enthält folgende Divisionen:

▷ Das *root*-Dateisystem.

▷ Den Swap-Bereich.

▷ Eventuell weitere Dateisysteme.

▷ Den Recover-Bereich.

Das *root*-Dateisystem enthält das Betriebssystem von **UNIX** und weitere Anwendungen (z.B. Netzwerk-Software, Datenbanken). Dies sollte bei Bestimmung der Größe des *root*-Dateisystems berücksichtigt werden. **SCO-UNIX** allein benötigt etwa 35 MB.

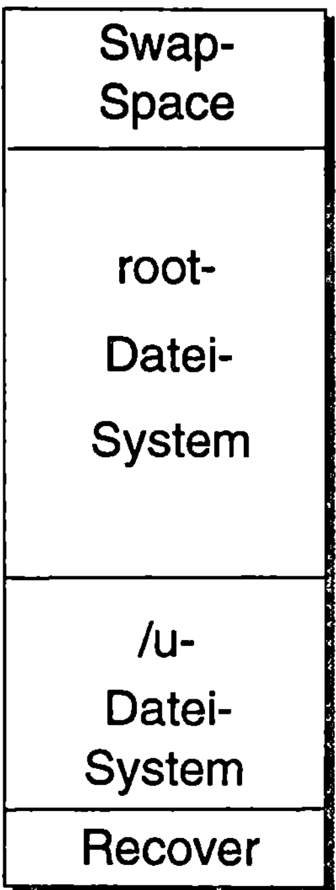

Abbildung 1.2:
Die Divisionen einer **UNIX**-Partition.

Der Swap-Bereich wird vom **UNIX**-Kern benutzt, um Programm-Segmente auszulagern. Seine Größe richtet sich nach der Größe des Hauptspeichers sowie nach der Belastung des Hauptspeichers durch Anwender-Programme. Der Bedarf an Swap-Space kann wie folgt berechnet werden:

1. Man multipliziert die Anzahl der Benutzer, die am System arbeiten, mit der Größe der größten Anwendung.

2. Man addiert zur Größe des Hauptspeicher ein MB.

3. Die größere der unter 1. und 2. ermittelten Zahl ist die Größe des Swap-Spaces. Ist zu erwarten, daß größere Anwendungen von Benutzern gleichzeitig aufgerufen werden, so erhöht man die eben ermittelte Größe des Swap-Spaces um 1 MB pro Anwendung.

Zur Speicherung von Benutzerdaten können zusätzliche Dateisysteme eingerichtet werden. Der Datenzugriff bei kleineren Dateisystemen ist schneller. Außerdem erleichtert dies die Datensicherung.

1.2 Die Werkzeuge für die Festplatten-Initialisierung

Für die Initialisierung der Festplatte stehen die Programme **dkinit**, **fdisk**, **badtrk** und **divvy** zur Verfügung. Sie werden während der Initialisierung automatisch aufgerufen. Diese Programme können auch im laufenden Betrieb benutzt werden. Es ist jedoch Vorsicht angebracht. Einige Veränderungen, z.B. Löschen einer Partition oder Veränderungen an der Aufteilung in Divisionen, können zu einem Datenverlust führen.

1.2.1 Setzen der Parameter für die Festplatte: dkinit

Jede Festplatte besitzt eine Reihe von individuellen Parametern, die dem System-Kern bekannt sein müssen, um auf die Festplatte zugreifen zu können.

In der Regel ist das System selbst in der Lage, diese Parameter zu erkennen. Bei der Installation von Nicht-Standard-Festplatten kann es jedoch vorkommen, daß diese Parameter von Hand eingestellt werden müssen. Zu diesem Zweck gibt es das Programm **dkinit**. Zur Sicherheit sollten die von **dkinit** ausgegebenen Parameter mit denen in der Beschreibung der Festplatte angegebenen verglichen werden.

Bei Festplatten mit SCSI-Controller wird **dkinit** nicht verwendet.

> **dkinit** *drive-number* (0|1) *controller-number* (0-6)
> *controller-type* (W|E|I)

Beim Aufruf von **dkinit** erhält man das folgende Menü:

```
Hard Disk Drive 0 Configuration

1.  Display current disk parameters
2.  Modify current disk parameters
3.  Select default disk parameters

Enter an option or 'q' to quit:
```

Mit Option 1 kann man die automatisch gesetzten Parameter abrufen. Stimmen diese mit der in der Dokumentation für die Festplatte aufgeführten Parametern nicht überein, können sie mit Option 2 verändert werden.

Die Ausgabe der Festplatten Parameter mit der Option 1 hat beispielsweise das folgende Aussehen:

```
Disk Parameters      Values
----------------     ------
1.  Cylinders        637
2.  Heads            64
3.  Write Reduce     0
4.  Write Precomp    0
5.  Ecc              0
6.  Control          0
7.  Landing Zone     0
8.  Sectors/track    32
```

Hierbei bedeutet:

Cylinders	Anzahl der Zylinder.
Heads	Anzahl der Köpfe.
Write Reduce	Schreibstromverminderung
Write Precomp	Schreibvorkompensation
Ecc	Anzahl der Bits zu Fehler-Korrektur (Error Correction Control) von I/O-Transfers.
Control	Steuerbyte
Landing Zone	Zylinder auf dem die Köpfe beim Parken aufsetzen.
Sectors/track	Sektoren pro Spur.

Das **dkinit**-Programm ist lediglich ein Shell-Skript, welches ein Front-End zum Programm **dparam** darstellt.

> **dparam** */dev/rhd*[*0*|*1*]*0* [*parameter*]

Wird **dparam** ohne Parameter aufgerufen, so werden die aktuellen Werte ausgegeben. Sollen einige der Parameter geändert werden, so müssen alle Werte neu eingegeben werden.

1.2.2 Partitionieren der Festplatte: fdisk

fdisk dient der Partitionierung der Festplatte. Dieses Programm erlaubt es, die Festplatte in bis zu vier Partitionen aufzuteilen. Auf jeder dieser Partitionen kann ein anderes Betriebssystem installiert werden. Eine vorher erzeugte **DOS**-Partition am Anfang der Festplatte wird von **fdisk** erkannt.

Eine der Partitionen wird als aktive Partition gekennzeichnet. Beim Starten des Systems wird automatisch versucht, das Betriebssystem von der aktiven Partition zu laden.

```
fdisk[[-p] [-ad partition] [-c partition start size]
      [-t ostype ]] [-f devicename]
```

Bei der Installation wird **fdisk** ohne Optionen aufgerufen. In diesem Fall arbeitet **fdisk** interaktiv und es erscheint das **fdisk**-Menü:

```
    1.  Display Partition Table
    2.  Use Entire Disk for UNIX
    3.  Use Rest of Disk for UNIX
    4.  Create UNIX Partition
    5.  Activate Partition
    6.  Delete Partition

    Enter your choice or q to quit:
```

Die Optionen des **fdisk**-Menüs haben die folgende Bedeutung:

1. **fdisk** gibt die Partitions-Tabelle aus. Hierbei bedeutet:

PARTITION	Nummer der Partition.
STATUS	Angabe, ob die Partition aktiv oder inaktiv ist.
TYPE	Typ der Partition; z.B.: **UNIX** oder **DOS**.
START	Start-Spur der Partition.
END	End-Spur der Partition.
SIZE	Größe der Partition in Spuren.

2. **fdisk** erzeugt eine **UNIX**-Partition auf der gesamten Festplatte. Schon vorhandene Partitionen werden zerstört.

3. **fdisk** erzeugt unter Berücksichtigung einer **DOS**-Partition eine **UNIX**-Partition auf dem Rest der Festplatte.

4. **fdisk** erzeugt eine **UNIX**-Partition. Es werden Start-Track und Größe in Tracks abgefragt.

5. **fdisk** aktiviert eine Partition. Es wird die Nummer der Partition abgefragt. Eine bis dahin aktive Partition wird deaktiviert.

6. **fdisk** löscht eine Partition. Die Nummer der Partition wird abgefragt.

Ist vor der Installation von **UNIX** eine **DOS**-Partition erzeugt worden, so hat die Partitions-Tabelle z.B. das folgenden Aussehen:

```
Current Hard Disk Drive:   /dev/rhd00


+-----------+---------+------+-------+-------+-------+
| Partition | Status  | Type | Start | End   | Size  |
+-----------+---------+------+-------+-------+-------+
| 4         | Active  | DOS  | 1     | 2047  | 2047  |
+-----------+---------+------+-------+-------+-------+


Total disk size:   40786 tracks, (17 reserved for
masterboot and diagnostics)
```

Während der Installation werden nun **UNIX**-Partitionen erzeugt und eine **UNIX**-Partition aktiviert. Anschließend hat die Partitions-Tabelle z.B. die folgende Form:

```
Current Hard Disk Drive:   /dev/rhd00

+-----------+-----------+------+--------+-------+------+
| Partition | Status    | Type | Start  | End   | Size  |
+-----------+-----------+------+--------+-------+------+
| 1         | Active    | UNIX | 2048   | 21567 | 19520 |
| 2         | Inactive  | UNIX | 21568  | 40703 | 19136 |
| 4         | Inactive  | DOS  | 1      | 2047  | 2047  |
+-----------+-----------+------+--------+-------+------+


Total disk size:   40786 tracks,  (17 reserved for
masterboot and diagnostics)
```

Mit **fdisk** kann auch nicht-interaktiv gearbeitet werden. Für diesen
gibt es die Optionen -p, -a, -d, -c. Diese Optionen haben die folgende
Bedeutung:

-p	Ausgabe der Partitions-Tabelle. Für jede Partition wird eine Zeile in der Form *partition start end size status type* ausgegeben.
-a *number*	Aktiviert die Partition *number*.
-d *number*	Löscht die Partition *number*.
-c *number start size*	Erzeugt **UNIX**-Partition *number* mit Start-Track *start* und Größe *size*.
-t *ostype*	*ostype* spezifiziert den Typ der erzeugten Partition. Die folgenden Typen sind möglich: **UNIX, XENIX, DOS, DOS_12, DOS_16, DOS_32, OS2, CCPM.** Standard ist **UNIX.**
-f *devicename*	*devicename* bezeichnet den Name der Gerätedatei für die Festplatte. Wird die -f-Option nicht benutzt, so wird */dev/rhd00* (1. Festplatte) angenommen.

1.2.3 Suchen nach defekten Spuren: badtrk

Im allgemeinen besitzt jede Festplatte einige defekte Spuren. Dies kann sogar schon bei fabrikneuen Festplatten auftreten. Das Programm **badtrk** sucht nach solchen defekten Spuren auf der Festplatte. Diese Spuren werden in der **badtrk**-Tabelle gespeichert. Für defekte Spuren werden *gute* Spuren substituiert. Die Größe der **badtrk**-Tabelle und die Lage der Substitutions-Spuren werden bei der Installation festgelegt.

Treten im laufenden Betrieb des Systems neue defekte Spuren auf, können diese mit **badtrck** in die **badtrk**-Tabelle eingetragen werden, sofern dort noch freie Einträge verfügbar sind. Deshalb sollte die Größe der **badtrk**-Tabelle so gewählt sein, daß noch freie Einträge vorhanden sind. Auf der anderen Seite verschwendet man mit einer zu großen **badtrk**-Tabelle Speicherplatz auf der Festplatte. Deshalb schlägt das System bei der Installation eine Anzahl von Einträgen vor, die um etwa 20 größer ist als die aktuell benötigte.

Muß die Größe der **badtrk**-Tabelle verändert werden, so ist eine Reinstallation notwendig.

badtrk [-e [-m *max*]] [-s *qtdn*] [-v] [-f *device*]

Wird **badtrk** interaktiv, d.h. ohne Optionen, aufgerufen, so erscheint das **badtrk**-Menü:

```
1. Print Current Bad Track Table

2. Scan Disk (You may choose Read-Only or Destructive
   later)

3. Add Entries to Current Bad Track Table by
   Cylinder/Head Number

4. Add Entries to Current Bad Track Table by Sector
   Number

5. Delete Entries Individually from Current Bad Track
   Table

6. Delete All Entries from Current Bad Track Table

Enter your choice or 'q' to quit:
```

Bedeutung der Optionen:

1. Der Inhalt der **badtrk**-Tabelle wird ausgegeben.

2. Die Festplatte wird nach defekten Spuren durchsucht.

3. Manuelles Hinzufügen von defekten Spuren zur **badtrk**-Tabelle
   im Format

   Cylinder/Head

4. Manuelles Hinzufügen von defekten Spuren zur **badtrk**-Tabelle
   durch Angabe der Nummer des Sektors.

5. Löschen von einzelnen Spuren aus der **badtrk**-Tabelle.

6. Löschen aller Spuren aus der **badtrk**-Tabelle.

Die **badtrk**-Tabelle hat beispielsweise das folgende Aussehen:

```
Defective Tracks:
   +------------------------------------+
   | Cylinder Head  Sector Number(s)    |
   +------------------------------------+
1. | 65        14    66402 - 66464      |
2. | 93        14    94626 - 94688      |
3. | 96        13    97587 - 97649      |
4. | 162       12   164052 -164114      |
5. | 163        2   164430 -164492      |
6. | 164       10   165942 -166004      |
7. | 168       11   170037 -170099      |
8. | 175        9   176967 -177029      |
9. | 178       12   180180 -180242      |
   +------------------------------------+
```

Wird der Menü-Punkt 2 gewählt, also das Durchsuchen der Festplatte nach defekten Spuren, so erscheint das folgende Untermenü:

```
1.   Scan entire UNIX partition
2.   Scan a specified range of tracks
3.   Scan a specified filesystem

Enter an option or 'q' to quit:
```

1. Es wird die gesamte **UNIX**-Partition nach defekten Spuren durchsucht.

2. Es wird ein Bereich auf der Festplatte durchsucht. Hierbei müssen Beginn und Ende des Bereichs im Format

   Cylinder/Head

   eingegeben werden.

3. Es wird ein Dateisystem durchsucht. Das Dateisystem wird als Nummer eingegeben und vorher abgefragt.

Anschließend wird die Art des Scannens abgefragt:

```
1.   Quick scan (approximately 7 megabytes/min)
2.   Thorough scan (approximately 1 megabyte/min)

Enter your choice or 'q' to quit:
```

Gründliches Scannen (Thorough scan) ist nur nötig, falls die Festplatte zum ersten Mal initialisiert wird oder im Betrieb defekte Spuren auftreten.
Es wird nun gefragt, ob das Scannen 'destructive' sein soll oder nicht. Ein destructive Scan zerstört alle Daten im durchsuchten Bereich. Daher darf diese Option natürlich nicht im laufenden Betrieb gewählt werden. Anschließend beginnt das Scannen:

```
Scanning in progress, press 'q' to interupt at any
time Scanning track 79/5, 2
```

Wird während des Scannens ein Fehler entdeckt, so wird eine Meldung der folgenden Form ausgegeben:

```
wd:   ERROR : on fixed disk ctrl=0 dev=0/47
block=3143 cmd=00000020 status=00005180,
sector = 62899, cylinder/head = 483/4
```

Nach dem Scannen kehrt man zum Hauptmenü zurück.

Die Optionen von badtrk:

-f *device*	**badtrk** liest die **badtrk**-Tabelle der Partition *device*. *device* muß eine aktive **UNIX**-Partition sein. Standard ist */dev/rhd0a*.
-e	Wird bei der Installation benutzt. Die -e-Option veranlaßt **badtrk**, die Größe der **badtrk**-Tabelle zu ändern.
-m *max*	Die -m-Option wird nur nicht-interaktiv benutzt. Zusammen mit der -e-Option wird die Größe der **badtrk**-Tabelle auf *max* gesetzt.
-s *arg*	Ruft **badtrk** nicht-interaktiv auf. Die Argumente *arg* spezifizieren, ob **badtrk** *quick* (*q*) oder *thorough* (*t*) und ob **badtrk** *destructive* (*d*) oder *non-destructive* (*n*) nach defekten Spuren sucht.
-v	Im nicht-interaktiven Modus in Verbindung mit der -e-Option, gibt die -v-Option den Stand des Scannens aus.

1.2.4 Einteilung in Divisionen: divvy

Eine **UNIX**-Partition wird in Divisionen eingeteilt. Diesem Zweck dient das Programm **divvy**. Hierbei wird insbesondere die Größe des *root*-Dateisystems und Swap-Bereichs bestimmt. Bei großen **UNIX**-Partitionen ist es ratsam, weitere Dateisysteme zu erzeugen.

```
divvy [ -m | -i [ -n ] | -D # | -P [ # ] | -C #1 #2 #3 ] [ device ]
```

Bei der Installation erscheint die Standard-Divisions-Tabelle und das **divvy**-Menü zur Änderung der Tabelle.

```
+----------+-------------+--------+---+--------------+------------+
| Name     | Type        | New FS | # | First Block  | Last Block |
+----------+-------------+--------+---+--------------+------------+
| root     | EAFS        | no     | 0 | 0            | 196284     |
| swap     | NON FS      | no     | 1 | 196285       | 211284     |
| u        | EAFS        | no     | 2 | 211285       | 311284     |
|          | NOT USED    | no     | 3 | -            | -          |
|          | NOT USED    | no     | 4 | -            | -          |
|          | NOT USED    | no     | 5 | -            | -          |
| recover  | NON FS      | no     | 6 | 311285       | 311294     |
| hd0a     | WHOLE DISK  | no     | 7 | 0            | 312319     |
+----------+-------------+--------+---+--------------+------------+

311295 1K blocks for divisions, 1024 1K blocks reserved for the
system

    n[ame]      Name or rename a division.
    c[reate]    Create a new file system on this division.
    t[ype]      Select or change filesystem type on new filesystems.
    p[revent]   Prevent a new file system from being created on this
                division.
    s[tart]     Start a division on a different block.
    e[nd]       End a division on a different block.
    r[estore]   Restore the original division table.

Please enter your choice or 'q' to quit:
```

Die Manipulation der Divisions-Tabelle geschieht mit den folgenden
Menü-Punkten:

name Mit diesem Menü-Punkt läßt sich der Name einer Division
ändern. **divvy** fragt nach der Nummer der zu ändernden
Division.

create Es wird ein neues, leeres Dateisystem erzeugt. Nachdem
man das neue Dateisystem erzeugt hat, ist in der Spalte
NEW FS das Wort *yes* eingetragen.

type Es wird der Typ des zu erzeugenden Dateisystems
definiert. Es stehen die Dateisystemtypen **XNET**,
S51K, **XENIX**, **NFS**, **AFS**, **EAFS** (der Standard) zur
Auswahl.

prevent Möchte man verhindern, daß **divvy**, nachdem man mit
create ein neues Dateisystem angelegt hat, dieses auch
erzeugt, so kann man dies mit dem Menü-Punkt **prevent**
erreichen. Die Spalte wird auf *no* wechseln und der Inhalt
wird sich nicht verändern.

start Definiert den Start-Block einer Division.

end Definiert den End-Block einer Division.

restore Der Menü-Punkt **restore** stellt die ursprüngliche
Divisions-Tabelle wieder her. Dies ist sinnvoll, wenn man
bei der Einteilung der Divisions-Tabelle einen Fehler be-
gangen hat und die Einteilung neu vornehmen möchte.

Verläßt man das **divvy**-Menü, erhält man:

```
    i[nstall]  Install the division set-up shown
    r[eturn]   Return to the previous menu
    e[xit]     Exit without installing a division table

  Please enter your choice:
```

Mit **install** werden die Dateisysteme anhand der Divisions-Tabelle erzeugt. Mit **return** kommt man zum **divvy**-Menü zurück. Mit **exit** (nicht bei der Installation) beendet man **divvy** ohne die Divisions-Tabelle zu installieren.

Die Optionen von der Kommandozeile:

-i   Diese Option wird bei der Installation benutzt. Es wird ein *root*-Dateisystem in der Division 0 erzeugt. Bei dieser Option werden von **divvy** die Geräteeinträge relativ zum neuen *root*-Verzeichnis, welches sich in der Regel auf der Festplatte befindet, erzeugt. Das aktuelle *root*-Verzeichnis, in der Regel auf der Installations-Diskette, bleibt dabei unberücksichtigt. Ein *root*-Dateisystem, ein Swap-Bereich und ein Recover-Bereich wird erzeugt. **divvy** fragt nach der Größe des Swap-Bereichs und, falls die **UNIX**-Partition groß genug ist, ob ein /*u*-Dateisystem eingerichtet werden soll. Anschließend wird dem Anwender die Möglichkeit gegeben, die Einteilung der **UNIX**-Partition zu überprüfen und gegebenenfalls zu verändern.

-m   Dient der Erzeugung einer Divisions-Tabelle einer weiteren **UNIX**-Partition bzw. einer weiteren Festplatte, die kein *root*-Dateisystem enthalten soll.

-n   Diese Option wird bei der nicht-interaktiven Installation (Automatic Initializaltion) benötigt. Die zu unterteilende Platte enthält folgende Divisionen:
  ▷ *root*-Dateisystem auf Division 0
  ▷ swap area auf Division 1
  ▷ *u*-Dateisystem auf Division 2
  ▷ recover area auf Division 6

-D   Löschen einer Division. Die Nummer der Division muß als Argument angegeben werden.

-P   Start-Blocknummern und End-Blocknummern der Divisonen werden ausgegeben. Wird zusätzlich die Nummer einer Division angegeben, so erfolgt die Ausgabe nur für diese Division.

-C   Erzeugen einer Division. Hierbei müssen Nummer der Division, Start-Blocknummer und End-Blocknummer als Argument angegeben werden.

1.3 Der Ablauf der Installation

Im folgenden wird der Ablauf der Installation von **SCO-UNIX** Release 3.2 Version 4 beschrieben. Wir gehen hierbei in erster Linie von der Installation von Disketten aus. Die Unterschiede zur Installation von anderen Medien ist jedoch nur gering.
Die Installation beginnt mit dem Booten von der N1-Diskette. Diese Diskette enthält ein Boot-Programm und einen **UNIX**-Kern, der in den Hauptspeicher geladen und aktiviert wird. Anschließend wird das Einlegen der N2-Diskette verlangt. Diese enthält ein *root*-Dateisystem, auf dem die wichtigsten Dateien und Programme, unter anderem auch die Werkzeuge zur Plattenpartition, gespeichert sind.

Es besteht die Möglichkeit Release 3.2v2 zum Release 3.2v4 zu aktualisieren. Die Art der Installation wird mit dem folgenden Menü ausgewählt:

```
Installation Selection

1.  Fresh Installation
2.  Update Installation
```

Mit der Update Installation wird Version 2 auf Version 4 aktualisiert. Diese Aktualisierung betrifft nur die Systemdateien und Systemverzeichnisse. Die folgenden Daten sind nicht betroffen:

▷ Alle Heimatverzeichnisse und sonstige von Benutzern erzeugten Dateien und Verzeichnisse sowie Benutzer-ID's, Gruppen-ID's und Passwörter bleiben erhalten.

▷ Systemdaten wie Konfigurations-Dateien, Dateisysteme, Montierpunkte, Terminal-Kontrollparameter, Audit-Parameter, Systemstandards und Mail-Konfiguration bleiben ungeändert.

▷ SCO-Geräte-Treiber im existierenden System, die mit dem neuen Release kompatibel sind, bleiben erhalten. Andere Treiber werden gelöscht und müssen neu installiert werden.

Vor der Aktualisierung sollte das *root*-Dateisystem mit **fsck** geprüft und gegebenenfalls repariert werden. Außerdem ist es empfehlenswert, ein Backup des *root*-Dateisystems zu erzeugen. Die Update Installation benötigt etwa 10 MB freien Speicherplatz auf der Festplatte.

Wird die Neu-Installation gewählt, so folgt die Initialisierung der Festplatte. Hierbei kann man zwischen der automatischen und voll konfigurierbaren Initialisierung wählen:

```
Initialization Selection

1.   Fully Configurable Initialization
2.   Automatic Initialization
```

Bei der automatischen Initialisierung werden Standardwerte benutzt. Unter Berücksichtigung einer vorhandenen **DOS**-Partition wird auf dem Rest der Festplatte eine **UNIX**-Partition installiert. Auf dieser Partition wird ein *root*-Dateisystem, ein Swap-Bereich von 15000 KB und ein Recovery-Bereich, sowie, falls die **UNIX**-Partition größer als 245 MB ist, ein Benutzer-Dateisystem */dev/u* erzeugt. Soll eine andere Partitionierung vorgenommen werden, muß die voll konfigurierbare Initialisierung gewählt werden. Durch das Initialisierungs-Skript werden nun der Reihe nach die Programme **dkinit**, **fdisk**, **badtrk** und **divvy** aufgerufen. Mit Beendigung des **divvy**-Programms ist die Initialisierung der Festplatte abgeschlossen.
SCO-UNIX ist auf Disketten, Band und CD-Rom erhältlich. Die vorhandene Version wird nun abgefragt:

```
Medium Selection

1.  Floppy Diskette
2.  Cartridge Tape
3.  Compact Disk (CD-Rom)
```

Wird diese Frage mit q beantwortet, so wird die Installation abgebrochen. Wird von Diskette installiert, werden die Disketten N1, M1 und B1 - B3 angefordert. Die Disketten B1 - B3 enthalten das Basissystem von **SCO-UNIX**. Nach Installation dieser Disketten ist das System lauffähig. Es müssen nun einige Daten eingegeben werden:

▷ Serien-Nummer und Aktivations-Schlüssel.

▷ Zeitzone.

▷ Beginn und Ende der Sommerzeit.

Anschließend kann der normale Installations-Ablauf unterbrochen werden, um zusätzliche Software einzuspielen:

```
1.  Install additional software (Extended Utilities)
2.  Proceed with system configuration
```

Der Menüpunkt 1 ist in erster Linie für die Installation der Extended Utilities vorgesehen. Die Extended Utilities befinden sich auf den Disketten X1 - X8 und beinhalten folgende Komponenten:

BACKUP	Datensicherungs-Paket.
BASE	Basis Utilities.
CSH	Die C-Shell.
KSH	Die Korn-Shell.
DOS	DOS-Utilities.
EX	Die Editoren **ex** und **vi**.
FILE	Datei-Manipulations-Utilities.
LAYERS	System V Layers.
LPR	**UNIX**-Print-Spooler.
MAIL	**MMDF**-Mail-Paket.
MAN	Online Manuals
MAPCHAN	**mapchan**-Programm und Konfigurations-Dateien.
MOUSE	Maus-Treiber.
SYSADM	Zusätzlichen Programme für den Systemverwalter.
TPLOT	Die Programme **tplot**, **graph** und **spline**.
UUCP	**UUCP**-System
LINK	Link-Kit

Diese Pakete können einzeln eingespielt, aber auch nachträglich installiert werden. Nach Installation von zusätzlicher Software werden weitere Einstellungen vorgenommen:

 ▷ Systemname

 ▷ Security Level

 ▷ root-Passwort

Damit ist die Installation abgeschlossen und das System wird automatisch heruntergefahren.

1.4   Die Reinstallation

Nach System-Fehlern (z.B: defekte Festplatte) oder bei Änderungern des Festplatten-Layouts ist es notwendig, ein schon installiertes System zu reinstallieren. Sehr mühsam ist es natürlich, das System erneut von Disketten zu installieren. Darüber hinaus sind höchst-wahrscheinlich diverse Änderungen an der Konfiguration vorgenommen und zusätzliche Software eingespielt worden. Diese Einstellungen müßten nun mühsam nachvollzogen werden. Wesentlich bequemer ist natürlich die Reinstallation von einem Backup.

Die Reinstallation setzt voraus:

▷ Emergency Boot Floppy Set (N1 (Boot) und N2 (Root)).

▷ Aktuelles Backup im cpio-Format.

Die vollständige Reinstallation des Systems wird wie bei der Erstin-stallation mit der Initialisierung der Festplatte begonnen. Nach der Festplatten-Initialisierung wird das Installationsprogramm beendet. Anschließend wird das System mit den Emergency Boot Floppys ge-bootet. Man erhält eine Shell. Nun muß das schon auf der Festplatte erzeugte *root*-Dateisystem anmontiert werden. Dies geschieht durch den Befehl:

mount */dev/hd0root /mnt*

Man wechselt ins Verzeichnis */mnt*, und das Backup kann eingespielt werden. Es muß jedoch ein weiteres Gerät installiert sein, da das Disketten-Laufwerk besetzt ist (vorzugsweise eine Band-Station). Die N2-Diskette darf während des Einspielens des Backups nicht aus dem Laufwerk genommen werden. Die Erstellung einer System-Sicherung und das Zurückspielen wird im Abschnitt über Datensicherung be-sprochen.

Bei der Initialisierung der Festplatte werden schon eine Reihe von Daten auf das *root*-Dateisystem kopiert. Die Verzeichnisse *inst1* und *inst2* und die Dateien *instscript* und *rootlist* müssen gelöscht werden, damit das System anschließend problemlos hochfährt.

Ist die Software eingespielt, so wechselt man zurück ins *root*-Dateisy-stem auf der Diskette und demontiert das Dateisystem auf der Fest-platte. Mit **haltsys** wird das System heruntergefahren. Damit ist die

Reinstallation beendet und das System kann normal gebootet werden.

Soll die Reinstallation von der N1-Diskette aus durchgeführt werden,
so müssen Sie am Boot-Prompt unbedingt **restart** eingeben. Damit erreichen Sie, daß ein eventuell aufgefundenes Root-Dateisystem
auf der Festplatte ignoriert wird, und erneut die N2-Diskette verlangt
wird.

Kapitel 2

Die System Administrations Shell

In vielen **UNIX**-Derivaten wird mittlerweile eine menügesteuerte Oberfläche für die Systemverwaltung zur Verfügung gestellt, die es dem Systemverwalter erleichtern soll, sowohl seine täglichen Arbeiten durchzuführen, als auch einschneidende Veränderungen am System vorzunehmen. Die große Anzahl und Komplexität von Kommandos und Tools zur Systemverwaltung bedingen, daß nur erfahrene Systemverwalter die Syntax aller notwendigen Kommandos ständig im Kopf haben (und auch dies nicht immer). Daher bietet sich gerade für Anfänger in der Systemverwaltung an, falls vorhanden, eine solche menügesteuerte Oberfäche zu benutzen.
Unter SCO-UNIX gibt es die von XENIX herkommende System Administrations Shell **sysadmsh**. Die verfügbaren Menü-Punkte in der **sysadmsh** reichen von einfachen **UNIX**-Kommandos bis zur Installation von Software und Konfiguration von Hardware.
Der Aufruf der System Administrations Shell geschieht durch die Eingabe von

```
# sysadmsh
```

Mit dem Aufruf von **sysadmsh** erscheint das Haupmenü der System Administrations Shell.

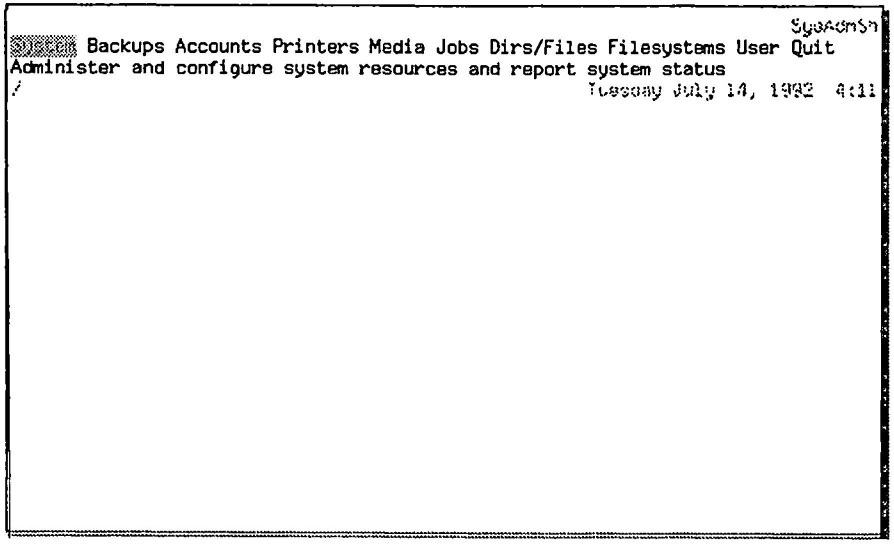

Abbildung 2.1
Das Hauptmenü der **sysadmsh**

2.1   Die Teilmenüs der sysadmsh

Der Menübaum der **sysadmsh** ist sehr verzweigt. Viele Menüs enthalten ihrerseites Teilmenüs usw. Kommt man dann zur gewünschten Option, so gibt es zwei Möglichkeiten; es wird ein **UNIX**-Kommando ausgeführt, dessen Ergebnis in einem Fenster ausgegeben wird, oder es erscheint ein Formblatt, welches auszufüllen ist. Das Hauptmenü **sysadmsh** besitzt 10 Optionen, die zu Teilmenüs führen.

Das System-Menü

Das **System**-Teilmenü enthält die generellen Funktionen zur Administration und Konfiguration des Systems. Es enthält zum Beispiel Funktionen zur Installation zusätzlicher Hard- und Software.

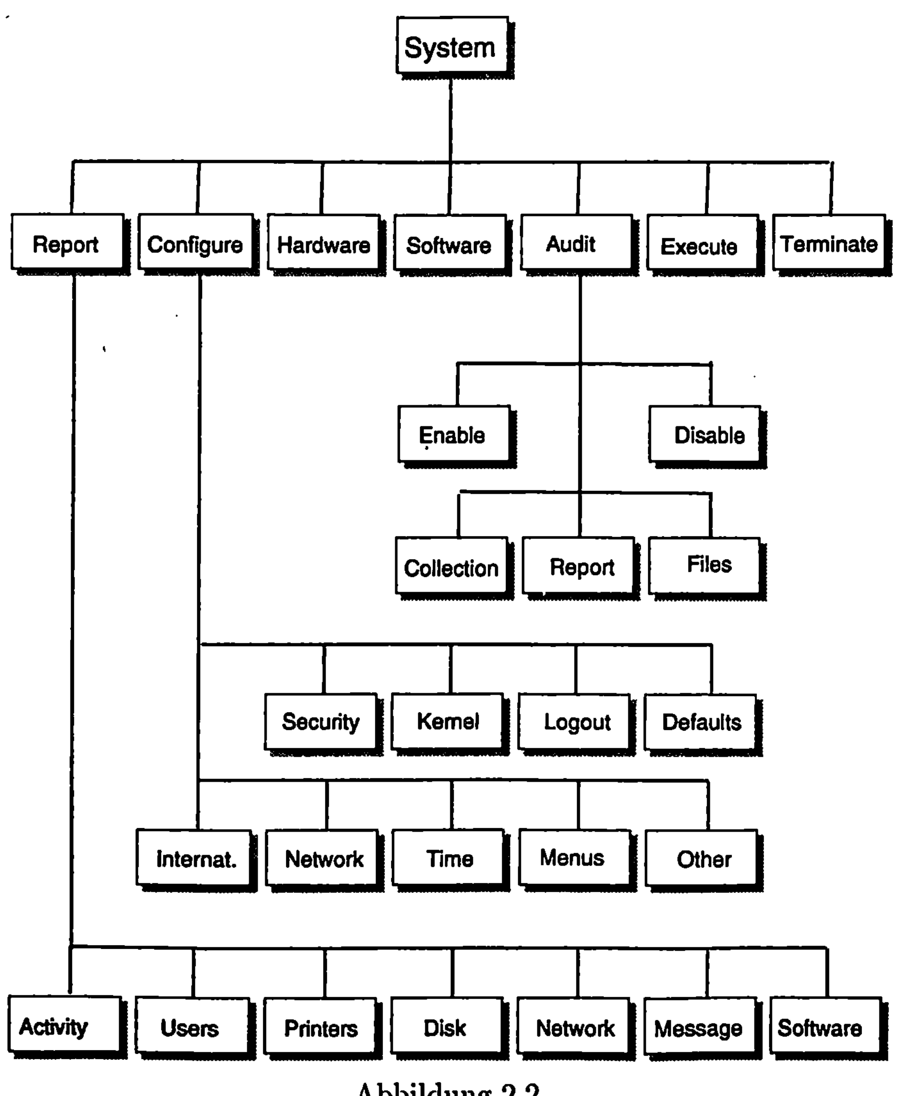

Abbildung 2.2
Das System-Teilmenü

Das Accounts-Teilmenü

Das **Accounts**-Teilmenü dient der Benutzer- und Terminal-Verwaltung. Innerhalb dieses Menüs können Benutzer angelegt werden, deren Identität verändert, jedoch nicht wieder gelöscht werden kann.

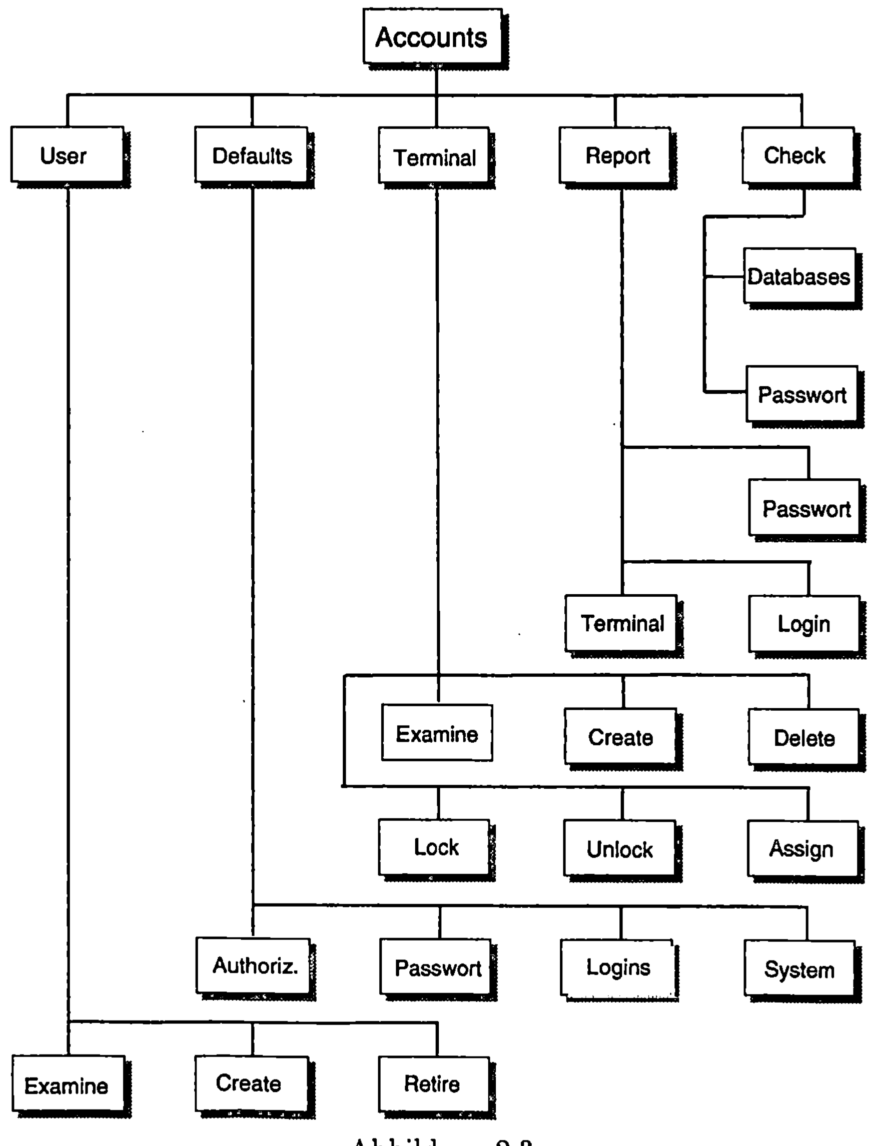

Abbildung 2.3
Das Accounts-Teilmenü

Das Printers-Menü

Das Teilmenü **Printers** dient der Druckerverwaltung. Hier werden neue Drucker konfiguriert und das **UNIX**-Printspooling kontrolliert.

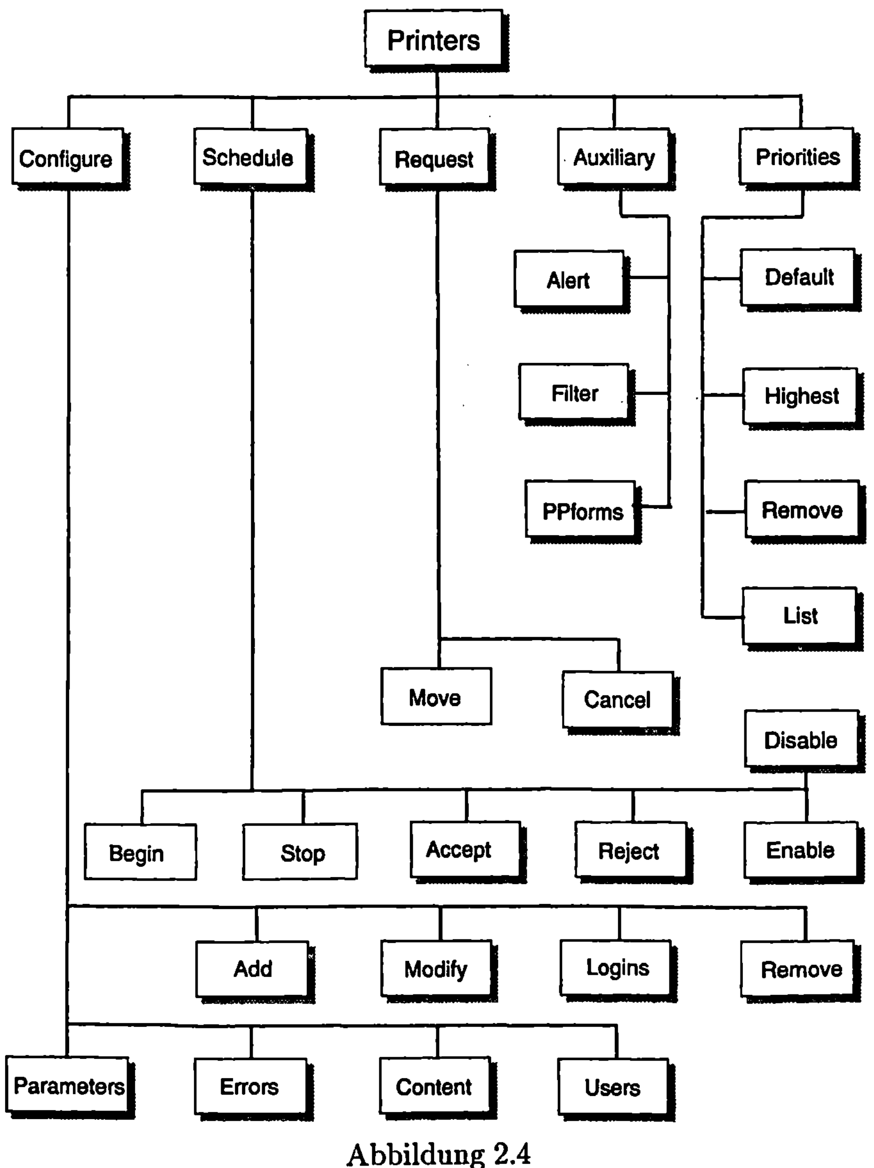

Abbildung 2.4
Das Accounts-Teilmenü

Das Jobs-Menü

Das Teilmenü **Jobs** dient in erster Linie der Verwaltung der Authori-
sierung zur Benutzung von **cron**. Es enthält jedoch auch Funktionen
zum Auflisten und Beenden von Prozessen im System.

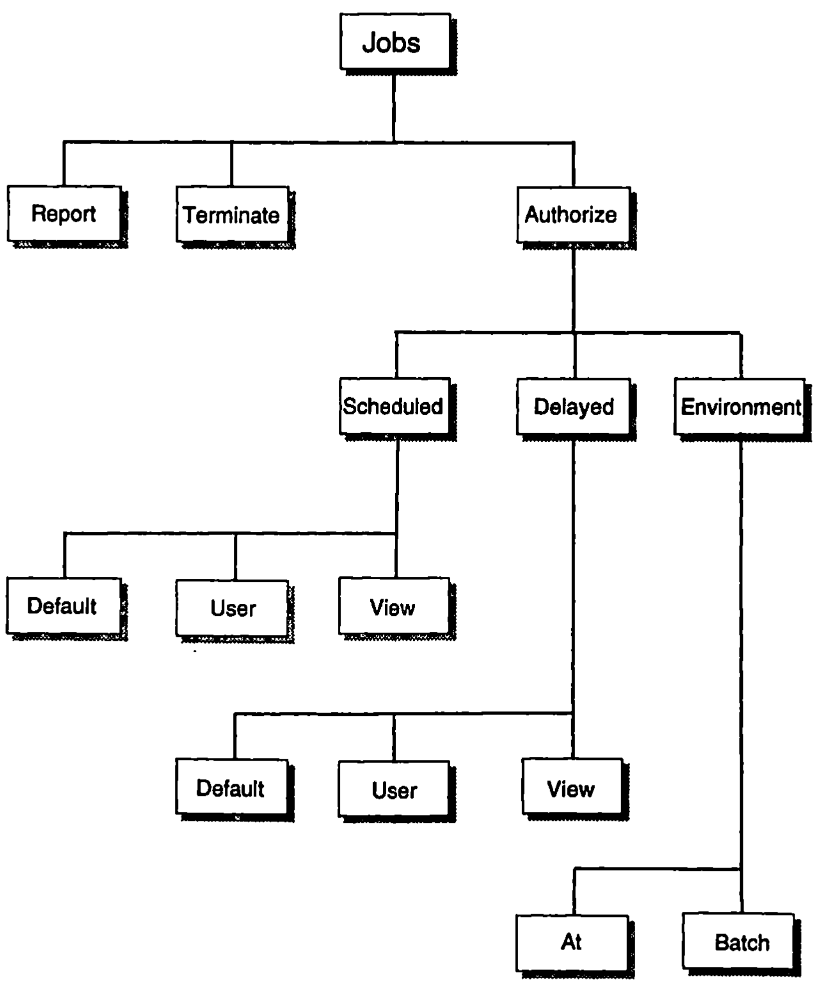

Abbildung 2.5
Das Jobs-Teilmenü

Das Dirs/Files-Menü

Das Menü **Dirs/Files** dient der Manipulation von Dateien und Verzeichnissen.

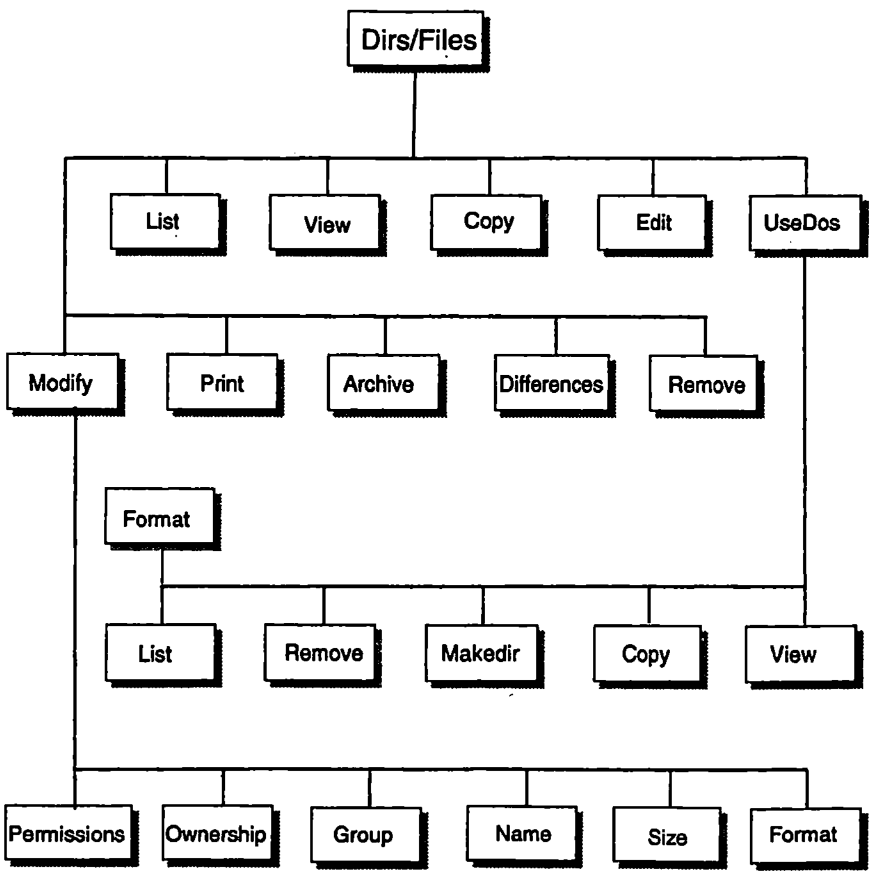

Abbildung 2.6
Das Dirs/Files-Teilmenü

Das Filesystems-Menü

Das Teilmenü **Filesystems** enthält Funktionen zur Verwaltung ganzer
Dateisysteme.

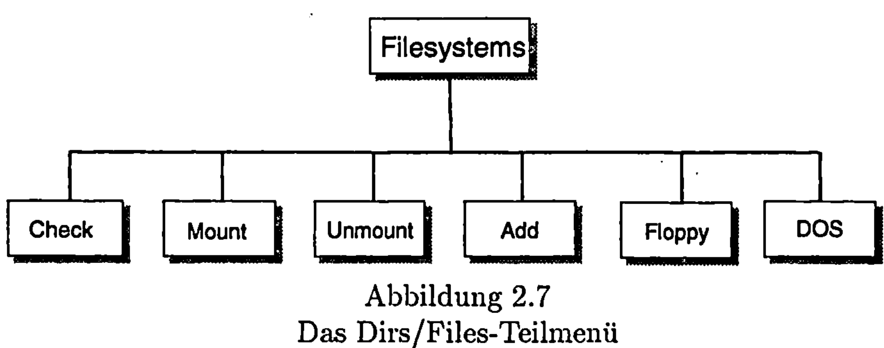

Abbildung 2.7
Das Dirs/Files-Teilmenü

Das Media-Menü

Der Handhabung von Disketten und Bändern dient das **Media**-Teil-
menü. Hier können Dateien auf Datenträgern archiviert und zurück-
gelesen, aber auch Disketten formatiert und kopiert werden.

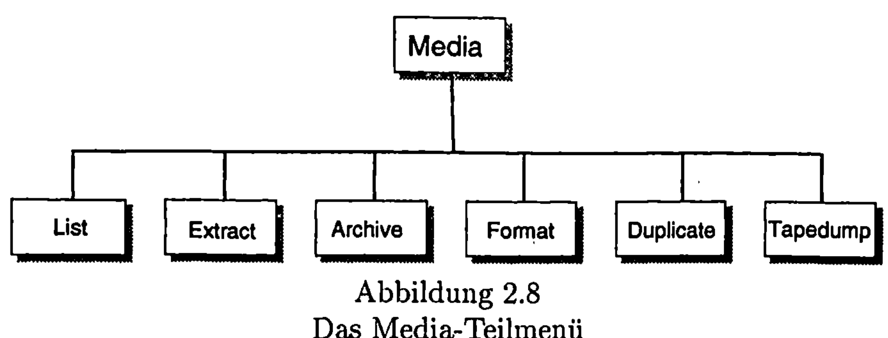

Abbildung 2.8
Das Media-Teilmenü

Das Backups-Menü

Das Teilmenü **Backups** enthält die **sysadmsh**-Funktionen zur Datensicherung. Hier können Datensicherungen erstellt, deren Integrität überprüft und Daten zurückgespielt werden.

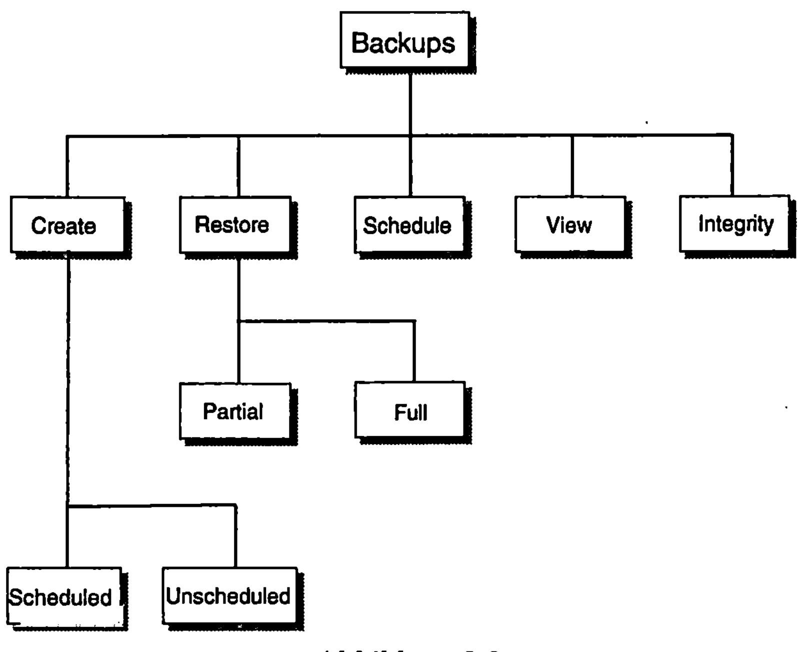

Abbildung 2.9
Das Backups-Teilmenü

2.2   Der Aufbau der sysadmsh-Menüs

Die **sysadmsh**-Menüs sind wie folgt organisiert:

Context-Indikator
: Der Context-Indikator befindet sich am oberen rechten Bildrand und gibt das Teilmenü an, in dem man sich gerade befindet.

Menüzeile
: Die Menüzeile gibt die im Menü verfügbaren Optionen an.

Beschreibung
: Unterhalb der Menüzeile wird eine kurze Beschreibung der ausgewählten Option ausgegeben.

Statuszeile
: Die Statuszeile ist ein hervorgehobener Balken, der Menüzeile und Beschreibung vom Display-Bereich trennt. Die Statuszeile gibt das aktuelle Verzeichnis, Datum und Uhrzeit an. Wird ein **UNIX**-Kommando ausgeführt, so wird es an Stelle des aktuellen Verzeichnisses ausgegeben.

Display-Bereich
: Zur Ein- und Ausgabe werden beim Aufruf von Optionen Fenster im Display-Bereich geöffnet. Eine Zeile am oberen Rand des Fensters gibt einen Titel an. Dieser Titel ist entweder der Name eines **UNIX**-Kommandos oder der eines Formblatts. Ist ein **UNIX**-Kommando gewählt worden, so wird in Klammern der Abschnitt des Online-Manuals angegeben, in dem dieses Kommando erklärt wird.

Fehlerzeile
: Fehlermeldungen und andere Instruktionen werden in einem Balken in der letzten Zeile des Bildschirms ausgegeben.

2.3   Auswahl von Menüpunkten

Die **sysadmsh** hat, wie schon bemerkt, eine hierachische Struktur, die in einigen Bereichen mehrere Ebenen tief geht. Wie bewegt man sich nun in dieser Struktur?

Befindet man sich in einem der Menüs, so ist die Option, auf der man sich befindet, immer im Revers-Modus dargestellt. Zur Bewegung in der Menü-Zeile dienen die Pfeil-Tasten nach rechts und nach links, sowie die <Space>-Taste, die immer die nächste Option auswählt, und am Ende der Menüzeile wieder auf die erste Option zurückgeht. Um eine Option auszuwählen, gibt es die allgemein gebräuchlichen Möglichkeiten. Die erste Möglichkeit ist, sich in der Menüzeile auf die Option zu bewegen, und sie mit <Return> aufzurufen. Dies ist natürlich mühsam, insbesondere wenn man eine Option in einer unteren Ebene aufrufen will. Daher gibt es auch die Möglichkeit, eine Option mit ihrem Anfangsbuchstaben auszuwählen. Die Namensgebung der Optionen ist so organisiert, daß bis auf sehr wenige Ausnahmen in einem Menü ein Buchstabe eindeutig zu einer Option führt.

Um schneller durch den Menübaum zu kommen, kann man durch Angabe der Buchstabenfolge, die sich aus den Anfangsbuchstaben der jeweiligen Optionen ergibt, direkt zur gewünschten Option gelangen. Ein erfahrener Benutzer der **sysadmsh** kann dadurch immer direkt die Funktion aufrufen, die er benötigt.

Befindet man sich in einem Teilmenü, oder hat man eine Option aufgerufen, die zur Ausführung eines UNIX-Kommandos oder zu einem Formblatt führt, so kann man durch Betätigen der Escape-Taste in das nächsthöhere Menü zurückkehren. Ist man in einem Formblatt, so führt die Escape-Taste dazu, daß schon eingegebene Daten verloren sind.

Will man aus einem Teilmenü die **sysadmsh** verlassen oder ins Hauptmenü zurückkehren, so gibt es auch hier eine Abkürzung, die es dem Benutzer erspart, mehrere Male die Escape-Taste zu betätigen. Durch Verwendung die Funktionstaste F2 hat man, wo immer man sich auch in der **sysadmsh** befindet, den gleichen Effekt als würde man im Hauptmenü die Option Quit auswählen. Bestätigt man mit Return, so verläßt man die **sysadmsh**, wählt man die Option No, so kehrt man ins Hauptmenü der **sysadmsh** zurück.

Wie wir im Abschitt über den Aufbau des Menüs gesehen haben, gibt es zur ausgewählten Option in der nächsten Zeile eine kurze Beschreibung dieser Option. Zusätzlich gibt es zu jedem Teilmenü noch eine ausführliche Hilfe. Diese ruft man mit der Funktionstaste F1 auf.

```
F1 again for more HELP                                                  Help
Continue Back Next Index Related Search Help Quit
Next page please
Backups                          The Backups Commands

                      ┌─────────────────────────────┐
                      │   The Backups Commands       │
                      │                             │
                      └─────────────────────────────┘

Menu Path: Backups

     Here are brief descriptions of the commands on the Backups menu:

     Create        Create a backup.

     Restore       Restore data from a backup.

     Schedule      Edit the backup schedule.

     View          View the contents of a backup.

     Integrity     Check the integrity of a backup.

     For more information, press "r" and choose the command you are
     interested in from the list of related topics:
```

Abbildung 2.10
Die Help-Funktion

2.4 Formblätter

Bei vielen Optionen, z.B. Benutzerverwaltung, ist es notwendig, Informationen einzugeben. Dieses geschieht durch Ausfüllen eines Formblatts. In einem Formblatt gibt es Eingabefelder, in die die entspechenden Informationen eingetragen werden.
Befindet man sich in einem Formblatt, so sind die Pfeiltasten aktiv. Mit den Pfeiltasten nach oben und nach unten kommt man ins vorhergehende bzw. nächste auszufüllende Feld. Ist in einem Feld keine Eingabe erlaubt, so wird es übersprungen.
Innerhalb eines Feldes kann man sich mit Hilfe der Pfeiltasten nach rechts und nach links bewegen. Dies kann man benutzen, um mögliche Optionen innerhalb eines Feldes auszuwählen, oder um Eingaben zu korrigieren.
Mit Return wird die Eingabe in ein Feld abgeschlossen und bestätigt. Sind weitere Felder auszufüllen, so kommt man automatisch zum nächsten. Beim letzten Feld bewirkt das Return, daß die entsprechende

Funktion unter Berücksichtigung der gemachten Einträge ausgeführt
wird.

```
                                                                  Create
Shell program (<F3> for list)

                                              Thursday July 16, 1992 11:15

                        ┌──────Make a new user account ──────────┐
                        ├───────── New user account parameter ───────┤
    Username       : [otto            ]
     Login group   :  Specify [Default] of  group
                      Value, <F3> for list :
    Groups         : [...              ]

    Login shell    : [Specify] Default  of  sh
                      Value, <F3> for list : [                         ]
    Home directory :  Specify          ┌───────────Login shells───────────
                      Value, <         │ csh                   C Shell
                      [ Create         │ dos                   DOS shell
                                       │ ksh                   Korn shell
    User ID number : Specify           │ rksh                  Restricted Korn shell
    Type of user   : Specify           │ rsh                   Restricted Bourne shell
                      Value, <         │ scosh                 SCO Shell
    Account that may su(C) to          │ sh                    Standard (Bourne) shell
                                       │ uucp                  UNIX to UNIX Communications
```

Abbildung 2.11
Auswahlmenü mit der F3-Taste

In vielen Formbättern werden Standard-Einträge angeboten, die man
verändern, jedoch auch beibehalten kann. Ganz gleich an welcher
Stelle im Formblatt man sich befindet, wird durch Ctrl-x die Eingabe
beendet und die zugehörige Funktion ausgeführt. In diesem Fall werden für nicht ausgefüllte Felder die Standardwerte angenommen. Gibt
es solche Standardwerte nicht, erfolgt eine Fehlermeldung. Wie schon
oben bemerkt, kann man durch Escape die Eingabe im Formblatt
beenden, ohne daß die Funktion ausgeführt wird.
Gibt es für ein Feld eine Reihe von festen Optionen, so können diese
durch die Funktionstaste F3 abgerufen werden. Es wird dann ein
weiteres Fenster geöffnet, in dem die Optionen ausgegeben werden.
Die Auswahl einer Option erfolgt mit den Pfeiltasten und anschießendem Return. Die gewählte Option ist mit '*' gekennzeichnet. Können
mehrere Optionen gleichzeitig gewählt werden, so kann man diese mit
der Space-Taste markieren.

Die Auswahl einer Option erfolgt mit den Pfeiltasten und anschießendem Return. Die gewählte Option ist mit '*' gekennzeichnet. Können mehrere Optionen gleichzeitig gewählt werden, so kann man diese mit der Space-Taste markieren.

Zusätzlich gibt es noch einige weitere Funktionen beim Editieren eines Formblatts, die in der folgenden Liste zusammengefaßt sind.

<CTRL>y	Löscht die aktuelle Zeile.
<CTRL>w	Löscht das aktuelle Wort.
<CTRL>g<CTRL>h	Bewegt den Cursor zum Ende der Zeile.
<CTRL>g<CTRL>l	Bewegt den Cursor zum Anfang der Zeile.
<CTRL>v	Schaltet den Überschreib-Modus an und ab.
<DEL>	Lösche das Zeichen über dem Cursor.
<BKSP>	Löscht das Zeichen links vom Cursor.
<CTRL>u	Eine Bildschirmseite zurück.
<CTRL>d	Eine Bildschirmseite vor.
<CTRL>n	Nächstes Wort.
<CTRL>p	Vorhergehendes Wort.

2.5   Hinzufügen von Menü-Punkten

Die Optionen der **sysadmsh** decken das gesamte Spektrum der Kommandos und Tools für die Systemverwaltung ab. Trotzdem kann es vorkommen, daß ein Systemverwalter den Umfang der Optionen erweitern möchte oder daß Drittanbieter von Soft- oder Hardware eigene Menüs in die **sysadmsh** einbinden möchten. Die Version 4.0 von **SCO-UNIX** bietet diese Möglichkeit.

Um eigene Optionen in das Menü der **sysadmsh** einzubauen, verwendet man die Option

System $\longrightarrow$ Configure $\longrightarrow$ Menus.

Natürlich lassen sich nur eine Reihe von Menüs verändern. Die meisten Menüs der **sysadmsh** sind nach wie vor fest. Die folgende Liste enthält diejenigen Menüs, die sich modifizieren lassen.

User
System —→ **Configure** —→ **Kernel**
System —→ **Configure** —→ **Network**
System —→ **Configure** —→ **Other**
System —→ **Hardware**
System —→ **Execute**

Wird eines dieser Menüs ausgewählt, so kann mittels der Optionen
Edit, Add bzw. **Remove** ein Menü-Eintrag verändert, erzeugt bzw.
gelöscht werden.
Wählt man den Menüpunkt **Add**, so werden die folgenden Daten über
den neuen Menü-Punkt abgefragt:

Application name	Name, mit der die neue Option aufgerufen werden soll.
Description	Erklärung der Option in der Beschreibungszeile.
Path und arguments	Absoluter Pfadname des Befehls und gegebenenfalls Argumente für den Befehl.
Type of Application	Der Typ des Befehls. Es kann zwischen Interactive, Non-Interactive, Screen-Based Scan und List-Header gewählt werden.

Kapitel 3

Dateien und Dateisysteme

Wir werden uns im nun folgenden Abschnitt ausführlich mit Dateien und Dateisystemen beschäftigen. Was auch innerhalb des **UNIX**-Betriebssystems abläuft, stets ist irgendeine Datei mit im Spiel.

Was ist eigentlich eine Datei? Sie ist die kleinste zusammenhängende Einheit, in der Daten der unterschiedlichsten Form zusammengefaßt sind und die von außen in verschiedenster Weise durch Systemaufrufe beeinflußt werden kann. Jede Datei hat einen festen Eintrag in einem Verzeichnis und wird durch den in ihm festgehaltenen Namen, zum Beispiel von der Shellebene, aber auch über selbst entwickelte Anwendungen über eine Softwareschnittstelle angesprochen. Die Größe einer Datei ist dabei im **UNIX**-Betriebssystem in der Regel nur durch den zur Verfügung stehenden Speicherplatz begrenzt, und es gibt gleichermaßen auch Dateien, die lediglich einen Eintrag in einem Verzeichnis haben, aber auf dem Datenträger keinen Platz belegen.

Die nächste einer Datei übergeordnete Einheit sind Verzeichnisse, die die Namen der unter ihnen abgelegten Dateien aufnehmen, obgleich diese eigentlich selbst auch gewissermaßen Dateien sind und durchaus auch ähnlich wie Dateien behandelt werden können.

Die den Verzeichnissen übergeordneten *Gebilde* sind die Dateisysteme. Wir können Sie mit den von **MS-DOS** her bekannten logischen Laufwerken vergleichen. Dateisysteme beinhalten alle zum Steuern der in ihnen enthaltenen Verzeichnisse und Dateien notwendigen Informationen, wie zum Beispiel den Bootblock, den Superblock, die Inode-Tabelle oder die Liste der noch verfügbaren Blöcke, die sogenannte *Free List.* Innerhalb des **UNIX**-Betriebssystems kann eine durch den Betriebssystemkern fest konfigurierbare Anzahl von Dateisystemen den Benutzern zugänglich gemacht werden. Dabei spielt es keine Rolle, auf welchem Speichermedium Dateisysteme abgelegt werden. In der Regel befinden sich Dateisysteme auf dem Festplattenspeicher, sie können allerdings auch auf mobilen Datenträgern wie Disketten oder gar CD-ROM's abgelegt werden.

Wir werden uns in diesem Kapitel intensiv mit Dateien, Dateiattributen, Dateisystemen, sowie deren Erzeugung und Einbindung in das Betriebssystem auseinandersetzen. Nicht außer acht gelassen werden darf dabei die Frage der Sicherheit der Daten. So werden wir auch darauf eingehen, wie die in den Dateien enthaltenen Daten vor anderen Benutzern bereits durch das Betriebssystem **UNIX** standardmäßig geschützt werden.

3.1   Dateiattribute

Um Dateien innerhalb des Systems eindeutig zu klassifizieren und um Zugriffsrechte abzustecken, vergibt **UNIX** bei der Anlage einer Datei eine Reihe von Attributen:

- ▷ Dateiname

- ▷ Dateizugriffs-Pfad

- ▷ Länge der Datei

- ▷ Datum der Dateierstellung, der letzten Änderung und des letzten Zugriffs

- ▷ Benutzernummer des Besitzers

- ▷ Gruppennummer der Datei

- ▷ Zugriffsrechte auf die Datei

- ▷ Inode-Nummer

- ▷ Anzahl von Verweisen auf eine Datei

▷ Dateityp

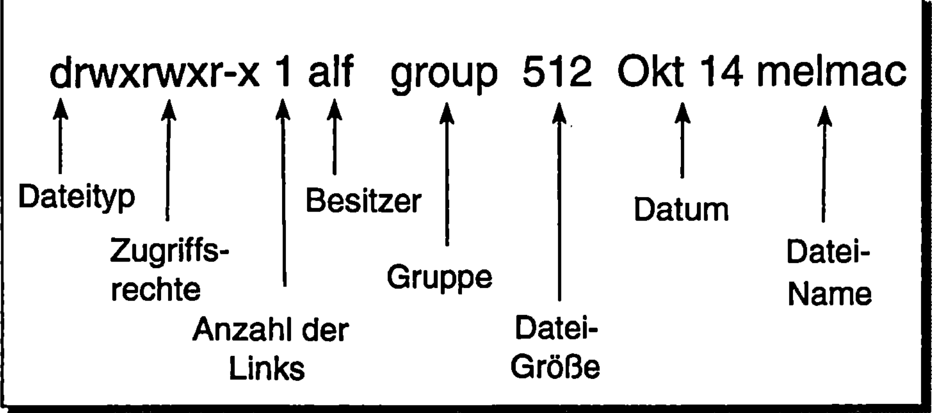

Abbildung 3.1
Die Dateiattribute

Mit diesen Attributen werden wird uns im folgenden genauer beschäftigen.

3.1.1 Dateinamen

Wer sich mit dem **MS-DOS** Betriebssystem bereits näher befaßt hat, kennt dessen Beschränkungen, was die Länge und Beschaffenheit der Dateinamen angeht. So werden dort nur Großbuchstaben und wenige, andere ASCII-Zeichen verwendet, und der Dateiname hat eine fest vorgegebene Struktur, die den eigentlichen Namen, der maximal bis zu 8 Zeichen betragen darf, und eine sogenannte bis zu 3 Zeichen lange Dateinamenserweiterung (Extension) strikt voneinander trennt.
Im **UNIX**-Betriebssystem hingegen hat der Benutzer bei der Vergabe der Dateinamen ein wenig mehr Bewegungfreiheit. In den meisten System V Derivaten kann der Dateiname bis zu 14 Zeichen lang sein und weist keine logische Trennung von Dateinamen und Dateinamenserweiterung auf. Desweiteren wird bei den Buchstaben innerhalb des Dateinamens zwischen Groß- und Kleinschreibung unterschieden. Auch

innerhalb von **UNIX** dürfen gewisse Sonderzeichen bei der Vergabe von Dateinamen verwendet werden. Wir raten Ihnen jedoch dringend davon ab, bestimmte für die Shell vorgesehenen Sonderzeichen ('\$','%','\\','/') oder gar Zeichen unterhalb 0x20 bei der Vergabe von Dateinamen zu verwenden. Auch ein '.' am Anfang eines Dateinamens ist nicht unbedingt empfehlenswert, da die Ausgabe des Verzeichnisses mit dem ls-Kommando gerade diese Datei nicht ausgeben wird, es sei denn, Sie haben diesen Effekt bewußt beabsichtigt ...

Im **Berkely UNIX** (kurz **BSD**), eine verbreitete Implementation, ist zum Beispiel das **SUN-OS**, sind sogar bis zu 256 Zeichen lange Dateinamen zulässig. In der neuesten Version 4.0 des UNIX 3.2 der Santa Cruz Operation ist diese Erweiterung bereits auch übernommen worden. Über Sinn und Unsinn solch gewaltiger Konstrukte für Dateinamen mag man streiten, in den meisten Fällen jedoch sollten 14 Zeichen zur Bildung eines eindeutigen Dateinamens ausreichen.

Mit einigen Tricks ist es möglich, Steuersequenzen des Bildschirms zur Bildung von Dateinamen zu verwenden. Es gibt Spaßvögel, die zum Beispiel eine Datei mit dem Namen *\033[2J\033[H* im Verzeichnis */tmp*, das ja bekannterweise von allen Benutzern gelesen und beschrieben werden kann, anlegen. Läßt sich nun ein anderer Benutzer mit ls den Inhalt von */tmp* anzeigen, so wird, zumindest auf der ANSI-Systemkonsole oder aber auch auf DEC VT100/220 Terminals, erst einmal der Bildschirm gelöscht. Mit dem ls-Kommando, versehen mit der Option -q oder -b, werden Steuerzeichen in oktaler Kodierung wiedergegegeben. Solches Vorgehen findet vielleicht am 1. April die gedämpfte Zustimmung mancher Mitarbeiter, an allen anderen Tagen des Kalenderjahres hingegen gehören diese Art von Dateien nicht ins Betriebssystem!

3.1.2   Der Datei-Zugriffspfad

Dateinamen können auf unterschiedlichste Weise von der Betriebssystemshell oder aber innerhalb einer selbst entwickelten Anwendung angesprochen werden. Bei Eingabe des eigentlichen Dateinamens wird die entsprechende Datei innerhalb des aktuellen Verzeichnisses bearbeitet. Jedoch ist es, genau wie unter **MS-DOS** auch, möglich, Dateien in anderen Verzeichnissen anzusprechen, ohne das aktuelle Verzeichnis verlassen zu müssen. Das Zeichen, das Verzeichnisnamen vom Dateinamen trennt, ist unter dem Betriebssystem **UNIX** das /-Zeichen. Aus diesem Grunde darf das Zeichen / auch nicht innerhalb eines Dateinamens verwendet werden. Wir nennen Dateinamen, die mit zusätzlichen, durch / voneinander getrennten Verzeichnisangaben versehen sind, Pfadnamen und unterscheiden dabei relative und absolute Pfadnamen. Relativ sind die zu nennen, die vom aktuellen Verzeichnis ausgehen, z. B. *scr/myprog.c* oder aber *../lib/texte/artikel.txt.* Letzteres Beispiel eines Pfadnamens bezieht sich zunächst auf das in der Hierarchie zurückliegende Verzeichnis ('..'), danach auf das in ihm enthaltene Verzeichnis *texte.* In ihm wird letzendlich die Datei *artikel.txt* gesucht und entsprechend den Wünschen des Benutzers bearbeitet.

Eine absolute Pfadangabe hingegen geht immer durch Voranstellung eines / vom Stammverzeichnis des aktuellen Root-Dateisystems aus. Sie werden immer dann verwendet, wenn sichergestellt sein soll, daß, auch wenn mehrere Dateien mit gleichem Namen auf dem Massenspeicher vorhanden sind, diese bestimmte und keine andere Datei behandelt werden soll. Der normale Benutzer jedoch sollte keinen allzu großen Gebrauch von absoluten Pfadnamen machen. So kann, wenn diese Dateien absolut auf einem Datenträger gesichert wurden, das Wiedereinspielen der Sicherung zu einem kleinen Abenteuer ausarten, da gewisse Dateien aufgrund fehlender Schreibberechtigungen nicht neu angelegt werden oder gar in unbeabsichtigt falschen Verzeichnissen abgelegt werden.

3.1.3 Dateilänge

Die Information über die Länge einer Datei ist nicht, wie unter **MS-DOS** etwa, im Verzeichnis selber gespeichert, sondern in der sogenannten Inode-Tabelle, auf die wir in Abschnitt 3.2.3 noch intensiver zu sprechen kommen. Ein 4-Byte Speicherplatz ist für die Aufnahme der Dateilänge in der Inode-Tabelle vorgesehen. So gesehen ist die Länge einer Datei auf $2^{31} - 1$, also auf über 4 GB beschränkt. Im Augenblick gibt es kaum Massenspeicher, die eine derartig große Datei überhaupt aufnehmen können. Zudem erscheint es aus vielerlei Gründen als wenig sinnvoll, derart große Dateien zum Beispiel auf der Festplatte zu verwenden. Bei Überschreiten einer bestimmten Größe bereits verkompliziert sich die Verwaltung von Dateien durch den Betriebssystemkern erheblich, was mit dem Aufbau der Direkt-verweise auf die Blöcke einer Datei innerhalb der Inode-Tabelle zusammenhängt. Die Folgen sind unter anderem eine doch erhebliche Fragmentierung des Massenspeichers, das heißt, daß die Blöcke einer Datei über den gesamten Datenträger nicht zusammenhängend verstreut sein können. Daß dabei ein nicht unerheblicher Verlust an Systemdurchsatz auftritt, ist selbstverständlich.

Das andere Extrem ist die Verwendung unzähliger, winziger Dateien, die beispielsweise, jede für sich, nur ein paar Zeichen beinhalten. Hierbei handelt es sich nicht nur um eine ungeheure Platzverschwendung (die Mindestgröße des belegten Platzes einer Datei ist die Blockgröße, also im Normalfall 1024 Bytes), sondern auch um einen völlig indiskutablen Performanceverlust. Da Verzeichnisse intern vom Betriebssystemkern fast genau wie normale Dateien auch verwaltet werden, können diese bei intensiver Beanspruchung, wenn sie eine gewisse Größe überschreiten, auch zu 'Geschwindigkeitstötern' werden.

3.1.4 Benutzernummern des Besitzers

Jeder Datei im Filesystem ist ein Eigentümer (Owner) zugeordnet, wobei in der Regel der Eigentümer einer Datei derjenige ist, unter dessen Benutzerkennung die Datei auch angelegt wurde. Man kann ganz allgemein sagen, daß der Owner einer Datei mit 'seiner' Datei anstellen darf, was ihm in den Sinn kommt. So können andere Benutzer diese Datei nicht löschen oder die Zugriffsrechte ändern (Ausnahme: Superuser), sondern nur der Benutzer selber. Beim Anlegen eines Benutzers muß der Systemadministrator beachten, daß einige Nummern bereits vergeben sind. So hat der Superuser *root* die Benutzernummer (User ID) 0. Es sollten keine Benutzernummern unter dezimal 100 vergeben werden. Empfehlenswert ist zudem, falls ein Benutzer ein Login auf mehreren **UNIX**-Systemen hat, auch stets die gleichen Benutzernummern auf diesen Systemen zu vergeben. Im Falle einer Übertragung von Dateien stimmen dann wenigstens die Benutzernummern auf den verschiedenen Systemen überein, und ein lästiges Ändern von Owner und Group entfällt.

3.1.5 Gruppennummer

Mit einer zusätzlichen Dateikennung wird es möglich, einer Datei Zugriffsrechte mehrerer Benutzer, die zu einer Gruppe zusammengefaßt wurden, zu erteilen. Es handelt sich um die sogenannte Gruppennummer (Group ID), die, wie die Benutzernummer auch, ein 2-Byte Integerfeld in der Inode der Datei belegt. Gerade bei Systemen mit einer höheren Anzahl an Benutzern ist es sinnvoll, diese in Gruppen zusammenzufassen. Man kann verschiedene Abteilungen in einem Unternehmen beispielsweise jeweils als eine Gruppe definieren. So könnten Gruppen wie *Marketing, Buchhalt, Support, Inhouse* gebildet werden. Über die Gruppenzugriffsrechte wird festgelegt, welche Rechte Mitglieder einer der Datei zugeordneten Gruppe haben. Alle systemrelevanten Informationen über Gruppen und deren Zugehörigkeit sind in der Datei */etc/group* abgelegt.

3.1.6 Zugriffsrechte

Wir kommen nun zu einem ganz wichtigen Thema, nämlich zu den Zugriffsrechten einer Datei, die wir in den beiden oberen Abschnitten bereits erwähnt haben. Mit den Zugriffsrechten einer Datei kann Systemsicherheit in einer Mehrbenutzerumgebung erst gewährleistet werden.

Zu diesem Zweck ist in jeder Inode einer Datei ein 2-Byte Integerfeld für die Beschreibung der Zugriffsrechte reserviert. Die Organisation dieses 'Dateimodusfeldes' ist zweifach dreigeteilt angelegt. Das bedeutet, daß zum einen Rechte für den Dateieigentümer, die Gruppe und andere festgelegt sind, und zum anderen, daß es Lese- Schreib- und Ausführungsrechte für diese Benutzer gibt.

Nutzerkreise:

Dateibesitzer	(u = user)
Benutzer der gleichen Gruppe	(g = group)
Alle anderen Benutzer	(o = others)

Zugriffsrechte:

Leserecht	(r = read)
Schreibrecht	(w = write)
Ausführungsrecht	(x = execute)

Bei normalen Dateien, wie Quell- oder Textdateien, ist es im allgemeinen üblich, nur dem Eigentümer der Datei Lese- und Schreibrechte zu geben, während Gruppenmitglieder und andere Benutzer lediglich Leseberechtigung erhalten. So ist nur der Eigentümer (Owner) der Datei selbst dazu ermächtigt, die Datei zum Beispiel mittels eines Texteditors zu verändern. Sollten Sie allerdings Dateien mit kritischen oder sonst geheimen oder delikaten Inhalten in Ihren Verzeichnissen aufbewahren, so sind diese in Ihrem eigenen Interesse vor neugierigen Augen Dritter zu schützen, indem Sie den Gruppenmitgliedern und anderen selbst schon die Leseerlaubnis diskret entziehen.

Schauen wir uns die Kommandos zum Umgang und Administration der Zugriffsrechte etwas näher an. Ein recht nützliches Kommando, das ein Shellbuildin (also kein externes, sondern internes Kommando) ist, nennt sich **umask**. Der Aufruf von **umask** ohne Argumente liefert als Ergebnis die momentan gültige Maskierung für die Zugriffsrechte, die eine Datei beim Anlegen automatisch bekommt. Ansonsten benötigt umask eine Zahl als Argument, und die Maskierung der Zugriffsrechte wird neu festgelegt. Da es sich bei diesem ominösen Wert um eine logische Und-Maske handelt, muß man den gewünschten Effekt für Benutzer- Gruppen- und Rechte anderer zunächst invertieren. Eine Ziffer 0 bedeutet, daß alle Rechte beim Anlegen von Dateien gewährt werden. Sie können als individueller Benutzer in Ihr *.profile* oder *.login* (Bourne-, oder C-Shell) den Aufruf von **umask** einfügen. Ansonsten ist nach der Systeminstallation bereits ein sinnvoller Wert für die Maskierung der Zugriffsrechte in */etc/profile* bzw. in */etc/login* festgelegt. Die Zugriffsrechte werden beim Kommando **umask** der

Einfachheit halber in oktaler Form ein- und auch ausgegeben. Eine 1 steht für Ausführungsrechte bei binären Dateien oder Shellscripts, die 4 bedeutet Leseerlaubnis, während letztendlich die 2 für Schreibzugriffe steht. Die in der Regel verwendeten drei oktalen Ziffern beziehen sich auf Eigentümer, Gruppe und andere Benutzer. Durch eine Addition, oder besser formuliert, durch eine logische Oder-Verknüpfung, werden die drei erläuterten Rechte berechnet.

0 keine Zugriffsrechte
1 nur Ausführungsberechtigung
2 nur Schreibberechtigung
3 Schreib- und Ausführungsberechtigung
4 nur Leseerlaubnis
5 Lese- und Ausführungsberechtigung
6 Lese- und Schreiberlaubnis
7 Lese- Schreib- und Ausführungsberechtigung

Shellscripts benötigen im Gegensatz zu ausführbaren, binären Dateien neben der Ausführ- auch noch die Leseberechtigung, da der Kommandointerpreter (Shell) die entsprechende Datei auch zum Lesen öffnen muß.

In dem oben beschriebenen Integerfeld der Inode, das die Zugriffsrechte beschreibt, sind neben den Standardwerten für Lesen, Schreiben und Ausführen für Besitzer, Gruppen und die anderen Benutzer noch weitere Attribute abgelegt. Eine Datei kann beispielsweise ein Verzeichnis sein. In diesem Falle wird dem Attribut oktal 04000 hinzugefügt. Sie haben auf dieses Bit mit den Standardutilities keinerlei Zugriffsmöglichkeiten. Nur der Betriebssystemkern setzt das Verzeichnisattribut einmalig beim Anlegen eines neuen Verzeichnisses im Dateisystem.

Neben 'normalen' Dateien und Verzeichnissen gibt es aber auch noch sogenannte *special Files*, die in der Regel im Systemverzeichnis */dev* abgelegt sind. Es handelt sich bei diesen um Verweise auf Gerätetreiber, deren Code im Betriebssystemkern abgelegt ist. Mit diesen Devicenodes, die wie normale Dateien geöffnet werden können, wird es den Anwendern möglich, Daten auf Geräten wie Disketten- und Bandlaufwerken, Druckern, Mäusen, Netzwerkkarten ein- oder auszugeben. Es gibt dabei zeichen- und blockorientierte Geräte, dementsprechend auch zwei verschiedene Bits im Dateimodusfeld. Zeichenorientierte Treiber geben Zeichen für Zeichen Daten auf einem Gerät aus, während blockorientierte Geräte Daten in logischen Einheiten gepuffert ein- oder auch ausgeben. Wie bei den Verzeichnissen auch ist von außen kein Einfluß auf diese Bits möglich. Einzig die Kernelfunktion **mknod** kann ein solches spezielles File anlegen, wozu allerdings nur der Superuser befugt ist. Ein einmal angelegter Devicenode kann nicht mehr neu überschrieben werden, er ist vorher erst zu löschen.

Zum Abschluß sei noch eine weitere Besonderheit erwähnt, die beim Zugriff auf ausführbare Programme eine wichtige Bedeutung hat. Es gibt nämlich noch zwei weitere Attribute, die in dem Dateimodusfeld kodiert und mit dem Ausführattribut verbunden sind. Einer Benutzerkennung können zum Zeitpunkt der Ausführung einer Datei die Rechte eines anderen Benutzers übertragen werden. In der Regel ist dieser Benutzer der Superuser, also *root.* Dieses Attribut kann auch nur vom Superuser selbst vergeben werden. Es nennt sich 'SetUID-Bit'. Mit dem Kommando **chmod** könnte es folgendermaßen gesetzt werden:

```
# ls -l
total 24
-rwxr-xr-x 1   sys    sys    32721   Aug 22 1992   prog
# chown root prog
# chmod u+s prog
# ls -l
-rwsr-xr-x 1   root   sys    32721   Aug 22 1992   prog
#
```

Das ausführbare Programm mit dem Namen **prog** ist nunmehr mit dem Owner *root* und dem 'setUID-Bit' versehen in der Lage, jedwelchen Systemcall mit Superuserrechten von jedem Benutzer aus durchzuführen. Damit besteht jedoch eine nicht zu unterschätzende Gefahr für die Systemsicherheit.

Der Systemverwalter sollte vor Anwendung dieser Prozedur genau abwägen, ob es wirklich zwingend erforderlich ist, einem Kommando

diese Rechte mit auf den Weg zu geben. Software, die selbst entwickelt
worden ist, sollte, falls vorgesehen, sie mit Superuserrechten ablaufen
zu lassen, auch nur die Systemcalls ungeprüft passieren lassen, die keinen nennenswerten Schaden anrichten können. Alle anderen Aufrufe,
die normalerweise nur für den Superuser zulässig sind, sollten vorher
die tatsächliche Benutzerkennung (Real User ID) abfragen, und nur
die Real-UID 0 durchgehen lassen.
Es gibt innerhalb des UNIX-Betriebssystems selbst einige wenige Kommandos, die das 'SetUID-Bit' gesetzt haben. Falls Sie externe Software
einspielen und feststellen, daß dort Programme in Ihr Dateisystem
installiert werden, die dieses Bit gesetzt haben, sollten Sie kritisch
nach den Gründen solchen Vorgehens suchen. Nun ist es nicht nur
möglich, dieses Bit für den Benutzer zu setzen, gleiches kann auch mit
der Gruppenkennung durchgeführt werden. Dieses entsprechende Bit
nennt sich dann 'setGID-Bit' und erteilt dem aufrufenden Benutzer
die Rechte der entsprechenden Gruppenkennung der Programmdatei.
Mit dem Kommando **chmod** wäre wie folgt vorzugehen:

```
# ls -l
total 24
-rwxr-xr-x 1   sys     sys   32721   Aug 22 1992   prog
# chgrp root prog
# chmod g+s prog
# ls -l
-rwxr-sr-x 1   sys     root  32721   Aug 22 1992   prog
#
```

Eine weitere Besonderheit bei der Betrachtung der Zugriffsrechte ist
die allgemein unter dem Namen 'sticky-Bit' bekannte Kennung zu nennen. Dieses 'sticky-Bit' kann sowohl auf 'normale' Dateien sowie auch
auf Verzeichnisse übertragen werden, allerdings mit unterschiedlichen
Auswirkungen.
Bei Dateien sollte man nicht vom 'sticky-Bit', sondern vom 'Save Text
Image after Execution-Bit' reden. Ausführbare Programme, die mit

diesem Bit versehen wurden, verbleiben nach ihrer Ausführung im Hauptspeicher oder im Swap-Bereich und stehen für einen erneuten Aufruf somit augenblicklich zur Verfügung. Beispiele im **UNIX** sind häufig benutzte Programme, wie zum Beispiel der Kommandointerpreter **/bin/sh**, das Kommando zum Anzeigen des Inhaltes eines Verzeichnisses **/bin/ls** oder aber der Systemeditor **/bin/vi**. Mit der folgenden Kommandosequenz können Sie, natürlich wiederum nur als Superuser, einem ausführbaren Programm dieses Bit erteilen und damit auch oben erläutertes Verhalten ermöglichen:

```
# ls -l
total 24
-rwxr-xr-x 1   sys    sys    32721   Aug 22 1992   prog
# chmod +t prog
# ls -l
-rwxr-xr-t 1   sys    sys    32721   Aug 22 1992   prog
#
```

Sie sollten bei der Vergabe dieses speziellen Zugriffsrechts bedenken, daß ein Geschwindigkeitsvorteil nur solange zu verzeichnen ist, wie genug an Hauptspeicher dem System zur Verfügung steht. Anders ausgedrückt, wenden Sie es bitte, wenn überhaupt, sparsam und nur bei kleineren Programmen an.

Sollte das 'sticky-Bit' auf Verzeichnisse übertragen werden, so hat das den Effekt, daß unabhängig von den Zugriffsrechten des Verzeichnisses selber, wirklich nur der Eigentümer einer Datei diese auch löschen darf, wenn sie sich in diesem Verzeichnis befindet. Lange Zeit gab es beim **XENIX** das Problem, daß jeder beliebige Benutzer alle Dateien im */tmp* Verzeichnis löschen konnte. Seit diesem Verzeichnis das 'sticky-Bit' übertragen wurde, ist das nun nicht mehr möglich.

3.1.7 Das Dateidatum

Ein wesentliches Merkmal von Dateien ist die Zeitangabe, wann beispielsweise die Datei angelegt wurde. Unter **MS-DOS** gibt es hierbei ein Datums- und ein Zeitfeld, die beide relativ kompliziert kodiert sind. Im **UNIX**-Betriebssystem wird nicht nach Datum und Uhrzeit unterschieden, sondern es gibt dafür lediglich ein 4-Byte Feld in der Inode, das die Anzahl der verstrichenen Sekunden seit dem 1.1.1970 als Zeitangabe beinhaltet. Danach werden mittels des ls-Kommandos etwa, eine Datumsangabe und eine Uhrzeit getrennt voneinander ausgegeben. Nun gibt es unter **UNIX** drei solcher Datumsfelder. Das erste Datumsfeld beschreibt die Zeit des Anlegens der Datei, das 'Geburtsdatum' einer Datei also. Das zweite Feld kennzeichnet die Zeit der letzten Änderung, also des letzten Schreibzugriffs, während die dritte und letzte Datumsangabe den letzten Zugriff indiziert. Mit dem ls-Kommando können Sie sich die drei Zeiten wahlweise anzeigen lassen. Normalerweise gibt ls als Datum den Zeitpunkt des letzten ändernden Zugriffs aus. Mit der Option '-u' wird die Zeit des letzten allgemeinen Zugriffs angezeigt. Die Option '-t' sortiert die Ausgabe nicht nach Dateinamen, sondern nach der Zeit des letzten Schreibzugriffes einer Datei.

Mit dem Kommando **touch** können Sie sowohl das Datum der letzten Änderung als auch das Datum des letzten Zugriffes einer Datei auf die aktuelle Uhrzeit setzen. Das Programm **touch** wird folgendermaßen benutzt:

---

touch [-amc] [*mmhhddmm*[*yy*]] *Datei1 Datei2 ...*

Mit Hilfe der Option -a wird das Datum des letzten Zugriffs verändert. Die Option -m ändert das Datum der letzten Änderung einer Datei. Sollten Sie touch mit einer Datei als Argument aufrufen, die es im aktuellen Verzeichnis nicht gibt, so legt **touch** standardmäßig diese Datei neu an. Dieses Verhalten kann mit der Option -c unterdrückt werden.

3.1.8 Die Inode-Nummer

Als einziges Feld neben dem Dateinamen selbst ist die Inode- Nummer Bestandteil eines Dateieintrages in einem Verzeichnis. Es handelt sich dabei um einen 2-Byte großen Integerwert, der zu Beginn eines Verzeichniseintrages direkt vor dem Dateinamen abgelegt ist. Beträgt er '0', so haben wir es mit einer gelöschten Datei zu tun.

Eine kleine Bemerkung am Rande: Im Gegensatz zu **MS-DOS** ist es unter **UNIX** nahezu unmöglich, eine gelöschte Datei wiederherzustellen, da zum einen wichtige Informationen hierzu fehlen, zum anderen in einer Multiuserumgebung jederzeit diese Verzeichniseinträge wieder überschrieben werden können. Die Inode-Nummer kennzeichnet eine Datei eindeutig und ist nur für ein Dateisystem gültig. Man kann sie als Index auf die eigentliche Inode-Tabelle verstehen, die hinter dem Superblock eines Dateisystems abgelegt ist. Wir werden uns in einem weiteren Abschnitt noch eingehender mit der Inode-Tabelle beschäftigen.

3.1.9 Die Anzahl der Verweise auf eine Datei

Wie bereits oben erwähnt, ist es unter **UNIX** möglich, auf eine bestehende Datei Verweise (Links) zu erzeugen. Es handelt sich dabei um Verzeichniseinträge, die die Inode einer bereits vorhandenen Datei beinhalten. Im Normalfall sind solche *links* nur innerhalb eines Dateisystems möglich. Im **UNIX**-Derivat **BSD** gibt es sogenannte *symbolic links*, die diese Einschränkung umgehen. Hier sind Verweise nicht nur über unterschiedliche Dateisysteme möglich, sondern sogar über ganze Netzwerke. In der Version 4.0 des **UNIX** 3.2 der Santa Cruz Operation sind diese *symbolic links* bereits implementiert. Ein Feld innerhalb der Inode-Tabelle beschreibt die Anzahl solcher bestehenden Verweise. Mit dem Kommando **ln** können einfach Verweise erzeugt werden, mit dem Kommando **rm** oder **unlink** können die Verweise wieder entfernt werden. Hierzu ein kleines Beispiel:

```
$ ls -li
total 24
128 -rw-r--r-- 1 alf    group 327 Aug 22 1992 mytxt
$ ln mytxt yourtxt
$ ls -li
total 24
128 -rw-r--r-- 2 alf    group 327 Aug 22 1992 mytxt
128 -rw-r--r-- 2 alf    group 327 Aug 22 1992 yourtxt
$
```

Wie Sie sehen, ist ein weiterer Verzeichniseintrag erzeugt worden, bei dem lediglich der Dateiname sich geändert hat. Alle anderen Parameter sind die gleichen geblieben, was ja eigentlich auch logisch ist, da die Inode-Nummer immer auf den gleichen Eintrag in der Inode-Tabelle verweist.

Symbolische Verweise auf eine bestehende Datei können auch mit dem ln-Kommando gebildet werden. Hierbei ist die Option '-s' zu verwenden. Es entsteht ein Verzeichniseintrag, der im Feld der Zugriffsrechte (bei der Ausgabe des Kommandos ls -l) mit einem l beginnt und einen *symbolic link* anzeigt. Zwar kann man einen symbolischen Verweis mittels **rm** löschen, jedoch ist es unmöglich, den Inhalt eines solchen Eintrags zu lesen. Typischerweise verweisen *symbolic links* zumeist auf Verzeichnisse. So kann ein Anwender beispielsweise sich ein eigenes *tmp* Verzeichnis einrichten als symbolischen Verweis auf das bereits existierende */tmp*-Verzeichnis, einfach, um Ressourcen zu sparen. Das könnte sinnvoll sein, wenn gewisse Applikationen auf ein *tmp*-Verzeichnis unter dem Stammverzeichnis des Benutzers zugreifen. Folgende Schritte müßte der Benutzer hierzu durchführen:

```
$ cd
$ pwd
/u/alf
$ ln -s /tmp tmp
$ ls -li
total 24
128 -rw-r--r-- 1 alf   group 327 Aug 22 1992 mytxt
128 -rw-r--r-- 1 alf   group 327 Aug 22 1992 yourtxt
 23 lrwxrwxrwx 8 alf   group 4 Aug 26 1992 tmp -> /tmp
```

Wie Sie sehen, zeigt das 'l' das Vorhandensein eines symbolischen Verweises an. Dem Dateinamen angefügt ist das eigentliche Verzeichnis,
auf das von diesem *link* verwiesen wird. Der Dateigröße entnehmen
wir, daß der Inhalt dieses *symbolic links* lediglich der Dateiname des
originalen Verzeichnisses ist. Es ist empfehlenswert, die Anwendung
von *symbolic links* sparsam zu verwenden, da die gesamte Organisation der Dateinamen und Verzeichnisse schnell unübersichtlich werden
kann. Sollten Sie als Superuser beginnen, in den Systemverzeichnissen
mit *symbolic links* zu arbeiten, so können sich für die Anwender dieses Systems daraufhin böse Konsequenzen ergeben, so zum Beispiel,
daß bestimmte Applikationen plötzlich benötigte Dateien nicht mehr
auffinden können. Zwar ist im **SCO UNIX 3.2 V 4.0** die Möglichkeit
gegeben, mit symbolischen Verweisen zu arbeiten, das Betriebssystem
selbst jedoch macht im Gegensatz zu einem **UNIX** System V Release
4 keinen Gebrauch davon!
Zurück zu den einfachen Verweisen (*links*). Programmierer haben
schon seit längerem deren Möglichkeiten erkannt und für ihre ausführbaren Programme genutzt. Denken Sie dabei vielleicht einmal an
das Public Domain Programm **compress**, das in der Standarddis-
tribution von **SCO UNIX** System V/386 bereits enthalten ist. Wie
Sie vielleicht wissen, gibt es neben dem Aufruf von **compress** auch
noch **uncompress** und **zcat**. Wir haben es hier mit ein und demsel-
ben Programm zu tun, das drei verschiedene Funktionalitäten bereit-

stellt. Erstens können Dateien gepackt werden (**compress**), zweitens
können sie auch wieder in den Urzustand zurückversetzt werden (**uncompress**) und drittens kann der Inhalt einer gepackten Datei auf
den Bildschirm dargestellt werden (**zcat**). Das alles wird von einem
Programm durchgeführt. Es sind lediglich 2 zusätzliche Verweise auf
compress erstellt worden. Das Programm selber fragt nun zu Beginn seinen eigenen Programmnamen ab (argv[0]) und setzt interne
Flags entsprechend, um die gewünschte Tätigkeit durchzuführen. Ein
anderes Beispiel ist das sooft schon zitierte Kommando **ls**. Den Anwendern, die nicht immer **ls -l** eingeben wollen, wird mittels eines
Verweises die Möglichkeit geboten, einfach **l** einzugeben und den gleichen Effekt damit zu erzielen; ein Link macht's möglich.

3.1.10   Dateitypen

Im Abschnitt über Zugriffsrechte (3.1.6) haben wir bereits einige Dateitypen beschrieben. Im folgenden schauen wir uns die verschiedenen
Formen von Dateien innerhalb des **UNIX**-Betriebssystems noch einmal etwas genauer an. Grundsätzlich gibt es zunächst einmal 'normale' Dateien, die entweder Daten oder aber ausführbare Programme
aufnehmen. Dann gibt es Verzeichnisse, in denen die Namen der in
ihnen enthaltenen Dateien abgespeichert sind. Desweiteren gibt es
Gerätedateien, die in den meisten Fällen unter */dev* abgelegt sind, auf
Gerätetreiber im Betriebssystem verweisen und damit eine Kommunikation zwischen Benutzer und Systemhardware ermöglichen. Neben
diesen Dateitypen gibt es noch spezielle Dateien, die sogenannte *named pipes* oder *FIFO's, shared memory* oder aber *Semaphoren* kennzeichnen.
Wir kommen im weiteren Verlauf auf sie zu sprechen. Werfen wir
einmal einen Blick auf die Gerätedateien. Innerhalb eines Einplatz-
betriebssystems, zum Beispiel **MS-DOS**, darf der Anwender oder
Programmierer uneingeschränkt auf die Systemhardware zugreifen,
sei es nun über das BIOS (Basic Input/Output System), oder gar
durch direkten und hoffentlich auch gut überlegten Zugriff auf die
I/O Ports des Rechners. Alles was passieren kann, ist der komplette
Systemabsturz, beispielsweise durch inkorrektes Lesen (!) eines DMA
(Direct Memory Access)-Registers. Ein Griff zum Resetknopf bringt
das durcheinandergebrachte System wieder rasch in Ordnung.

In einer Umgebung mit mehreren Benutzern aber darf der direkte Zugriff auf die Hardware niemals gestattet werden. Stellen Sie sich einen dadurch verursachten Totalabsturz einmal vor, wenn zum Beispiel 32 Anwender in einem mittelgroßen Unternehmen gerade wichtige Daten bearbeitet haben. Im **UNIX** darf somit nur der Betriebssystemkern auf die Systemhardware zugreifen. Das geschieht über Gerätetreiber, die in den Betriebssystemkern eingebunden werden. Die meisten dieser Treiber stellen den Anwendern bestimmte Funktionalitäten zur Verfügung, wie von einem Gerät lesen, Daten auf einem Gerät ausgeben, oder aber spezielle, geräteabhängige Funktionen. Für all diese Operationen aber wäre es sinnvoll, das Gerät wie eine Datei zu behandeln. Zu diesem Zweck gibt es die Gerätedateien, die man wie ganz normale Dateien auch zum Lesen oder Schreiben öffnen, von ihnen lesen oder auf sie schreiben kann (je nach den vergebenen Zugriffsrechten). Es gibt, vergleichbar mit **MS-DOS**, zwei Formen von Gerätedateien, zeichen- oder blockorientierte.

Zeichenorientierte Geräte verarbeiteten Zeichen der Reihe nach, wobei meistens die unterschiedlichsten Zeitdifferenzen zwischen den abgearbeiteten Zeichen auftreten können. Typische zeichenorientierte Geräte sind Terminals, Drucker oder Geräte, die an seriellen Schnittstellen angeschlossen sind, wie zum Beispiel Mäuse als Eingabegeräte.

Blockorientierte Geräte sind meist Massenspeicher, die durch ihre Organisation bedingt, Daten nur in bestimmten, unterteilten Blöcken bearbeiten können. So kann beispielsweise auf einer Diskette im Normalfall nicht nur ein einziges Byte abgelegt werden, sondern mindestens ein 512-Bytes umfassender Block (Sektor). Genauso verhält es sich mit der Ablage der Daten auf Festplatten. Hierbei ist also ein ganz anderes Vorgehen seitens des Gerätetreibers angezeigt.

Bei der Ausgabe der Gerätedateien durch das Kommando ls -l werden zeichenorientierte Dateien durch ein 'c' und blockorientierte Gerätedateien durch ein 'b' anstelle des '-' bei normalen Dateien oder des 'd' bei Verzeichnissen gekennzeichnet.

```
$ cd /dev
$ ls -l fd096ds15
brw-rw-rw- 5 sys   sys   2, 52 Aug 22 1922 fd096ds15
$
```

Betrachten wir uns diese Ausgabe etwas genauer, stellen wir fest, daß
statt der Dateigröße eine andere Information über diese Gerätedatei
vorliegen muß. Tatsächlich macht es auch gar keinen Sinn, eine Dateigröße für eine Gerätedatei auszugeben. So sind an dieser Stelle zwei
andere Informationen abgelegt, die sogenannte Major- und die Minor
Nummer eines Gerätes. Die Major-Nummer (Bei Diskettentreibern
2) kennzeichnet den Treiber im Betriebssystemkern. Die Minor Nummer dagegen bezieht sich auf ein durch einen Treiber unterstütztes
spezielles Gerät. So kann beispielsweise der Treiber für Diskettenlauf-
werke mehrere Laufwerke und mehrere Formate bedienen. Da alles
von einem Treiber erledigt wird, ist die Major-Nummer bei allen unterschiedlichen Diskettenformaten immer 2. Die Minor-Nummer hingegen zeigt auf das gewünschte Laufwerk und Diskettenformat.
Die Major-Nummern im System sind natürlich festgelegt. Die folgende
Liste enthält einige Major-Nummern wichtiger Treiber im System:

0   Terminal-Treiber.
1   Festplatten-Treiber.
2   Disketten-Treiber.
4   Treiber für den Hautspeicher.
5   Treiber für serielle Schnittstellen.
6   Treiber für parallele Schnittstellen.

Die Minor-Nummern werden in manchen Fällen sequentiell vergeben,
wie z.B. 0 für *tty01*, 1 für *tty02* usw., in anderen Fällen jedoch nach
einem festen Schlüssel berechnet.
Am Beispiel der Minor-Device-Nummern für die Festplatten soll dies
demonstriert werden. Minor-Device-Nummern bestehen aus acht Bits,
die wir mit den Buchstaben a - h durchnumerieren .

```
a  b  c  d  e  f  g  h
0  0  0  0  0  0  0  0
```

Bei Minor-Device-Nummern für Festplatten, Partitionen und Divisionen ist Bit a 0. Bit b definiert, um welche Festplatte es sich handelt, 0 für die erste und 1 für die zweite Festplatte. Die Bits c, d und e definieren die **fdisk**-Partition auf der entsprechenden Festplatte:

```
c  d  e

0  0  0   Gesamte Festplatte
0  0  1   1. fdisk-Partition
0  1  0   2. fdisk-Partition
0  1  1   3. fdisk-Partition
1  0  0   4. fdisk-Partition
1  0  1   Aktive Partition
1  1  0   DOS-Partition
```

Die Bits f, g und h stehen für eine Division einer Partition

```
f  g  h

0  0  0   Division 0 (root)
0  0  1   Division 1 (swap)
0  1  0   Division 2 (u)
0  1  1   Division 3
1  0  0   Division 4
1  0  1   Division 5
1  1  0   Division 6 (recover)
1  1  1   Gesammte Partition
```

Damit hat das *root*-Dateisystem auf der aktiven Partition die folgenden Bits gesetzt:

```
a  b  c  d  f  e  g  h
0  0  1  0  1  0  0  0
```

Es ergibt sich eine Minor-Nummer von 40.
Für die Division 1 auf der Partition 2 ergibt sich

```
a  b  c  d  e  f  g  h
0  0  0  1  0  0  0  1
```

also eine Minor-Nummer von 17.

Nur der *superuser* darf Gerätedateien (Devicenodes) anlegen. Er kann das mittels des Kommandos **mknod** relativ einfach durchführen. Es ist folgendermaßen aufzurufen:

> **mknod** *name* [c/b *major minor*] [p/m/s]

Das erste Argument ist der Name, den die Gerätedatei erhalten soll, das zweite kennzeichnet eine zeichen (c)- oder blockorientierte (b) Datei. In diesem Falle müssen eine Major- und eine Minor-Nummer folgen. Mit dem Kommando **mknod** ist es weiterhin möglich, eine Spezialdatei mittels der Optionen 'p', 'm' oder 's' anzulegen. Das darf der gemeine Anwender auch ohne weiteres tun, die genauere Beschreibung dieser Spezialdateien folgt weiter unten.

An dieser Stelle seien einige Beispiele für den sinnvollen Umgang mit Gerätedateien aufgeführt, die speziell für **SCO UNIX** System V/386 Release 3.2 gedacht sind. Probieren Sie diese ruhig einmal aus, es ist manchmal wirklich erstaunlich, wie viele Informationen über einen Großteil der PC-Hardware nur durch simples Lesen eines Geräteeintrages eingeholt werden kann.
Zu Beginn gleich ein ganz brisantes Beispiel, vor dessen Anwendung unbedingt vor dem Beschreiben des Gerätes gewarnt werden muß. Es geht um das Device */dev/mem*, das ganz einfach den physikalischen Hauptspeicher des Personal Computers beschreibt. Sie können dieses Gerät beliebig auslesen, ohne daß irgendwelche Probleme zu erwarten sind, allerdings nur als *superuser*. Geben Sie einmal als User *root* folgenden Befehl ein:

```
# hd /dev/mem | pg
```

Nach Herzenslust können Sie sich nun im Hauptspeicher bewegen und die gesamte Speicherarchitektur der auf INTEL-Prozessoren basierenden Personal Computer analysieren. Zu Beginn sehen wir die Tabelle der Interruptvektoren, ab Offset 0xb8000 sehen wir, zumindest bei Farbgrafikkarten, den Textbildspeicher, ab 0xc0000 folgt bei VGA- und EGA Grafikkarten meist das BIOS der Grafikkarten, ein eventuell vorhandener Adaptec - SCSI (Small Computer System Interface) - Controller findet sich oftmals ab Adresse 0xdc000 ein. Benutzen Sie bitte auch einmal **hd** mit der Option -s (seek Address), um direkt auf die gewünschte Adresse des Hauptspeichers zugreifen zu können.

Es kann in manchen Fällen hilfreich sein, mit dem Hexdump-Utility **hd** den Speicher unterhalb der 1 MB Grenze zu untersuchen, zum Beispiel dann, wenn Sie eine zusätzliche Hardware in das System einbauen wollen, die ihren eigenen Speicher in den Hauptspeicher des Rechners einblendet. Hierzu ist es wichtig, einen geeigneten, noch nicht benutzten Platz zu finden, um ein einwandfreies Funktionieren der entsprechenden Zusatzkarte zu gewährleisten.

Nochmals jedoch sei eindringlich vor dem Beschreiben von */dev/mem* gewarnt. Ein Schreiben auf den Anfang von */dev/mem* beispielsweise hat den sofortigen Rechnerabsturz zur Folge, da Sie damit die Interruptvektorentabelle zerstören.

Kommen wir nun zu den Spezialdateien, bei denen drei Typen möglich sind, die der Interprozeßkommunikation, also dem transparenten Datenaustausch unabhängig voneinander laufender Prozesse, dienen. Da gibt es einmal die sogenannten *named pipes*, die auch *FIFO*'s (First in First out) genannt werden. *FIFO*'s stellen die einfachste Form der Interprozeßkommunikation dar. Während ein Prozeß in diese spezielle Datei hineinschreibt, kann ein anderer direkt aus ihr heraus lesen. Komplizierter hingegen sind die Vorgänge beim Arbeiten mit *shared memory* und *Semaphoren*.

Shared memory ist, wie der Name bereits sagt, ein gewisser Speicherbereich, auf den unterschiedliche Prozesse gleichzeitig zugreifen können. Dieser Zugriff wird über Semaphoren geregelt, die als Flags zu verstehen sind und anzeigen, wann ein Zugriff auf diesen Speicher möglich ist und wann nicht. Wegen der Komplexität dieser Themen seien die

Möglichkeiten des Anlegens von Shared Data Bereichen und Semaphoren mittels **mknod**, die unter **SCO UNIX** System V/386 3.2 sowieso nur als **Xenix 3.0** Semaphoren möglich sind, lediglich der Vollständigkeit halber erwähnt.

3.2 Dateisysteme

Im vorhergehenden Abschnitt sind Dateisysteme bereits oftmals angesprochen worden. Jetzt ist es an der Zeit, die gesamte Thematik der Dateisysteme ausführlicher zu beleuchten.

Für ein zufriedenstellendes Funktionieren eines Mehrbenutzer-Betriebssystems ist ein gut durchdachtes Dateisystem zwingende Voraussetzung. Wie die einzelnen Dateien und Verzeichnisse aussehen, haben wir ja bereits kennengelernt.

Wie jedoch sieht die Gesamtstruktur eines Dateisystems eigentlich aus? Welchen Anforderungen muß ein Dateisystem genügen, um allen Anforderungen einer Mehrbenutzerumgebung gerecht zu werden? Welche Mechanismen müssen dazu implementiert sein ? Das **UNIX**-Dateisystem stellt eine baumartige, hierarchische Struktur dar, die aus Verzeichnissen und Dateien zusammengesetzt ist. So ist das Stammverzeichnis eines Dateisystems als Stamm dieses Dateibaumes zu sehen, von dem, und fast nur durch die Kapazität des Massenspeichers begrenzt, immer weitere Verzeichnisse ausgehen, die wiederum Dateien und Verzeichnisse aufnehmen können. Die kleinste Einheit innerhalb eines Dateisystems ist der Block, dessen Größe 1024 Bytes beträgt. Das **UNIX**-Dateisystem hat in allen im weiteren Verlauf noch vorgestellten Variationen stets die gleiche grobe Struktur. Zu Beginn ist ein Bootblock, der vom Superblock gefolgt wird. Danach schließt sich die Inodetabelle an. Hinter der Inode-Tabelle bereits sind die Nutzdaten des Dateisystems abgelegt. Hierzu gehören aber auch Hilfsblöcke der Inode-Tabelle, zum Beispiel Informationen über einfache, doppelte oder gar dreifache indirekte Blöcke (hierzu später mehr) und die sogenannte *free list*, also eine Liste freier und noch ungenutzter Blöcke eines Dateisystems:

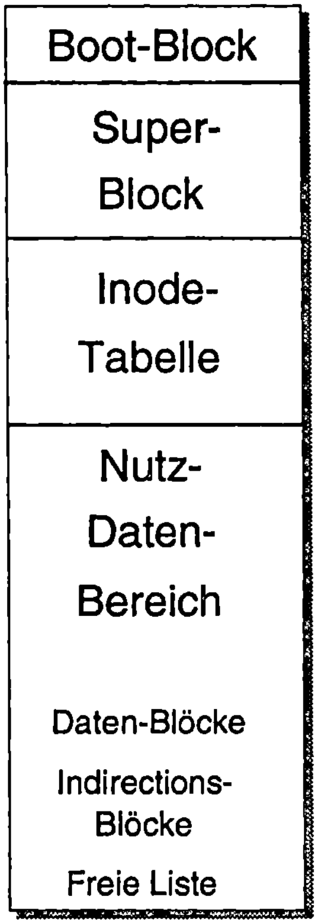

Boot-Block
Super- Block
Inode- Tabelle
Nutz- Daten- Bereich Daten-Blöcke Indirections- Blöcke Freie Liste

Abbildung 3.2 Die Struktur eines Dateisystems

3.2.1   Der Boot Block

Der Boot Block steht am unmittelbaren Anfang eines jeden **UNIX**-Dateisystems.   Er nimmt ein kleines Assemblerprogramm auf, dessen Aufgabe es ist, das Laden des Betriebssystems **UNIX** in den Hauptspeicher des Systems vorzubereiten.   Es hat nur beim *root*-Dateisystem eine Bedeutung und ist bei eventuell noch anderen vorhandenen Dateisystemen, etwa bei Dateisystemen auf Disketten, sofern diese nicht bootfähig sind, ohne Bedeutung (in der Regel ist der Bootblock dort lediglich mit Nullen aufgefüllt).   Auf der Festplatte, von der das Betriebssystem geladen wird, steht als allererster Sektor der sogenannte Masterbootblock.   Er hat überhaupt nichts mit einem **UNIX**-Dateisystem zu tun und ist auch kein Bestandteil eines solchen.   In diesem Masterbootblock ist die Partitionstabelle ab Offset

0x01be abgelegt. Die **DOS**-Benutzer unter uns wissen sicher, daß maximal 4 Partitionen auf einer Festplatte möglich sind. Ist nun eine **UNIX**-Partition eingerichtet worden und mit 0x80 auch innerhalb der entsprechenden Partitionstabelle als bootfähig gekennzeichnet, so wird der erste Block der **UNIX**-Partition in den Hauptspeicher an die physikalische Adresse 0:0x7c00 geladen und zur Ausführung gebracht. Dieser erste Block aber ist der oben beschriebene Bootblock. In ihm untergebracht sind unter anderem auch die Informationen über die Anzahl der Sektoren, Köpfe und Zylinder des aktuellen Massenspeichers, die für das weitere Laden des Betriebssystems von ungeheurer Bedeutung sind.

3.2.2 Der Super-Block

Der Superblock beinhaltet alle Informationen, die für ein Dateisystem relevant sind. So sind die Größe des Dateisystems in Blöcken, die Größe der Inode-Tabelle und der Nutzdaten, sowie der Verweis auf den ersten freien Block des Nutzdatenbereichs in ihm gespeichert. Sobald ein Dateisystem in das Betriebssystem eingebunden wird, verbleibt der Superblock im Hauptspeicher, was einen sehr schnellen Zugriff des Betriebssystemkerns auf die immer wieder benötigten Daten eines Dateisystems ermöglicht.

3.2.3 Die Inode-Tabelle

Mehrfach bereits haben wir die Inode-Tabelle angesprochen, sie ist mit Abstand die wichtigste Tabelle eines Dateisystems, da in ihr wirklich alle Informationen (außer dem Dateinamen selbst) über eine im Dateisystem abgelegte Datei enthalten sind. Ist ein Eintrag einer Datei in der Inode-Tabelle zerstört, ist der Inhalt dieser Datei mit hoher Wahrscheinlichkeit für immer verloren. So ist jeder Datei innerhalb eines Dateisystems eine Inode in der Inodetabelle zugeordnet. Sollten Verweise auf eine Datei existieren, so können auch zwei oder mehrere Verzeichniseinträge auf ein und die gleiche Inode zeigen.

Grundsätzlich können Sie die Inode-Nummer, die Sie sich mit dem Kommando ls -i anzeigen lassen können, als einen Index in der Inodetabelle verstehen. Mit einer einfachen Rechenformel nämlich kann der geübte C-Programmierer den Offset einer Inode innerhalb dieser Tabelle bestimmen. Jede Inode besteht aus 64 Bytes. Die Inodes 0 und

1 sind unbenutzt, das Stammverzeichnis (*root*) eines Dateisystems hat immer die Inode Nummer 2. Informationen über Dateigröße, Dateidatum, Zugriffsrechte und vieles mehr sind alle in der Inode abgelegt. Unter **MS-DOS** gibt es, wie der erfahrene **DOS**-Anwender sicherlich weiß, eine File Allocation Table (FAT), in der die belegten Cluster einer jeden Datei abgespeichert sind.

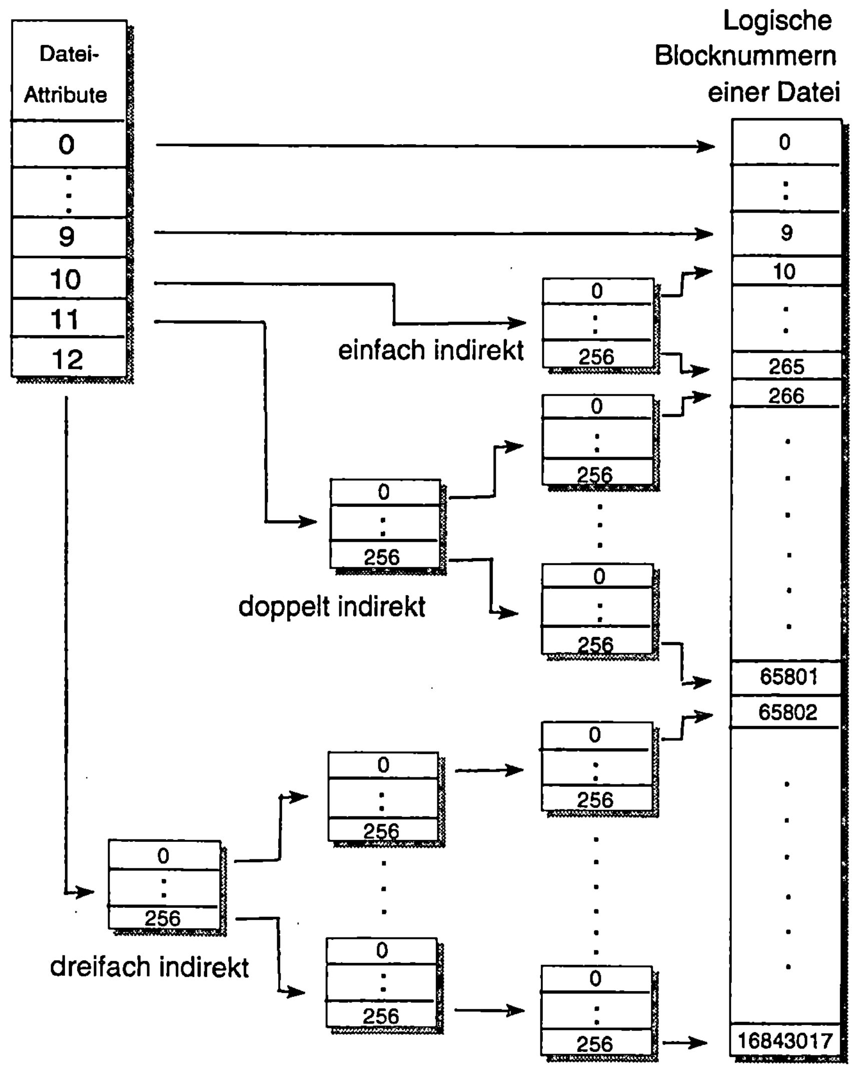

Abbildung 3.3
Indirektionsblöcke

In einer **UNIX**-Inode-Tabelle sind diese Informationen zusätzlich abgelegt. So finden wir zumindest die Adressen der ersten 10 Datenblöcke einer Datei in der Inode. Sie sind als 3-Byte Werte abgelegt. Sollten darüber hinaus für eine Datei weitere Datenblöcke erforderlich sein, so wird das durch einen Wert > 0 im elften Feld angezeigt. Dieses Feld beinhaltet den Zeiger auf einen sogenannten Indirektionsblock (indirect), der seinerseits auf Adressen von 256 Datenblöcke zeigt. Sollte das immer noch nicht genügen, so verweist das 12. Feld der Inode auf einen doppelten Indirektionsblock, der auf einen weiteren Indirektionsblock zeigt, in dem 256 Adressen weiterer Indirektionsblöcke abgelegt sind. Übersteigt die Dateigröße die Kapazität von 65802 (10 + 256 + 256 * 256) Blöcken, das sind also mehr als 16 MB, dann deckt Feld Nummer 13 diesen ungeheueren Bedarf an Festplattenspeicher mittels Bereitstellung dreifacher Indirektion ab.

Ein wichtiger Punkt soll nicht unerwähnt bleiben. Sehr große Dateien mit doppelten oder gar dreifachen Indirektionen verlangsamen den Zugriff auf das Dateisystem. In der Regel neigen solche Monstren auch zur schnellen Zerstückelung des Dateisystems in kleine, nicht zusammenhängende Blöcke (Fragmentierung). Diese verlangsamen zudem noch den Zugriff auf das Dateisystem. Können Sie sich vorstellen, welche Programmierleistung in einer Software stecken muß, die ein UNIX-Dateisystem untersucht (**fsck**) und dabei die Möglichkeit dreifacher Indirektionen in Betracht ziehen muß? Unvorstellbar!

3.2.4   Die unterstützten Dateisysteme

In diesem Abschnitt beschäftigen wir uns ganz bewußt mit den Dateisystemen, die von **SCO UNIX** System V/386 3.2 Version 4.0 direkt unterstützt werden. Mit Unterstützung ist der volle, transparente Zugriff auf Struktur und Daten der Dateisysteme gemeint. Das bedeutet, daß diese Systeme an das gebootete Dateisystem angebunden (**mount**) und die meisten Befehle zur Manipulation von Dateien und Verzeichnissen auf den anderen Dateisystemen auch durchgeführt werden können. Es spielt dabei auch kaum eine Rolle, auf welchem Massenspeicher diese Dateisysteme abgelegt sind. Das ist zwar in der Regel die Festplatte, Dateisysteme können aber auch genausogut auf Disketten oder modernen Speichermedien wie CD-ROM's abgelegt sein. Einzige Voraussetzung jedoch ist, daß ein blockorientierter Gerätetreiber vorliegt. Somit scheidet ein Dateisystem auf einem Streamertape aus. Grund für das Vorhandensein eines Blockgerätes ist, daß beliebig auf einen oder mehrere Blöcke innerhalb dieses Dateisystems positioniert werden muß, was bei zeichenorientierten Geräten nicht funktioniert.

3.2.5   Das (Extended) ACER Fast File System

Das (Extended) Acer Fast File System (kurz (E)AFS genannt) ist das standardmäßig von **SCO UNIX** System V/386 benutzte Dateisystem. Es ist grundsätzlich mit dem Standard **UNIX** (AT&T S51K) Dateisystem vergleichbar, mit der Ausnahme, daß eine vor den Nutzdaten angelegte Bitmap orientierte Tabelle den Zugriff insbesondere auf große Dateien beschleunigt. Zudem versucht das **AFS**, Daten sequentiell auf der Platte zu halten, also übermäßige Fragmentierung des gesamten Dateisystems zu verhindern.
Das in der Version 4.0 von **SCO UNIX** System V/386 3.2 implementierte Extended Acer Fast File System (EAFS), hat einen noch etwas verbesserten Algorithmus zur Verhinderung der Fragmentierung und unterstützt zudem noch die oben bereits erwähnten **BSD**-Features (*symbolic links* und lange Dateinamen).

3.2.6   Das UNIX-Filesystem (AT&T S51k)

Dies ist das **UNIX**-Dateisystem schlechthin, das von AT&T entwickelt wurde. Die Bezeichnung S51K steht dabei für System V 1 KByte Blockgröße. In allen von **SCO UNIX** unterstützten **UNIX**-Dateisystemen beträgt die Blockgröße 1 KByte, also 1024 Bytes. Tatsächlich aber gibt es andere UNIX-Systeme, die auch unterschiedliche Blockgrößen unterstützen.

3.2.7   Das XENIX-Filesystem

Mit der Unterstützung des **XENIX**-Dateisystems wird innerhalb des **SCO UNIX** System V/386 3.2 eine Abwärtskompatibilität zum **SCO-XENIX** zur Verfügung gestellt. Es kommt vor allem den Anwendern zugute, die von einem **XENIX**-System ein Upgrade auf **UNIX** durchführen, und ihre in einem zusätzlichen Dateisystem abgelegten Benutzerdaten weiterhin verwenden wollen.

3.2.8 Das DOS-Dateisystem

Eine ungeheuere Erweiterung von **SCO-UNIX** ist die bereits von **SCO-XENIX** bekannte Unterstützung von **DOS**-Dateisystemen, in der Regel also der transparente Zugriff auf eine oder (ab Version 4.0) mehrere **MS-DOS** Partition(en) auf der gleichen Festplatte. Somit wird der Datenaustausch zwischen DOS und UNIX ermöglicht, wobei eine Reihe an Konvertierungsprogrammen diesen Vorgang unterstützen. Einige Konventionen hingegen sind wegen der Besonderheiten des **DOS**-Dateisystems zu beachten. Zu allererst ist der Dateiname zu nennen, der unter **MS-DOS** aus maximal 8 Zeichen und einer maximal 3 Zeichen langen Dateinamenserweiterung bestehen kann. Wenn Sie also innerhalb einer an das Stammdateisystem angefügten (mount) **DOS**-Partition versuchen wollen, eine Datei mit einem längeren Namen zu erstellen, so wird eine Warnung ausgegeben, daß der Dateiname auf die maximal mögliche Zeichenlänge gekürzt worden ist. Weiterhin werden alle Dateinamen in Großbuchstaben angezeigt. Beim Zugriff von der Shellebene, oder von einem C-Programm aus, spielt Groß- und Kleinschreibung keine Rolle.

Ist nun ein **DOS**-Laufwerk an das **UNIX**-Dateisystem angefügt worden (mittels **mount**), so gelten für die Zugriffsrechte die des Verzeichnisses, an dem die Verknüpfung erfolgte. Die Ausgabe des Kommandos ls -l ist, was die Zugriffsrechte angeht, wenig sinnvoll. Das hängt mit den spartanisch wenigen Attributen zusammen, die einer **MS-DOS** Datei vergeben werden können. Meist wird Ihnen das Attribut '-rwxrwxrwx' angezeigt, in selteneren Fällen fehlt das Schreibattribut, wenn nämlich die **MS-DOS** Datei auf 'read-only' gesetzt worden ist. Es können innerhalb des **DOS**-Dateisystems keine Verweise auf andere Dateien erstellt werden (*links*), nicht etwa, weil **UNIX** das nicht könnte, nein, das **DOS**-Dateisystem würde dadurch inkonsistent durch Einträge in einem Verzeichnis, dessen erster Cluster auf eine bereits vorhandene Datei zeigt!

Als Dateitypen sind auf einem **DOS**-Laufwerk lediglich Dateien und Verzeichnisse, nicht aber Gerätedateien oder spezielle Dateien zugelassen.

Einen weiteren, unter Umständen für den Programmierer erfreulichen Unterschied gibt es in bezug auf Verzeichnisse. Sind von **MS-DOS** aus keinerlei Zugriffe über Dateifunktionen auf Verzeichnisse möglich (**open()**, **read()**, **write()**), so können Sie bei einem an das **UNIX**-Dateisystem angehängten **DOS**-Laufwerk ohne weiteres auf **DOS-**

Verzeichnisse (*root-* oder Unterverzeichnisse) lesend zugreifen und deren Struktur untersuchen, beispielsweise mit dem Hexdump-Utility (**hd**).

Für das Kopieren von Dateien zwischen **DOS** und **UNIX** gibt es eine Reihe bereits von **XENIX** her bekannter und durchaus nützlicher Utilities, bei deren Anwendung das entsprechende **MS-DOS** Laufwerk nicht an das **UNIX**-Dateisystem angehängt sein muß. Es handelt sich dabei um die Kommandos **dosls**, **dosdir**, **dosrm**, **dosmkdir**, **doscp**, **dosformat**, usw. Beim Kopieren von Dateien kann wahlweise auch ein automatisches Erkennen und Konvertieren von Texten erfolgen. Dabei wird die Folge 0x0d/0x0a durch ein 0x0a ersetzt, und das CTRL-Z, das manchmal das Dateiende eines Textes unter **DOS** anzeigt, wird dabei entfernt.

Der Befehl **dosformat** hat gegenüber dem Format-Programm von **MS-DOS** den Vorteil (bei fehlerfreien Disketten zumindest), daß nicht unbedingt ein langwieriges Verifizieren der Diskette erfolgt, das unter **MS-DOS** ja obligatorisch ist.

3.3   Erzeugen von Dateisystemen

Die letzten Abschnitte haben wir damit verbracht, über Dateisysteme zu sprechen. Nun ist es an der Zeit, aufzudecken, wie Dateisysteme vom Systemadministrator erzeugt werden können. Für die meisten **UNIX**-Benutzer ist dieses Thema ein Buch mit den berühmten sieben Siegeln, jedoch ist das Anlegen eines **UNIX**-Dateisystems gar nicht so schwer, und es werden vom System auch bereits die verschiedensten Möglichkeiten dazu angeboten. Besonders bevorteilt sind dabei die Anwender, die unter **SCO UNIX** System V/386 arbeiten. Ihnen wird das Anlegen eines Dateisystems durch einige, zum Teil sehr schöne Utilities erheblich vereinfacht.

Zugegeben, ein **DOS**-Laufwerk einzurichten ist erheblich einfacher und setzt kaum tiefgreifenderes Wissen voraus. **UNIX** hingegen ist ein recht komplexes Betriebssystem, dementsprechend muß ein solches Dateisystem auch den unterschiedlichsten Anforderungen, die an ein Mehrbenutzersystem gestellt werden, angepaßt werden. Kurz, es gibt weitaus mehr Parameter, die konfigurierbar sind. Die einfachste Form, ein Dateisystem unter **SCO UNIX** System V/386 anzulegen, ist, die Installation über sich ergehen zu lassen.

Derjenige, der das Betriebssystem der Santa Cruz Operation bereits installiert hat, weiß, daß das *root*-Filesystem von der Installationsroutine standardmäßig erzeugt wird. Lediglich ein paar Parameter sind in übersichtlicher und auch verständlicher Form einzugeben, bis die erlösende Meldung:

```
Making Filesystems ...
```

auf dem Bildschirm erscheint. Die meisten Parameter sind aus der Größe der **UNIX**-Partition und der Größe des Swap-Bereichs bereits berechenbar.

Trotzdem wird dem installierenden Benutzer die Möglichkeit gegeben, sich am Layout des *root*-Filesystems aktiv zu beteiligen. Da können unter anderem der Swap- oder der Recover- Bereich an eine andere Stelle als ursprünglich vorgesehen verlegt, oder Bereichsgrenzen verändert werden. Dazu wird vom Installationsskript das **SCO**-eigene Utility **divvy** (Divide partition table) aufgerufen. Dem ungeübten Benutzer sei die Anwendung dieses Programms nicht anzuraten, da bei falschen oder unüberlegten Eingaben das gesamte System zerstört werden kann (Es werden seitens **divvy** keinerlei Bereichsgrenzen auf eventuelle Überlappungen hin überprüft).

Sollten Sie bereits mit **divvy** neben dem *root*-Filesystem auf Ihrer **UNIX**-Partition andere Filesysteme angelegt haben (besser ausgedrückt: Platz für sie reserviert haben), so kann zu einem späteren Zeitpunkt ein anderes **SCO**-typisches Kommando aufgerufen werden, um ein funktionierendes Dateisystem daraus zu erstellen. Die Rede ist vom Kommando **mkdev**, das die verschiedensten Shellprogramme unter */usr/lib/mkdev* zur Ausführung von bestimmten Systemaufgaben abarbeitet. So gibt es unter */usr/lib/mkdev* auch das Skript *fs* (Filesystem). Wie fast alle anderen Skripts, ist auch **mkdev fs** nur als *superuser* aufzurufen. Das kann völlig ohne Optionen geschehen, denn dieses Skript ist interaktiv gesteuert, und der Benutzer wird lediglich nach ein paar wenigen Parametern gefragt. Dazu gehören natürlich in erster Linie der Name des Dateisystems und der Name der bereits existierenden Gerätedatei, die für das Lesen und Beschreiben des zukünftigen Dateisystem zuständig ist. Selbstverständlich ist noch der Name des Verzeichnisses einzugeben, unter dem das neue Dateisystem in das *root*-Dateisystem eingebunden werden soll. Abschließend wird gefragt, ob das neue Dateisystem zum Zeitpunkt des

Systemstarts immer, auf Abfrage (also interaktiv), oder beim Hochfahren in den Mehrbenutzerbetrieb (Level 2) mit eingebunden werden soll. Einfacher geht es eigentlich kaum noch.

Das standardmäßig vorhandene Kommando zum Anlegen eines Filesystems unter **UNIX** hingegen heißt **mkfs** (Make Filesystem). Da es AT&T konform ist, kommen wir nicht umhin, näher auf dieses Kommando einzugehen. Es ist bei weitem nicht so komfortabel wie **mkfs**, wer es hingegen beherrscht, wird keine Probleme beim Anlegen eines Dateisystems auf jedem beliebig anderen UNIX System haben, unabhängig davon, auf welcher Hardware und in welcher Umgebung es auch installiert sein mag, da dieses Kommando der AT&T System V Interface Definition (SVID) entspricht. mkfs ist auf zweierlei verschiedene Weise aufzurufen. Zum einem können ihm eine Reihe an vielfach kryptisch erscheinenden Optionen mit auf den Weg gegeben werden, oder schlicht der Name eines sogenannten *proto*, einer ASCII Datei, die verschiedene Steuermechanismen zum Anlegen eines Dateisystems beinhaltet.

/etc/mkfs [-y | -n] [-f *fstype*] *special blocks* [*inodes*]
              [*gap inblocks*]
/etc/mkfs *special proto* [*gap inblocks*]

Schauen wir uns zunächst die erste der beiden Möglichkeiten an. Mit dem optionalem Schalter -y -n kann man festlegen, was auf Fragen, die ein Ja (Yes) oder Nein (No) erwarten, standardmäßig geantwortet wird. Ist ein [-y] auf der Kommandozeile spezifiziert worden, so wird auf alle derartigen Fragen rücksichtslos und nicht interaktiv ein 'Yes' vorausgesetzt. Genauso verhält es sich mit '-n' (no).

Es gibt ein paar Sonderfälle, bei denen die Eingabe von [-y/-n] einige spezielle Reaktionen provoziert: es kann durchaus sein, daß auf einem als Special angegebenen Device bereits ein Filesystem existiert. Sollte die Option [-y] eingegeben worden sein, wird dieses kurz und schmerzlos überschrieben (andernfalls wird vom Benutzer zumindest eine Antwort erwartet). Sollte ein vernünftigeres [-n] auf der Kommandozeile gestanden haben, wird an dieser Stelle von der weiteren Ausführung des Programms abgesehen. Unter **SCO UNIX** System V/386 ist es aufgrund der vielen unterstützten Dateisysteme möglich, mit der '-f' Option einen Dateisystemtyp zu bestimmen. Ja, es ist sogar möglich, ein **DOS**-Dateisystem anzulegen. Je nachdem, was hinter dem '-f' folgt, wird das entsprechende mkfs-Programm (unter */etc/mkfs.CMD*) aufgerufen. Standardmäßig jedoch wird ein (E)AFS-Dateisystem angelegt (Extended Acer Fast File System nur ab **SCO UNIX** System V/386 Release 3.2 Version 4.0). Für die entsprechenden Dateisysteme sind jeweils noch spezielle, zusätzliche Optionen möglich. Sie seien im folgenden kurz aufgeführt:

XENIX

[-s *blocks* [: *inodes*]]

Hierbei sind die Anzahl der Blöcke eines **XENIX**-Filesystems und optional noch die maximale Anzahl der Inodes festzulegen.

UNIX (S51K)

[-b *blocksize*]

Wie weiter oben bereits erwähnt, unterstützt das Standard **UNIX**-Filesystem eine variable Blockgröße (also die Anzahl der Bytes, die zu einem logischen Block zusammengefaßt werden). Hier kann diese optional spezifiziert werden.

(E)AFS

[-c *clustersize*]

Dies ist eine Eigenart des ACER Fast File System, das zum schnelleren Zugriff auf Dateien innerhalb eines Dateisystems mehrere Blocks zu einem Cluster zusammenfassen kann. Die Größe dieser Cluster kann hierbei mit der Option [-c] festgelegt werden.

Das erste zwingende Argument für **mkfs** ist der Name der Gerätedatei, die für den Zugriff auf das Dateisystem in Zukunft benutzt werden soll. Diese Datei muß bereits vorhanden sein. Die zweite in der Kommandozeile zwingend zu nennende Option ist die Anzahl der Blöcke, die das Dateisystem aufnehmen soll. Es handelt sich dabei um einen dezimalen Wert, der 512 Kbyte große Blöcke beschreibt (somit die typische Sektorengröße einer Diskette oder Festplatte). Werden an dieser Stelle von **mkfs** Buchstaben bzw. keine Zahlen vorgefunden, so geht das Programm von dem Namen einer Prototypdatei (*proto*) aus, die als ASCII-Datei zu öffnen versucht wird. Wenn nach der Angabe der maximal verfügbaren Inodes nichts eingegeben wurde, legt das System als Zahl für die Inodes einen Wert fest, der der Gesamtzahl der Blöcke dividiert durch 4 entspricht. Der erste logische Block eines Dateisystems (Boot-Block) wird mit Nullen aufgefüllt.

Schauen wir uns nun den Aufbau einer Prototypdatei etwas genauer an. Diese Datei enthält sogenannte Tokens, die den Ablauf der Generierung eines Dateisystems beschreiben. Sie sind durch Leerzeichen und Zeilenvorschübe ('Newlines') voneinander getrennt. Sehen Sie sich das folgende, kleine Beispiel einmal an:

```
/stand/diskboot
4872 110
d--777 3 1
usr d--777 3 1
sh ---755 3 1 /bin/sh
ken d--755 6 1
$
b0 b--644 3 1 0 0
c0 c--644 3 1 0 0
$
$
```

Die erste Zeile (z.B.: */stand/diskboot*) beschreibt den Namen einer Datei, die in den ersten logischen Block (boot-Block) eines Dateisystems kopiert werden soll.

Zeile 2 (4872 110) beinhaltet die maximale Anzahl der Blocks (hier 4872) und die Anzahl der Inodes (hier 110), die für ein Dateisystem verwendet werden sollen.

Die Zeilen 3 bis 9 teilen dem **mkfs**-Programm mit, welche Dateien
und Verzeichnisse im neuen Dateisystem enthalten sein sollen. Dabei
können bereits die Zugriffsrechte festgelegt werden. Gemäß der baum-
artigen Struktur eines Dateisystems (und nicht nur wegen der besseren Lesbarkeit) werden die entsprechenden Dateien und Verzeichnisse
des zukünftigen Dateisystems innerhalb der Prototypdatei eingerückt
dargestellt. Die '$' Zeichen in den Zeilen 7, 10 und 11 schließen dabei
die gerade vorgenommene Rekursion ab, danach wird wieder in der
vorangegangen Tiefe mit der Erzeugung von Dateien fortgesetzt.

3.4 Hinzufügen von Dateisystemen

Nachdem wir also mit dem Kommando **mkfs** oder **divvy** ein Dateisystem generiert haben, ist dem System lediglich noch mitzutei-
len, wann, wie und in welcher Form es zum *root*-Filesystem hinzuzufügen ist. Unter **SCO UNIX** System V/386 3.2 geschieht das
mit dem im vorangegangenen Abschnitt angesprochenen **mkdev fs**
Utility. Die in diesem Betriebssystem vorhandenen Systemdateien
/etc/default/filesys und */etc/checklist* werden dabei modifiziert. Die
Kommandofolge nach Aufruf dieses Kommandos zum endgültigen Anlegen eines Dateisystems ist:

mkdev fs (Filesystems ⟶ Add)

Die Datei */etc/default/filesys* enthält die nun im einzelnen genauer
beschriebenen wichtigsten Einträge, die durch **mkdev fs** bereits verändert werden. Niemand hält Sie jedoch davon ab, diese zu einem
späteren Zeitpunkt 'von Hand' zu editieren.

▷ **bdev**
Dies ist das Block-Device, über das das Dateisystem vom Filesystem-
handler des Betriebssystemkerns angesprochen wird.

▷ **cdev**
Nahezu alle Block-Gerätedateien brauchen auch eine entsprechende,
zeichenorientierte Datei, um sogenannte I/O Control's durchführen
zu können (Diese sind nur auf Character-Devices möglich). Diese Datei hat die gleiche Major- und Minornummer wie das Block-Device
auch, jedoch ein anderes Attribut (Character-Device). Bei Gerätetrei-

bern für Disketten beispielsweise liest und schreibt man in der Regel mit Hilfe des blockorientierten Treibers. Das Formatieren eines Datenträgers hingegen ist nur mit dem entsprechenden Character-Device zulässig.

▷ mountdir

Hier wird das Systemverzeichnis angegeben, an dessen Punkt das zukünftige Dateisystem angehängt (mount) werden soll. Ist dieses Verzeichnis nicht 'gemountet', im Single User Betrieb beispielsweise, sollte auch aus Gründen der Übersichtlichkeit nichts in dieses geschrieben werden (obwohl das theoretisch funktionieren würde!). Es ist durchaus ratsam, jedes dieser Verzeichnisse direkt unter dem Stammverzeichnis ('/') anzulegen. Der Name für die Gerätedatei(en) sollte dabei dem dieses Verzeichnisses entsprechen.

▷ fstyp

Unter SCO UNIX System V/386 3.2 sind, wie oben bereits beschrieben, mehrere Filesystemtypen möglich. An dieser Stelle wird er spezifiziert.

▷ fsck

Bei dieser Stelle handelt es sich um eine Flag-Variable, die festlegt, ob das Dateisystem beim Hochfahren grundsätzlich durch das später beschriebene **fsck** (File System Check) überprüft werden soll oder nicht. Standardmäßig steht diese Variable auf 'no', es findet also keine Überprüfung statt. Das ist auch durchaus sinnvoll, denn wenn das Dateisystem nicht konsistent sein sollte, so wird es ohnehin in jedem Falle überprüft! Eine Überprüfung eines Dateisystems, das konsistent ist, ist aber überflüssig und verlängert den Start des Betriebssystems unnötig.

▷ fsckflags

Sollte eine Überprüfung des Dateisystems zum Zeitpunkt des Systemstarts notwendig sein (Nach einem Systemabsturz etwa), so könnten hier die Optionen für das Programm **fsck** angegeben werden. Sinnvoll ist beispielsweise die Option -y, um nicht, im Falle eines Falles, minutenlang immer wieder das Löschen korrupter Dateien und Verzeichnisse mit y(es) und Return bestätigen zu müssen.

▷ rcmount

Wiederum haben wir es hier mit einer Flag-Variablen zu tun, die spezifiziert, ob das Dateisystem beim Hochfahren in den Mehrbenutzerbetrieb (state = 2) an das bestehende angehängt (montiert) werden soll. Auch hier sind entweder 'yes' oder 'no' als Option zulässig.

▷ mount

Der letzte Eintrag in der Datei */etc/default/filesys* für ein Dateisystem ist schon wieder ein Flag. Es zeigt an, ob jeder beliebige Benutzer (ohne Superuserrechte) dazu befugt ist, ein Dateisystem zu mounten oder aber nicht. Im Normalfall steht hier ein klares 'no'. Es wäre darüber nachzudenken, ob das sinnvoll ist oder nicht. Das Anhängen von Dateisystemen geschieht schließlich nicht nur bei Dateisystemen auf Festplatten, es gibt auch andere Datenträger wie zum Beispiel Disketten, auf denen die Daten in einem Dateisystem gespeichert sind. Für den normalen Benutzer, der sich nur einmal schnell den Inhalt einer solchen Diskette anzeigen lassen will, steht hierbei ohne Kenntnis des *root*-Paßworts vor schier unlösbaren Problemen.
Im folgenden zeigen wir Ihnen ein Beispiel für einen solchen Eintrag in */etc/default/filesys*:

```
bdev=/root cdev=/dev/rroot \
mountdir=/ mount=no fstyp=EAFS \
fsck=no fsckflags= \
desc=The root Filesystem"\
rcmount=no rcfsck=no mountflags=
```

3.5 Das Montieren von Dateisystemen

Um mit einem neu erstellten Dateisystem arbeiten zu können, muß es an das *root*-Filesystem montiert (angehängt) werden. Standardmäßig wird das *root*-Filesystem selbst bereits kurz nach dem Aktivieren des

Betriebssystemkerns 'gemountet', also logisch hinzugefügt. Alle anderen Dateisysteme werden in der Regel erst beim Hochfahren in den Mehrbenutzerbetrieb an das *root*-Filesystem angehängt. Der Befehl zum Anhängen von Dateisystemen heißt **mount**. Er ist sowohl als Standard-**UNIX**-Befehl vorhanden, als auch als Bibliotheksfunktion für den C-Programmierer. Wir schauen uns im folgenden die Syntax des **mount**-Kommandos an.

3.5.1 Die Kommandos mount und umount

Im Handbuch des **SCO UNIX** System V/386 3.2 sind die Befehle **mount** und **umount** unter der Sektion ADM beschrieben. Standardmäßig ist der Aufruf dieser Befehle nur als Superuser möglich.

/etc/mount [-r] [-f *fstyp*] *special Verzeichnis*
/etc/umount *special*

Das Kommando **mount** teilt dem Betriebssystem mit, daß eine wieder entfernbare Dateisystemstruktur auf einer durch die Gerätedatei beschriebenen Einheit vorliegt. Die Angabe dieser Gerätedatei ist genau wie die Angabe des Verzeichnisses, an dessen Stelle das Dateisystem eingehängt werden soll, notwendig. Das Verzeichnis muß bereits existieren und wird der Name des *root*-Verzeichnisses des neuen Dateisystems. Wie oben bereits erläutert, sollte dieses Verzeichnis leer sein, also keinerlei Verzeichnis oder Dateieinträge beinhalten. Sollte das Stammverzeichnis des neuen Dateisystems bereits Einträge haben, werden dessen Einträge als gelöscht gekennzeichnet, wenn das **mount**-Kommando abgeschlossen wurde, und erst wieder erscheinen, wenn ein **umount** durchgeführt worden ist.
Das **mount**- wie auch das **umount**-Kommando verwalten eine Tabelle (in */etc/mnttab*), die Informationen über anmontierte Dateisysteme beinhaltet. Sollte **mount** ohne Parameter aufgerufen worden sein, so werden Informationen über bereits anmontierte Dateisysteme auf dem Bildschirm ausgegeben, unter anderem auch, ob diese Strukturen 'read-only', also nur zum Lesen anmontiert wurden oder nicht.

Mit der Option -f wird der Typ des Dateisystems optional festgesetzt. Unter **SCO UNIX** System V/386 3.2 ist das standardmäßig AFS, bzw. EAFS.

Ein mit der Option -r anmontiertes Dateisystem kann nur gelesen werden. Etwaige Schreibversuche auf eine solche Struktur provozieren automatisch einen Systemfehler. Physikalisch schreibschützbare Datenträger, wie zum Beispiel Disketten, müssen mit der Option -r anmontiert werden, sonst gibt es bereits Fehler während der Ausführung des **mount**-Kommandos.

Das **umount**-Kommando entfernt das angegebene Dateisystem wieder vom *root*-Filesystem. Alle I/O-Puffer, die Daten zum Schreiben auf dieses Dateisystem beinhalten, werden auf das Gerät geschrieben (**flush**), und im Superblock der Dateisystemstruktur wird das entsprechende Flag auf 'File System Clean' gesetzt. Als Argument kann sowohl der Name des Gerätes als auch das Stammverzeichnis des Dateisystems angegeben werden.

3.5.2   Das mountall / umountall Kommando

Mit diesen Befehlen ist es möglich, mit einem einzigen Aufruf mehrere Dateisysteme zum *root*-Filesystem hinzuzufügen.

```
/etc/mountall [-] [filesystem-table] ...
/etc/mountall [-a]
/etc/umountall [-k]
```

Diese Komandos können, genau wie bei **mount** auch, nur als Superuser aufgerufen werden.

Der in der ersten Zeile gezeigten Variante kann eine Dateisystemtabelle mit auf den Weg gegeben werden; ist das nicht der Fall, wird standardmäßig */etc/default/filesys* gelesen. Ein '-' zeigt dabei an, daß die Informationen von der Standardeingabe kommen.

Bevor jedoch ein Dateisystem montiert wird, ruft **mountall** das Programm **fsstat** auf, um festzustellen, ob es montierbar ist oder nicht.

Sollte letzteres der Fall sein, so wird anhand des Dateisystemtyps das entsprechende **fsck**-Kommando aufgerufen, das das Dateisystem wieder 'in Ordnung' bringt. Danach wird erneut versucht, es dem System hinzuzufügen.

Die Option '-a' wird dem Aufruf von **mountall** automatisch mitgegeben, wenn das System mittels **autoboot** gestartet wurde. In diesem Falle werden alle Ausgaben des Kommandos in die Datei */etc/bootlog* geschrieben und nach dem Hochfahren des Betriebssystems mittels **mail** dem Systemadministrator geschickt.

Das Kommando **umountall** montiert alle Dateisysteme mit Ausnahme des *root*-Filesystems vom System ab.

3.6   Status eines Dateisystems ermitteln: Das fsstat-Kommando

Mit dem Kommando **fsstat** wird die grundsätzliche Konsistenz eines Dateisystems überprüft.

```
/etc/fsstat special_file
```

Während des Betriebssystemstarts wird dieses Kommando benutzt, um festzustellen, ob das betreffende Dateisystem (Notwendige Option in der Kommandozeile) in Ordnung ist oder nicht. Das *root*- Filesystem muß bereits aktiv sein zum Zeitpunkt des Aufrufs von **fsstat**.

Wir haben es hier mit einem 'stillen' Kommando zu tun, das lediglich einen 'Exit-Code' zurückgibt. Dieser wäre aus einer Shell-Prozedur heraus zu überprüfen (etwa mit einer **case**-Abfrage). Die folgenden Exit-Codes sind möglich:

0   Das Dateisystem ist noch nicht montiert, und es ist in Ordnung (Ausnahme: *root*, das bereits aktiv ist und ok)

1   Das Dateisystem ist noch nicht montiert, muß aber überprüft werden

2   Das gewählte Dateisystem ist bereits montiert

3   Die Ausführung dieses Kommandos hat aus irgendwelchen anderen Gründen nicht geklappt!

Auf allen möglichen Typen von Dateisystemen ist dieses Kommando anwendbar mit Ausnahme von **DOS**-Dateisystemen.

3.7 Konsistenzprüfung von Dateisystemen

Denken wir einmal über die Thematik Datensicherheit nach. In einer Rechnerumgebung, wo eine nach oben nur durch die Systemarchitektur und -ausstattung begrenzte Anzahl an Benutzern arbeitet, muß stets der einwandfreie Zustand eines Dateisystems gewährleistet sein.

3.7.1   Allgemeines zur Konsistenzprüfung

Sollte ein solches Mehrbenutzersystem einmal abstürzen, was normalerweise sehr, sehr selten der Fall ist und meist Konsequenz fataler Bedienungsfehler des *superusers* (Systemadministrator) ist oder aber durch fehlerhafte Hardware ausgelöst wurde, ist die Integrität der Dateisysteme nicht mehr gewährleistet. Das hat den einfachen Grund, daß sich meist noch zu schreibende Blöcke im 'Buffer-Pool' des Kernels tummeln, statt ordnungsgemäß auf der Platte oder einem sonstigen Massenspeicher zu sein. Datums- und Größenangaben stimmen bei den entsprechenden Dateien nicht mehr, und das Flag im Superblock steht nicht auf *clean*, da das erst nach einem erfolgreichen **umount**-Kommando auf *clean* gesetzt wird. Hier bietet das **UNIX**-System standardmäßig bereits ein wirklich ausgefeiltes Utility, das in den meisten Fällen das entsprechende Dateisystem wieder so herstellt, als sei überhaupt nichts passiert.

Wir werden uns in diesem Abschnitt das Kommando **fsck** (Filesystem-Check) genauestens anschauen, da Sie alle Mittel, die das System bereits zur Verfügung stellt, ein defektes Dateisystem wiederherzustellen, als Systemadministrator unbedingt kennen sollten.

3.7.2　fsck - Filesystem Check

fsck [Optionen] *device*

Optionen:

-y　　Es wird auf alle von **fsck** gestellten Fragen die Antwort *yes* vorausgesetzt.

-n　　Es wird auf alle von **fsck** gestellten Fragen die Antwort *no* vorausgesetzt.

-sx　Die Liste der freier Blöcke des Datenträgers wird ignoriert, und es wird bedingungslos eine neue Liste durch Neuschreiben des Superblocks des Dateisystems aufgebaut. Das zu prüfende Dateisystem muß bei diesem Vorgang ausgehängt sein. Ist dies nicht möglich, muß darauf geachtet werden, daß sich das System im Einbenutzer-Modus befindet, und daß es im Anschluß an diese Arbeit sofort erneut geladen wird. Diese Vorsichtsmaßnahme ist nötig, damit die im Systemkern gepufferte Kopie des alten Super-Blocks nicht weiter benutzt und in das Dateisystem geschrieben wird. Die Größe x stellt die Angabe der Anzahl der Blöcke pro Zylinder (b) und die Größe der Trennlöcke c im Format $b{:}c$ dar (siehe auch **mkfs**). Wird die Größe x nicht angegeben, so wird der gleiche Wert wie beim Erstellen des Dateisystems herangezogen.

-Sy　Die Liste der freien Blöcke eines Datenträgers wird wiederhergestellt, wobei die Liste jedoch nur dann wieder aufgebaut wird, wenn keine Unstimmigkeiten im Dateisystem festgestellt wurden. Durch die Angabe von -S wird die Antwort *no* auf alle von **fsck** gestellten Fragen erzwungen. Diese Option ist sehr nützlich, wenn man bei einem unversehrten Dateisystem eine Neuorganisation der Liste freier Blöcke erreichen möchte.

-t Hat **fsck** nicht ausreichend Speicherplatz zum Aufbewahren der Tabellen zur Verfügung, verwendet es eine Arbeitsdatei. Die Option -t besagt, daß das nächste Argument der Name einer Arbeitsdatei ist, die von **fsck** benutzt werden darf, sofern Bedarf besteht. Ohne die gesetzte Option fordert **fsck** den Benutzer auf, einen Dateinamen einzugeben. Die genannte Datei darf sich jedoch nicht in dem zu prüfenden Dateisystem befinden. Die Datei wird entfernt, nachdem **fsck** beendet ist.

-q Das Programm **fsck** läuft kommentarlos ab. Es werden keine Meldungen ausgegeben.

-D Dateiverzeichnisse werden auf fehlerhafte Blöcke überprüft. Dies ist nach Systemabstürzen sinnvoll.

-f (fast) Schnelle Prüfung! Blöcke und Größe (Phase 1) und die Liste der freien Datenblöcke (Phase 5). Die Liste der freien Blöcke wird bei Bedarf neu aufgebaut.

-b (boot) Neuladen! Handelt es sich bei dem überprüften Dateisystem um das *root*-Dateisystem und wurden Änderungen ausgeführt, so ist das Dateisystem wieder einzuhängen oder das System muß neu geladen werden. Ein Neueinhängen wird nur dann vorgenommen, wenn der Schaden geringfügig war.

-E Mit Hilfe dieser Option wird ein Dateisystem vom Typ **AFS** in ein Dateisystem vom Typ **EAFS** umgewandelt.

device Angabe des zu überprüfenden Dateisystems.

3.7.3 Die Phasen von fsck

Der Ablauf des *filesystem check* gliedert sich in verschiedene Phasen:

Initialisierungsphase

In der Initialisierungsphase wird zunächst die Kommandosyntax überprüft. Noch bevor der *filesystem check* gestartet wird, werden von **fsck** einige Arbeits-Tabellen und -Dateien erstellt. Treten während der Initialisierungsphase Fehler auf, so bricht das Programm **fsck** ab.

Phase 1: Überprüfung der Blöcke und Größen

In Phase 1 wird die Inode-Liste untersucht. Hierbei werden Typ, Blocknummern, Format und Größe der Inode-Einträge überprüft. Insbesondere wird nach fehlerhaften und doppelt zugewiesenen Blöcken gesucht.

Phase 1B: Erneutes Suchen nach doppelten Blöcken

Sind in der Phase 1 doppelt zugewiesene Blöcke gefunden worden, so wird das Dateisystem nach Inode-Einträgen durchsucht, die die Blöcke vorher beansprucht hatten.

Phase 2: Prüfen der Pfadnamen

In dieser Phase werden Verzeichnis-Einträge gelöscht, die auf defekte Inodes verweisen. Weiter werden Modus und Zustand des *root*-Inodes und der Verzeichnis-Inodes überprüft.

Phase 3: Prüfen der Verbindungsliste

In dieser Phase wird die Verbindungsliste überprüft. Es werden Fehlermeldungen ausgegeben, wenn Verzeichnisse existieren, auf die nicht verwiesen wird.

Phase 4: Prüfen der Verweise

Hier wird die Verweisinformation überprüft. Es werden Fehlermeldungen ausgegeben, wenn es Dateien gibt, auf die nicht verwiesen wird, sowie bei falschen Verweis-Zahlen.

Phase 5: Prüfen der Freiliste

Diese Phase überprüft die Freiliste, also die Liste der freien Blöcke. Es wird auf fehlerhafte und doppelte Blöcke getestet, sowie überprüft, ob alle freien Blöcke in der Freiliste auftreten.

Phase 6: Reparieren der Freiliste

In dieser Phase wird die Liste der freien Blöck rekonstruiert.

Aufräum-Phase

Es werden einige Aufräum-Funktionen ausgeführt. In dieser Phase werden Meldungen über den Status des Dateisystems ausgegeben.

3.7.4 Die Fehlermeldungen des Programms fsck

In jeder Phase gibt es eine Reihe von speziellen Fehlermeldungen. Je nach Antwort kann **fsck** mit seiner Arbeit fortfahren oder der *filesystem check* wird abgebrochen. Diese Fehlermeldungen sowie die Bedeutung der Antworten werden im folgenden dargestellt.

Allgemeine Fehlermeldungen

Drei Fehlermeldungen können in jeder Phase auftreten. Obwohl sie dem Nutzer die Möglichkeit offenlassen, das Programm **fsck** weiter fortzuführen, ist es anzuraten, diese Fehler als schwerwiegende Fehler zu betrachten und das Programm zu unterbrechen, um festzustellen, wodurch der Fehler hervorgerufen sein worden könnte.

```
CAN NOT SEEK: BLK n (CONTINUE?)
```

Eine spezielle Blocknummer n im Dateisystem konnte nicht aufgefunden werden. Das Auftreten dieser Fehlerbedingung deutet auf ein ernsthaftes Problem hin (eventuell ein Hardware-Fehler).

```
CAN NOT READ: BLK n (CONTINUE?)
```

Das Vorhaben, eine spezielle Blocknummer n im Dateisystem zu lesen, schlug fehl. Das Auftreten dieser Fehlerbedingung deutet auf ein ernsthaftes Problem hin (eventuell ein Hardware-Fehler).

```
CAN NOT WRITE: BLK n (CONTINUE?)
```

Da zum Beispiel das Dateisystem schreibgeschützt ist, war es nicht möglich, auf den angegebenen Block zu schreiben.

Die Bedeutung der Yes/No-Antworten (Initialisierungsphase)

Systemanforderung: `CONTINUE?`

    Antwort: n(no)   Das **fsck**-Programm wird beendet. Dieses ist die Voreinstellung.

    Antwort: y(yes)   Es wird versucht, das Programm **fsck** fortzuführen. Häufig bleibt das Problem bestehen, und die Fehlerbedingung erlaubt keine komplette Überprüfung des Dateisystems. Das Programm **fsck** sollte zu einer zweiten Überprüfung noch einmal aufgerufen werden.

Fehlermeldungen in Phase 1 (Check Blocks and Sizes)

```
EMPTY SYMLINK (CLEAR?)
```

Es gibt keinen Pfadnamen, der zum Symbolic Link gehört.

```
UNKNOWN FILE TYPE I=I (CLEAR?)
```

Der Eintrag im Inode I, der den Dateityp kennzeichnet, sagt aus, daß dieses Inode weder eine Pipe, noch das Inode einer Gerätedatei, einer normalen Datei oder eines Verzeichnisses ist.

LINK COUNT TABLE OVERFLOW (CONTINUE?)

Eine vom Programm **fsck** erzeugte interne Tabelle, die alle zugewiesenen Inodes mit einem Referenzzähler-Eintrag Null enthält, hat nicht genügend Platz.

B BAD I=I

Das Inode mit der Nummer I enthält eine Blocknummer B, die kleiner ist als die Blocknummer des ersten Datenblocks des Dateisystems, oder die größer ist als die Blocknummer des letzten Datenblocks des Dateisystems. Diese Fehlerbedingung kann in Phase 1 die Meldung EXESSIVE BAD BLKS erzeugen, wenn das Inode I zuviele Blocknummern außerhalb der Grenzen des Dateisystems enthält. Auf jeden Fall erzeugt diese Fehlerbedingung die BAD/DUP Fehlermeldung in der Phase 2 und 4.

EXESSIVE BAD BLOCKS I=I (CONTINUE?)

Das Inode I verweist auf mehr als eine tolerierbare Anzahl (in der Regel 10) Blöcke mit einer Blocknummer, die kleiner ist als die Blocknummer des ersten Datenblocks, oder die größer ist als die Blocknummer des letzten Datenblocks des Dateisystems.

B DUP I=I

Das Inode mit der Nummer I enthält eine Blocknummer B, auf die bereits durch einen anderen Inode verwiesen wird. Diese Fehlerbedingung kann die Meldung EXESSIVE DUP BLKS in Phase 1 hervorrufen, wenn das Inode dadurch auf zu viele Datenblocks mit doppelter Referenz verweist. Diese Fehlerbedingung erzwingt die Ausführung der Phase 1B (Rescan for More Dups) und die Fehlerbedingung BAD/DUP in Phase 2 und Phase 4.

EXESSIVE DUP BLKS I=I (CONTINUE?)

Das Inode I verweist auf mehr als eine tolerierbare Anzahl (in der
Regel 10) von Blöcken, auf die bereits durch andere Inodes verwiesen
wird.

DUP TABLE OVERFLOW (CONTINUE?)

Eine interne Tabelle des Programms **fsck**, die Blocknummern enthält,
auf die mehrfach verwiesen wird, hat nicht genügend Platz.

POSSIBLE FILE SIZE ERROR I=I

Die Angabe der Dateigröße im Inode mit der Nummer I stimmt nicht
mit der tatsächlichen Blockanzahl überein, die durch den Inode benutzt werden. Diese Meldung ist nur eine Warnung. Wird die **fsck**-
Option -q (quiet) benutzt, so wird diese Meldung unterdrückt.

DIRECTORY MISALIGNED I=I

Die Größe des Verzeichnisses, auf das das Inode I verweist, ist nicht
ein Vielfaches von 16. Diese Meldung ist nur eine Warnung. Wird die
fsck-Option -q (quiet) benutzt, so wird diese Meldung unterdrückt.

PARTIALLY ALLOCATED INODE I=I (CLEAR?)

Das Inode mit der Nummer I ist weder zugewiesen noch nicht zugewiesen.

Die Bedeutung der Yes/No-Antworten (Phase 1)

Systemanfrage: `CONTINUE?`

Antwort: n(no)	Das **fsck**-Programm wird beendet. Dies ist die Voreinstellung.
Antwort: y(yes)	Die Ausführung des Programms wird fortgesetzt. Aus dieser Fehlerbedingung folgt jedoch, daß eine komplette Überprüfung des Dateisystems nicht möglich ist. Ein zweiter Aufruf des Programmes **fsck** sollte durchgeführt werden, um das Dateisystem erneut zu überprüfen.

Systemanfrage: `CLEAR?`

Antwort: n(no)	Die Fehlerbedingung wird ignoriert. Diese Antwort ist nur dann geeignet, wenn der Benutzer andere Maßnahmen zur Lösung des Problems ergreifen will.
Antwort: y(yes)	Die Zuweisung des Inodes mit der Nummer I wird zurückgenommen. Der Inhalt des Inode-Eintrags wird gelöscht. Dies kann die Meldung `UNALLOCATED` für jeden Verzeichniseintrag, der auf den Inode verweist, in der Phase 2 erzeugen.

Fehlermeldungen der Phase 1B (Rescan for More Dups)

`B DUP I=I`

Das Inode mit der Nummer I enthält die Blocknummer B, auf die bereits durch einen anderen Inode verwiesen wird. Diese Fehlerbedingung erzeugt die `BAD/DUP` Fehlerbedingung in der Phase 2. Inodes, die auf gleiche Blöcke verweisen, können festgestellt werden, indem man diese Meldung und die DUP-Meldung aus Phase 1 untersucht.

Fehlermeldungen in Phase 2 (Check Path Names)

`ROOT INODE UNALLOCATED. TERMINATING`

Das *root*-Inode (immer Inode-Nummer 2) ist nicht als zugewiesen (allocated) gekennzeichnet. Das Auftreten dieser Fehlermeldung deutet auf ein ernsthaftes Problem hin. Das Programm **fsck** wird sofort beendet.

`ROOT INODE NOT DIRECTORY (FIX?)`

Das Inode des *root*-Verzeichnisses (I.d.R. Inode Nummer 2) ist nicht vom Typ *Directory*.

`DUPS/BAD IN ROOT INODE (CONTINUE?)`

In der Phase 1 oder 1B wurden doppelte Blockverweise oder defekte Blöcke im *root*-Inode (I.d.R. Inode-Nummer 2) des Dateisystems gefunden.

`I OUT OF RANGE I=I NAME=F (REMOVE?)`

Der Verzeichniseintrag F hat eine Inode Nummer I, die größer ist als das Ende der Inode-Liste.

`UNALLOCATED I=I OWNER=O MODE=M SIZE=S MTIME=T (REMOVE?)`

Der Verzeichniseintrag F zeigt auf einen Inode mit der Nummer I, der nicht als zugewiesen markiert ist. Der Besitzer der Datei O, der Zugriffsmodus M, die Größe der Datei S, der Zeitpunkt der letzten Dateiänderung T sowie der Dateiname werden angezeigt. Ist das zu untersuchende Dateisystem nicht montiert und die -n-Option nicht gesetzt, wird der Verzeichniseintrag automatisch gelöscht, wenn das Inode, auf das verwiesen wird, die Dateigröße '0' enthält.

```
DUP/BAD I=I OWNER=O MODE=M SIZE=S MTIME=T DIR=F (REMOVE?)
```

In Phase 1 oder Phase 1B wurden Blöcke, auf die durch mehrere Inodes verwiesen wird, oder fehlerhafte Blöcke gefunden. Über den Verzeichnisnamen F und dem Inode I wird auf den Datenbestand verwiesen. Der Besitzer des Verzeichnisses O, die Zugriffsrechte M, die Größe S, der Zeitpunkt der letzten Änderung T und der Verzeichnisname F werden angezeigt.

```
DUP/BAD I=I OWNER=O MODE=M SIZE=S MTIME=T DIR=F (REMOVE?)
```

In Phase 1 oder Phase 1B wurden Blöcke, auf die durch mehrere Inodes verwiesen wird oder fehlerhafte Blöcke gefunden. Über den Dateinamen F und dem Inode I wird auf den Datenbestand verwiesen. Der Besitzer der Datei O, die Zugriffsrechte M, die Größe S, der Zeitpunkt der letzten Änderung T und der Verzeichnisname F werden angezeigt.

```
BAD BLK B IN DIR I=I OWNER=O MODE=M SIZE=S MTIME=T
```

Diese Meldung erscheint nur, wenn die -D-Option gesetzt ist. Ein defekter Block wurde im Directory-Inode I gefunden. Es wird in den Verzeichnisblöcken nach Fehlern wie gelöschten Verzeichniseinträgen, die nicht durch Nullen überschrieben sind, inkonsistente '.' und '..' Einträge und nach dem in Dateinamen eingefügten Zeichen '/' gesucht. Diese Fehlermeldung zeigt dem Benutzer an, daß er zu einem späteren Zeitpunkt entweder das Verzeichnis löschen sollte, wenn der gesamte Block Fehler aufweist, oder daß er diejenigen Verzeichniseinträge umbenennen oder löschen sollte, auf die er aufmerksam gemacht wurde.

Bedeutung der Yes/No-Antworten (Phase 2)

Systemanfrage: FIX?

    Antwort: n(no)   Das Programm wird beendet, da **fsck** nicht in der Lage ist, weiter fortzufahren.

    Antwort: y(yes)   In der Phase 2 bedeutet die Antwort y(yes) auf die Frage FIX?: Wechsele den Typ des *root*-Inodes auf *directory*. Sind die Datenblöcke des *root*-Inodes keine Verzeichnisblöcke, so wird eine sehr große Anzahl von Fehlermeldungen erzeugt.

Systemanfrage: `CONTINUE?`
　　Antwort: n(no)　　Das Programm wird beendet.
　　Antwort: y(yes)　Die `DUPS/BAD` Fehlerbedingung im *root*-Inode wird
　　　　　　　　　　　ignoriert, und es wird versucht, den *filesystem*
　　　　　　　　　　　check weiterzuführen. Ist der *root*-Inode nicht in
　　　　　　　　　　　Ordnung, so kann diese Antwort zu einer großen
　　　　　　　　　　　Anzahl von Fehlermeldungen führen.

Systemanfrage: `REMOVE?`
　　Antwort: n(no)　　Die Fehlerbedingung wird ignoriert. Die Antwort
　　　　　　　　　　　no ist nur dann angebracht, wenn der Benutzer
　　　　　　　　　　　andere Maßnahmen zur Lösung des Problems zu
　　　　　　　　　　　ergreifen gedenkt.
　　Antwort: y(yes)　Mehrfach oder nicht zugewiesene Blöcke werden
　　　　　　　　　　　gelöscht.

Fehlermeldungen in Phase 3 (Check Connectivity)

`UNREF DIR I=I OWNER=O MODE=M SIZE=S MTIME=T (RECONNECT?)`

Das Inode I eines Verzeichnisses war bei der Untersuchung des Dateisystems nicht mit einem Verzeichniseintrag verbunden. Der Besitzer des Verzeichnisses O, die Zugriffsrechte M, die Dateigröße S und der Zeitpunkt der letzten Änderung des Inodes T werden angezeigt. Das Programm **fsck** erzwingt die erneute Verbindung eines Verzeichnisses, das nicht leer ist.

`SORRY. NO lost+found DIRECTORY`

Es existiert kein Verzeichnis mit dem Namen *lost+found* im *root*- Verzeichnis des überprüften Dateisystems. Das Programm **fsck** ignoriert den Wunsch, einen Verweis auf ein Verzeichnis in das Verzeichnis *lost+found* zu erstellen. Diese Meldung erzeugt die `UNREF` Fehlerbedingung in Phase 4. Ein möglicher Grund für diese Fehlermeldung können die Zugriffsrechte auf das Verzeichnis *lost+found* sein.

SORRY. NO SPACE IN lost+found DIRECTORY

Es ist kein Platz vorhanden, um einen weiteren Eintrag in das Verzeichnis *lost+found* zu machen. Das Programm **fsck** ignoriert den Wunsch, einen Verweis auf ein Verzeichnis in das Verzeichnis *lost+found* zu erstellen. Diese Meldung erzeugt die UNREF Fehlerbedingung in Phase 4. Tritt diese Fehlermeldung auf, sollten unnötige Einträge aus dem Verzeichnis *lost+found* gelöscht werden, oder das Verzeichnis sollte vergrößert werden.

DIR I=I1 CONNECTED. PARENT WAS I=I2

Dies ist eine beratende Nachricht, die aussagt, daß das Inode I1 eines Verzeichnisses erfolgreich mit dem *lost+found*-Verzeichnis verbunden wurde. Das Eltern-Inode I2 des Verzeichnisses Inode I1 wird durch die Inode Nummer des *lost+found*-Verzeichnisses ersetzt.

Die Bedeutung der Yes/No Antworten (Phase 3)

Systemanfrage: RECONNECT?

Antwort: n(no)
: Die Fehlerbedingung wird ignoriert. Es wird die UNREF Fehlermeldung in Phase 4 erzeugt. Die Antwort no ist nur dann angebracht, wenn der Benutzer andere Maßnahmen zur Lösung des Problems zu ergreifen gedenkt.

Antwort: y(yes)
: Der Directory Inode I wird mit dem Dateisystem Verzeichnis für verlorene Dateien verbunden (im allgemeinen *lost+found*). Dies kann eine *lost+found* Fehlerbedingung erzeugen, falls Probleme beim Verbinden des Verzeichnis-Inodes mit dem Verzeichnis *lost+found* auftreten. Verlief die Verbindung erfolgreich, so wird die CONNECTED Informationsmeldung erzeugt.

Fehlermeldungen in Phase 4 (Check Reference Counts)

```
UNREF FILE I=I OWNER=O MODE=M SIZE=S MTIME=T (RECONNECT ?)
```

Das Inode mit der Nummer I wurde nicht mit einem Verzeichnis verbunden, als das Dateisystem durchsucht wurde. Der Besitzer der Datei O, die Zugriffsrechte M, die Größe S und der Zeitpunkt der letzten Änderung des Inodes werden angezeigt. Ist die -n-Option nicht gesetzt und ist das Dateisystem nicht montiert, werden leere Dateien automatisch gelöscht.

```
SORRY. NO lost+found DIRECTORY
```

Es existiert kein Verzeichnis mit dem Namen *lost+found* im *root*-Verzeichnis des überprüften Dateisystems. Das Programm **fsck** ignoriert den Wunsch, einen Verweis auf ein Verzeichnis in das Verzeichnis *lost+found* zu erstellen. Diese Meldung erzeugt die **UNREF** Fehlerbedingung in Phase 4. Ein möglicher Grund für diese Fehlermeldung können die Zugriffsrechte auf das Verzeichnis *lost+found* sein.

```
SORRY. NO SPACE IN LOST+FOUND DIRECTORY
```

Es ist kein Platz vorhanden, um einen weiteren Eintrag in das Verzeichnis *lost+found* zu machen. Das Programm **fsck** ignoriert den Wunsch, einen Verweis auf ein Verzeichnis in das Verzeichnis *lost+found* zu erstellen. Diese Meldung erzeugt die **UNREF** Fehlerbedingung in Phase 4. Tritt diese Fehlermeldung auf, sollten unnötige Einträge aus dem Verzeichnis *lost+found* gelöscht werden, oder das Verzeichnis sollte vergrößert werden.

```
(CLEAR?)
```

Das Inode, der bei der unmittelbar vorhergehenden **UNREF** Fehlermeldung erwähnt wurde, kann nicht wieder verbunden werden.

```
LINK COUNT FILE I=I OWNER=O MODE=M SIZE=S MTIME=T COUNT=X
SHOULD BE Y (ADJUST?)
```

Der Referenzzähler des Inodes I einer Datei enthält den Wert X, sollte jedoch den Wert Y enthalten. Der Besitzer O, die Zugriffsrechte M, die Größe der Datei S und der Zeitpunkt der letzten Änderung werden angezeigt.

```
LINK COUNT DIR I=I OWNER=O MODE=M SIZE=S MTIME=T COUNT=X
SHOULD BE Y (ADJUST?)
```

Der Referenzzähler des Inodes I eines Verzeichnisses enthält den Wert X, sollte jedoch den Wert Y enthalten. Der Besitzer O, die Zugriffsrechte M, die Größe des Verzeichnisses S und der Zeitpunkt der letzten Änderung werden angezeigt.

```
LINK COUNT F I=I OWNER=O MODE=M SIZE=S MTIME=T COUNT=X
SHOULD BE Y (ADJUST?)
```

Der Referenzzähler des Inodes I enthält den Wert X, sollte jedoch den Wert Y enthalten. Der Dateiname F, der Besitzer O, die Zugriffsrechte M, die Größe der Datei S und der Zeitpunkt der letzten Änderung werden angezeigt.

```
UNREF FILE I=I OWNER=O MODE=M SIZE=S MTIME=T (CLEAR?)
```

Die Inode Nummer I einer Datei ist zum Zeitpunkt der Überprüfung des Dateisystems mit keinem Verzeichnis verbunden. Der Besitzer O, die Zugriffsrechte M, die Größe S und der Zeitpunkt der letzten Modifikation des Inode werden angezeigt. Ist die -n-Option nicht gesetzt und ist das Dateisystem nicht montiert, werden leere Dateien automatisch gelöscht.

```
UNREF DIR I=I OWNER=O MODE=M SIZE=S MTIME=T (CLEAR?)
```

Die Inode Nummer I eines Verzeichnisses ist zum Zeitpunkt der Überprüfung des Dateisystems mit keinem Verzeichnis verbunden. Der
Besitzer O, die Zugriffsrechte M, die Größe S und er Zeitpunkt der
letzten Modifikation des Inode werden angezeigt. Ist die -n-Option
nicht gesetzt und ist das Dateisystem nicht montiert, werden leere
Verzeichnisse automatisch gelöscht.

```
BAD/DUP FILE I=I OWNER=O MODE=M SIZE=S MTIME=T (CLEAR?)
```

In der Phase 1 oder 1B wurden doppelte oder defekte Blöcke, die in
Zusammenhang mit dem Inode I der Datei stehen, gefunden. Der
Besitzer der Datei O, die Zugriffsrechte M, die Größe der Datei S und
der Zeitpunkt der letzten Modifikation T von Inode I werden angezeigt.

```
BAD/DUP DIR I=I OWNER=O MODE=M SIZE=S MTIME=T (CLEAR?)
```

In der Phase 1 oder 1B wurden doppelte oder defekte Blöcke, die in
Zusammenhang mit dem Inode I des Verzeichnisses stehen, gefunden.
Der Besitzer des Verzeichnisses O, die Zugriffsrechte M, die Größe der
Datei S und der Zeitpunkt der letzten Modifikation T von Inode I
werden angezeigt.

```
FREE INODE COUNT WRONG IN SUPERBLOCK (FIX?)
```

Die tatsächliche (von **fsck** ermittelte) Anzahl freier Inodes im Dateisystem stimmt nicht mit der im Superblock eingetragenen Anzahl
überein. Ist die Aufrufoption -q angegeben, so wird der Zähler im
Superblock automatisch auf den neuen Wert gesetzt.

Die Bedeutung der Yes/No-Antworten (Phase 4)

Systemanfrage: **RECONNECT?**

Antwort: n(no) Die Fehlerbedingung wird ignoriert. Dadurch wird die **CLEAR**-Fehlermeldung später in der Phase 4 erzeugt.

Antwort: y(yes) Der Directory Inode I wird mit dem Dateisystem Verzeichnis für verlorene Dateien verbunden (i.A. *lost+found*). Dies kann eine *lost+found* Fehlerbedingung erzeugen, falls Probleme beim Verbinden des Verzeichnis-Inodes mit dem Verzeichnis *lost+found* auftreten.

Systemanfrage: **CLEAR?**

Antwort: n(no) Die Fehlerbedingung wird ignoriert. Die Antwort no ist nur dann angebracht, wenn der Benutzer andere Maßnahmen zur Lösung des Problems zu ergreifen gedenkt.

Antwort: y(yes) Das Inode wird freigegeben. Sein Inhalt wird durch Nullen überschrieben.

Systemanfrage: **ADJUST?**

Antwort: n(no) Die Fehlerbedingung wird ignoriert. Die Antwort no ist nur dann angebracht, wenn der Benutzer andere Maßnahmen zur Lösung des Problems zu ergreifen gedenkt.

Antwort: y(yes) Der Referenzzähler des Inode I wird vom Wert X auf den Wert Y gesetzt.

Systemanfrage: **FIX?**

Antwort: n(no) Die Fehlerbedingung wird ignoriert. Die Antwort no ist nur dann angebracht, wenn der Benutzer andere Maßnahmen zur Lösung des Problems zu ergreifen gedenkt.

Antwort: y(yes) Der Zähler im Superblock wird auf den von **fsck** ermittelten Wert gesetzt.

Fehlermeldungen in Phase 5 (Check Free List)

`EXESSIVE BAD BLKS IN FREE LIST (CONTINUE?)`

Die Tabelle der freien Blöcke enthält mehr als eine tolerierbare Anzahl
(i.d.R. 10) von Blocknummern, deren Wert kleiner ist als der erste
Datenblock, oder größer ist als der letzte Datenblock des Dateisystems.

`EXESSIVE DUP BLKS IN FREE LIST (CONTINUE?)`

Die Tabelle der freien Blöcke enthält mehr als eine tolerierbare Anzahl
(i.d.R. 10) von Blocknummern, die von Inodes oder früheren Teilen der
Tabelle der freien Blöcke beansprucht werden.

`BAD FREEBLK COUNT`

Die Anzahl der freien Blöcke in einem Block der Free List ist größer als
50 oder kleiner als 0. Diese Fehlerbedingung wird immer die Meldung
`BAD FREE LIST` in der Phase 5 erzeugen.

`X BAD BLKS IN FREE LIST`

X Blöcke in der Tabelle der freien Blöcke haben eine Blocknummer,
die kleiner ist als der erste Block, oder größer ist als der letzte Block
des Dateisystems. Diese Fehlerbedingung wird immer die Meldung
`BAD FREE LIST` in der Phase 5 erzeugen.

`X DUP BLKS IN FREE LIST`

X Blöcke, die von Inodes oder früheren Teilen der Tabelle der freien
Blöcke beansprucht werden, befinden sich in der Tabelle der freien
Blöcke. Diese Fehlerbedingung wird immer die Meldung `BAD FREE`
`LIST` in der Phase 5 erzeugen.

X BLK(S) MISSING

X Blöcke, die nicht durch das Dateisystem benötigt werden, wurden nicht in der Tabelle der freien Blöcke gefunden. Diese Fehlerbedingung wird immer die Meldung `BAD FREE LIST` in der Phase 5 erzeugen.

FREE BLK COUNT WRONG IN SUPERBLOCK (FIX?)

Die von **fsck** ermittelte Anzahl der freien Blöcke stimmt nicht mit der im Superblock geführten Anzahl überein.

BAD FREE LIST (SALVAGE?)

Dieser Meldung sind immer eine oder mehrere der Phase 5 Fehlermeldungen vorausgegangen. Ist die Aufrufoption -q gesetzt, so wird die Tabelle der freien Blöcke automatisch rekonstruiert.

Die Bedeutung der-Yes/No Antworten (Phase 5)

Systemanfrage: `CONTINUE?`
Antwort: n(no)	Das Programm wird beendet.
Antwort: y(yes)	Der Rest der Tabelle der freien Blöcke wird ignoriert und **fsck** führt fort. Diese Fehlerbedingung erzeugt immer die Meldung `BAD BLKS IN} {\verb FREE LIST+` in der Phase 5.

Systemanfrage: `FIX?`
Antwort: n(no)	Die Fehlerbedingung wird ignoriert. Die Antwort no ist nur dann angebracht, wenn der Benutzer andere Maßnahmen zur Lösung des Problems zu ergreifen gedenkt.
Antwort: y(yes)	Der Zähler im Superblock wird auf den von **fsck** ermittelten Wert gesetzt.

Systemanfrage: **SALVAGE?**

Antwort: n(no)	Die Fehlerbedingung wird ignoriert. Die Antwort no ist nur dann angebracht, wenn der Benutzer andere Maßnahmen zur Lösung des Problems zu ergreifen gedenkt.
Antwort: y(yes)	Die bestehende Tabelle der freien Blöcke wird durch eine neue ersetzt. Die Tabelle der freien Blöcke wird gemäß der durch die Aufrufoption -S oder -s angegebenen Werte für Trennlücke und für Blöcke/Zylinder so angeordnet, daß die Plattenzugriffszeit minimiert wird.

Fehlermeldungen in Phase 6 (Salvade Free List)

`DEFAULT FREE-BLOCK LIST SPACING ASSUMED`

Dies ist eine Warnung. Die Trennlücke (gap) ist größer als die Anzahl von Blöcke/Zylinder, die Trennlücke ist kleiner als 1, oder der Wert für Blöcke/Zylinder ist größer als 500. Die Standardwerte von 7 für die Trennlücke und 400 Blöcke/Zylinder werden benutzt.

Meldungen der Cleanup Phase

`X files Y blocks Z free`

Diese Meldung teilt dem Benutzer mit, daß das überprüfte Dateisystem X Dateien enthält, die Y Blöcke belegen. Im Dateisystem sind noch Z Blöcke verfügbar.

`***** BOOT SYSTEM (NO SYNC!) *****`

Diese Warnung sagt aus, daß ein montiertes Dateisystem oder das *root*-Dateisystem durch **fsck** überprüft wurde. Wird das **UNIX**-System nicht sofort ohne das Kommando **sync** erneut gestartet, kann die Arbeit, die durch **fsck** getan wurde, wieder zunichte gemacht werden, so daß die vom Betriebssystem speicherresident gehaltenen Informationen zu allen montierten Dateisystemen auf die Platte synchronisiert werden.

```
***** FILE SYSTEM WAS MODIFIED *****
```

Diese Warnung informiert den Benutzer darüber, daß das überprüfte Dateisystem durch **fsck** modifiziert wurde.

3.8 Swap-Devices

Wie bereits in Kapitel 1 besprochen, wird bei der Installation unter anderem die Größe des Swap-Bereichs festgelegt. Es ist jedoch durchaus denkbar, daß die Größe des Swap-Bereichs nicht ausreicht, z.B. wenn neue, speicherintensive Programme zusätzlich installiert wurden. Bei der Version 2 von **SCO UNIX** wurde hier eine Neu-Installation notwendig. Version 4 bietet die Möglichkeit, Swap-Space zusätzlich zur Verfügung zu stellen. Dies geschieht mittels des Kommandos **swap**.

```
swap -a swapdev swaplow swaplen
swap -d swapdev swaplow
swap -l
```

In der ersten Version wird zusätzlicher Swap-Space zur Verfügung gestellt. Hierbei bedeutet

swapdev	Das Block-Device des Bereichs.
swaplo	Der Offset in 512-Byte-Blöcken im Device *swapdev*, bei dem der Swap-Bereich beginnen soll.
swplen	Die Größe des Swap-bereichs in 512-Byte-Blöcken.

In der zweiten Version wird ein angegebener Bereich gelöscht, und in
der dritten Version des **swap**-Kommandos wird eine Liste der Swap-
Bereiche ausgegeben:

```
path          dev   swaplo  blocks   free
/dev/swap     1,41       0   30000  30000
/dev/swap2    1,18       0   10000  10000
```

In dieser Liste werden die Geräte-Dateien, Major- und Minor-Device-
Nummer, der Offset, die Größe und die Anzahl der freien Blöcke ausgeben. Auch hier bedeuten Blöcke 512-Byte-Blöcke.

Im Prinzip kann der neue Swap-Bereich überall hingelegt werden, auch
auf ein Dateisystem. Dies ist natürlich nicht sehr sinnvoll, da Daten
auf diesem Dateisystem dann überschrieben werden können.

Die beste Methode ist, mittels **divvy** ein Dateisystem, das natürlich
vorher gesichert werden sollte, zu verkleinern und auf dem so geschaf-
fenen freien Platz eine neue Division zu erzeugen. Es ist nicht nötig,
auf dieser Division ein Dateisystem zu erzeugen. Diese neue Division
kann dann als zusätzlicher Swap-Space benutzt werden.

Die Zuweisung von Swap-Space mittels des **swap**-Kommandos ist tem-
porär, d.h. nach einem Neu-Start des Systems ist die Zuweisung
nicht mehr wirksam. Es ist in diesem Fall zu empfehlen, das **swap**-
Kommando in eine der Startup-Skrtipts im Verzeichnis */etc/rc2.d* einzutragen, so daß die Zuweisung automatisch beim Übergang in den
Multi-User-Modus vorgenommen wird.

3.9 Das Pipe-Device

Neben den bereits besprochenen *named pipes* gibt es noch die *anonymen* Pipes. Die Wirkungsweise ist ähnlich denen der *named pipes*, sie werden jedoch während des Ablaufs von Programmen erzeugt und anschließend wieder gelöscht. Zum Beispiel werden anonyme Pipes erzeugt, wenn ein Benutzer das Pipe-Zeichen ']|' verwendet.
Diese Pipes werden im Daten-Cache gespeichert und, ebenso wie normale Dateien, über Inodes angesprochen. Dazu müssen sich die Pipes auf einem Dateisystem, dem *pipe*-Device befinden. Die Pipes werden mit Inode-Nummern dieses Dateisystems ausgestattet. Dieses Dateisystem muß gemountet sein. Standardmäßig ist */dev/root* das *pipe*-Device. Zur Manipulation dieses *pipe*-Devices dient das **pipe-Kommando**.

---

pipe [-s *path_name* | -d | -l]

Mit der Option -s wird das *pipe*-Device neu gesetzt. Hierbei bedeutet *path_name* der Pfadname des Verzeichnisses, an das das Dateisystem gemountet ist.
Mit der Option -d wird das *pipe*-Device gelöscht. In diesem Fall gibt es kein *pipe*-Device. Bereits erzeugte Pipes sind davon nicht betroffen.
Mit der -l-Option wird das *pipe*-Device ausgegeben. Ist kein *pipe*-Device definiert, erfolgt keine Ausgabe.

Kapitel 4

Das Starten und Stoppen des Systems

In diesem Kapitel wollen wir uns mit dem Starten und Stoppen des Systems beschäftigen. Am Anfang, d.h. wenn der PC angeschaltet wird, ist die Prozedur natürlich immer gleich, egal ob auf dem PC **DOS** oder **UNIX** oder irgend ein anderes Betriebssystem installiert ist. Nach diesem Hardware-abhängigen Teil laufen dann Prozeduren ab, die Betriebssystem-speziell sind, um das Betriebssystem, im Falle von **UNIX** den Systemkern, zu laden.

UNIX ist, wie schon mehrmals bemerkt, ein Multitasking- und Multiuser-System. Dieses bedeutet, daß mehrere Prozesse quasi gleichzeitig laufen. Dies führt zu einem wesentlich höheren Verwaltungsaufwand, als er bei einem Ein-Prozeßsystem notwendig ist. Daher schließt der Boot-Vorgang von **UNIX** auch das Starten von Verwaltungs-Prozessen mit ein. Hierbei gibt es sowohl die System-Prozesse, die für die Verwaltung des Hauptspeichers verantwortlich sind, als auch sogenannte Benutzerprozesse. Benutzerprozesse bedeutet jedoch nicht notwendigerweise, daß es sich um Prozesse handelt, die durch einen Benutzer initiiert wurden. Es handelt sich hier ebenfalls um Prozesse, die der Verwaltung dienen. In einem Mehrbenutzersystem muß auch der Zugriff auf einen Drucker, das Anmelden an einem Terminal und vieles mehr verwaltet werden.

Da unter **UNIX** ständig mehrere Prozesse laufen, kann das System nicht einfach abgeschaltet werden. Den Prozessen sollte schon die Möglichkeit gegeben werden, ihre Arbeit ordnungsgemäß zu beenden. Erschwerend kommt hinzu, daß die Ein- und Ausgabe unter **UNIX** gepuffert wird. Man kann sich nie sicher sein, ob Daten, die man eingegeben hat, sich auch wirklich schon auf der Festplatte befinden. Einfach auszuschalten bedeutet, daß man eventuell Daten verliert. Daher werden wir uns am Ende dieses Abschnitts mit dem Herunterfahren von **UNIX** beschäftigen.

4.1   Der Boot-Vorgang

Es gibt zwei Möglichkeiten, das System zu booten: von Diskette oder von der Festplatte. Ist eine Diskette im Diskettenlaufwerk 0, so wird versucht, von der Diskette zu booten. Hierbei kommt es natürlich nicht darauf an, ob es sich um **DOS** oder **UNIX** handelt. Wichtig ist nur, daß es sich um Boot-Disketten handelt. Befindet sich durch Zufall eine andere Diskette im Diskettenlaufwerk, so bleibt das System einfach stehen oder man erhält, wenn man Glück hat, eine Fehlermeldung. Befindet sich keine Diskette im Diskettenlaufwerk, so versucht das System von der aktiven Partition auf der Festplatte zu booten.

Wir wollen uns zunächst einmal einen Überblick über den Boot-Vorgang verschaffen. Hierbei gehen wir davon aus, daß keine Diskette eingelegt ist, und daß eine **UNIX**-Partition aktiv ist. In diesem Fall geht das Booten von der Festplatte wie folgt vor sich:

> ▷ Das ROM-BIOS des Rechners liest den Masterboot-Block von Sektor 0 der Festplatte. Der Masterboot-Block, so wie er zur Zeit von **SCO** konzipiert ist, besteht aus einem 376 Byte großen Boot-Code und der Partitionstabelle, die 64 Bytes groß ist. Aus der Partitionstabelle kann das System entnehmen, welche Partition aktiv ist und wo sie liegt.

> ▷ Das kleine Maschinenprogramm im Masterboot-Block liest den Partition-Boot-Block (*boot0*) von der aktiven Partition. *boot0* ist 1K groß und enthält die Adresse von *boot1*, sowie die Anweisung boot1 zu laden.

▷ Es wird *boot1* geladen. *boot1* besteht aus 16 1K-Blöcken, und hat die Aufgabe, das **UNIX**-Boot-Programm zu laden und auszuführen.

▷ *boot1* lädt die Datei */boot* aus dem **UNIX**-Dateisystem. */boot* ist das **UNIX**-Boot-Programm. Es ist dafür verantwortlich, den **UNIX**-Kern in den Hauptspeicher zu laden. Was geladen werden soll, wird durch das Boot-Prompt abgefragt. Die Syntax für Eingaben werden wir später genauer besprechen. An dieser Stelle nur soviel: Hat man vor der Installation von **UNIX** eine **DOS**-Partition angelegt, so kann man durch die Eingabe **dos** das **DOS**-Betriebssystem laden. Die Standard-Eingabe ist jedoch <Return>. Dieses bewirkt, daß der **UNIX**-Kern */unix* in den Hauptspeicher geladen wird.

▷ Nehmen wir an, es wird mit <Return> auf das Boot-Prompt geantwortet. Der **UNIX**-Kern wird also in den Hauptspeicher geladen. Es wird der Urprozeß, der Prozeß 0, erzeugt.

▷ Es wird ein Hardware-Test ausgeführt und das Resultat ausgegeben. Hier testen alle Geräte-Treiber des System-Kerns die Hardware, für die sie zuständig sind. Die Ausgabe kann auch nachträglich in der Datei */usr/adm/messages* nachgelesen werden.

▷ Der Prozeß 0 aktiviert die Prozesse **init**, **vhand** und **bdflush** und geht selbst in den Prozeß **sched** über.

▷ Der Prozeß **init** ist der erste Benutzer-Prozeß im System. **init** erzeugt entsprechend der Einträge in der Datei */etc/inittab* alle anderen Benutzer-Prozesse, zumindest indirekt.

Die folgende Abbildung verdeutlicht den Boot-Vorgang, und gibt diejenigen Dateien an, die für den Boot-Vorgang wichtig sind:

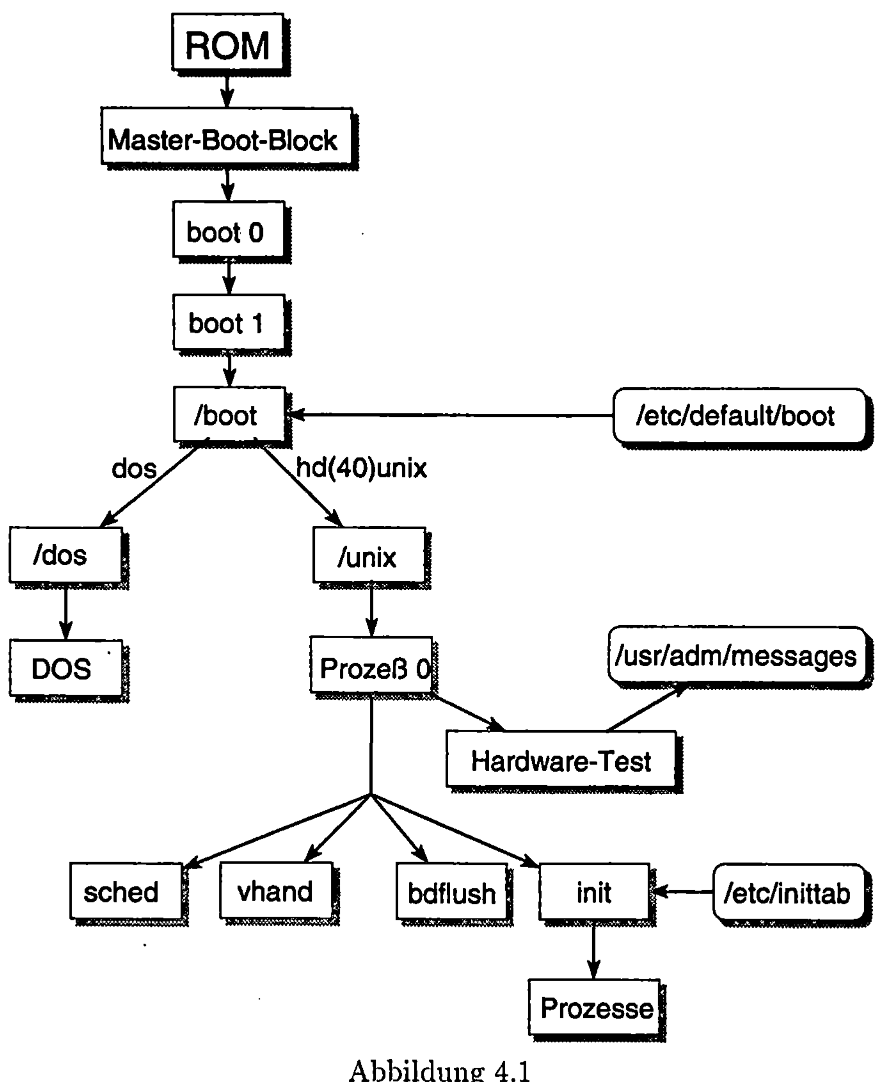

Abbildung 4.1
Der Boot-Vorgang

4.2 Das UNIX-Boot-Programm

Das Boot-Programm ist verantwortlich für das Laden und Aktivieren
des **UNIX**-Kerns. Wird es geladen, so erscheint das Boot-Prompt

```
     SCO UNIX System V/368

     Boot
        :
```

An diesem Punkt wird angegeben, welcher **UNIX-Kern** geladen werden soll. Zusätzlich kann hier die Arbeit des Boot-Programms beeinflußt und der **UNIX-Kern** konfiguriert werden. Zu diesem Zweck versteht das **UNIX-Boot-Programm** eine Reihe von Kommandos. Die Standard-Einstellungen werden in der Datei */etc/default/boot* vorgenommen, die im nächsten Abschnitt besprochen werden.
Die allgemeine Syntax der Boot-Kommandos ist:

$$\textbf{cmd } [\textit{arg}] \text{ ...}$$

Die wichtigsten Kommandos und deren Bedeutung werden im folgenden vorgestellt:

device(*minor*[,*offset*]**)***file*

Mit diesem Kommando wird der **UNIX-Kern** bestimmt, der geladen werden soll. Für **device** gibt es die Möglichkeiten **hd** (hard disk) und **fd** (floppy disk). Diese Möglichkeiten können auch durch Eingabe von '?' am Boot-Prompt abgerufen werden. *minor* definiert die Minor-Device-Nummer des Gerätes, auf dem sich der **UNIX-Kern** befindet, *offset* einen optionalen Dateisystem-Offset und *file* den Namen des **UNIX-Kerns**.
Standard ist der **UNIX-Kern hd(40)unix**. Ist aus irgendwelchen Gründen dieser **UNIX-Kern** defekt oder nicht vorhanden, also nicht ladbar, so kann mit **hd(40)unix.old** der alte **UNIX-Kern** geladen werden. Darüber hinaus kann jeder **UNIX-Kern**, der sich auf der Festplatte befindet, mit seinem vollen Pfadnamen angegeben werden.

systty=[*0*|*1*]

Mit diesem Kommando wird die Systemkonsole gesetzt. Mit *0* wird der Display-Adapter als Konsole definiert, mit *1* die erste serielle Schnittstelle. Wird weder am Boot-Prompt, noch innnerhalb der Datei */etc/default/boot* die Konsole definiert, so sucht das Boot-Programm zuerst nach einem Display-Adapter und, falls dieser nicht gefunden wird, nach COM1.

mem=[*range*][*/flag*] ... [*range*][*/flag*]

Das Boot-Programm versucht automatisch zu bestimmen, wieviel an Hauptspeicher zur Verfügung steht, und wo er sich befindet. Es kann in seltenen Fällen vorkommen, daß Hauptspeicherbereiche nicht gefunden werden oder daß Bereiche gefunden werden, die nicht existieren. Möglicherweise gibt es auch Bereiche im Hauptspeicher, die nicht benutzt werden können oder sollen. Mit dem **mem-Kommando** kann der Bereich angegeben werden, in dem nach Hauptspeicher gesucht wird.
Addressbereiche *range* werden in den Formen

```
start-end
start+size
```

angegeben. Hierbei bezeichnen *start* und *end* Start- bzw End-Adresse und *size* die Größe. Die Angaben werden in KB (k) oder MB (m) gemacht.
Beispiele:

```
mem=1m-8m

mem=2m+4096k
```

Die optionalen Flags sind:

n   Dieser Hauptspeicherbereich ist nicht für DMA verfügbar.
    Dies gilt automatisch für Bereiche oberhalb von 16MB.
d   Der Speicherbereich wird von oben nach unten (downwards)
    durchsucht.
r   Der Speicherbereich ist reserviert.
p   Der gefundene Hauptspeicher wird ausgegeben.

Der Standard oder die Angabe **mem=** entspricht

```
mem=1m-16m,16m-256m/n
```

dir [*directory*]

Durch dieses Kommando werden die Dateien im Verzeichnis *directory*
aufgelistet. Standard ist das *root*-Verzeichnis des Dateisystems, von
dem */boot* geladen wurde.

prompt[=*string*]

Das Boot-Programm lädt den **UNIX**-Kern, gibt das Prompt *string*
aus und wartet mit der Ausführung, bis <Return> eingegeben wird.
Das Standard-Prompt ist:

```
Loaded, press <Return>
```

Weitere Kommandos werden an den System-Kern weitergegeben und
dienen dessen Konfiguration. Hier lassen sich zum Beispiel *root*-Datei-
system, Swap-Space und andere für den System-Kern wichtige Daten
definieren. Werden Device-Namen angegeben, so geschieht dies in der
Form **device**(*minor*).

Einige dieser Kommandos sind:

kernel.root=*device*

Mit diesem Kommando wird das *root*-Dateisystem definiert, das benutzt werden soll. Standard ist **hd(40)**.

kernel.swap=*device*

Mit diesem Kommando wird der Swap-Bereich definiert, der benutzt werden soll. Standard ist **hd(41)**.

kernel.swplo=*s*

Hier wird der erste Block, beginnend bei 0, angegeben, ab dem der Swap-Bereich zum Auslagern von Prozeßdaten benutzt werden soll.

kernel.nswap=*n*

Definiert die Anzahl der Blöcke, die im Swap-Bereich benutzt werden sollen.

kernel.dump=*device*

Entdeckt der System-Kern einen nicht behebbaren Fehler, so entsteht eine sogenannte *kernel panic*. In diesem Fall wird ein Bild des Hauptspeichers auf die Festplatte geschrieben. Standardmäßig ist das Dump-device der Swap-Bereich, kann aber mit dem obigen Kommando umgesetzt werden.

kernel.auto

Das System geht in den Autoboot-Modus. Das Programm **init** wird mit der -a-Option gestartet.

4.2.1 Die Datei */etc/default/boot*

Wird eine spezielle Boot-Konfiguration benötigt, so ist es natürlich mühsam, diese bei jedem Booten anzugeben. Um den Standard-Bootstring und eine Reihe anderer Parameter zu definieren, gibt es die Datei */etc/default/boot*. Diese Datei wird von **/boot** beim Hochfahren gelesen. Es können hier die folgenden Einträge gemacht werden.

DEFBOOTSTR=string	Der Standard Boot-String, der benutzt wird, wenn auf das Boot-Prompt mit <Return> geantwortet wird.
AUTOBOOT=YES/NO	Falls auf YES gesetzt, wird automatisch gebootet, wenn auf das Boot-Prompt eine gewisse Zeit keine Eingabe erfolgt. Standard hierbei sind 60 Sekunden.
TIMEOUT=n	n ist die Anzahl der Sekunden, die **boot** bis zum automatischen Booten wartet.
FSCKFIX=YES/NO	Spezifiziert, ob das *root*-Dateisystem durch **fsck** geprüft werden soll.
MULTIUSER=YES/NO	Spezifiziert, ob **init** in den Single- oder Multiuser-Betrieb gehen soll.
PANICBOOT=YES/NO	Gibt an, ob nach einer Kern-Panic automatisch gebootet werden soll oder nicht.
MAPKEY=YES/NO	Gibt an, ob die Tastaturanpassung mit **mapkey** geschehen soll oder nicht.
SYSTTY=x	Definiert die System-Konsole. 0 steht für den Monitor, 1 für ein Terminal an der seriellen Schnittstelle COM1.

4.2.2 Boot-Probleme

Schon beim Booten können Probleme auftauchen. Es erscheint eine meist merkwürdige Fehlermeldung auf dem Bildschirm und es geschieht nichts mehr. Man sollte jedoch nicht gleich aufgeben. Manchmal läßt sich der Fehler auch auf sehr einfache Art und Weise beheben.

Wichtig ist, in solchen Situationen immer, ein sogenanntes *emergency boot floppy set* zur Hand zu haben. Es besteht aus einer Boot-Diskette und einer *root*-Dateisystem-Diskette, mit denen es möglich ist, das System zu starten, auch wenn von der Festplatte zunächst einmal nichts mehr geht.

In diesem Abschnitt sollen zwei Situationen behandelt werden, in denen das Fehlen von Dateien das Booten unmöglich machen. Die erste Situation ist das Fehlen der Datei */boot* im *root*-Verzeichnis. In diesem Fall erfolgt die Fehlermeldung:

```
/boot not found
Stage 1 boot failure:   error loading
/boot
```

In diesem Fall wird das Boot-Programm von Diskette geladen und am Boot-Prompt **hd(40)unix** eingegeben:

```
SCO UNIX System V/368

Boot
:  hd(40)unix
```

Damit wird zwar das Boot-Programm auf der Diskette benutzt, aber der **UNIX**-Kern von der Festplatte geladen und das System normal gebootet. Anschließend wird das *root*-Dateisystem auf der Diskette durch

```
# mount /dev/fd0 /mnt
```

anmontiert und das Boot-Programm kann von der Diskette wiederhergestellt werden.

Im zweiten Fall gehen wir davon aus, daß es keinen **UNIX-Kern** gibt, der geladen werden kann. Wir erhalten die Fehlermeldung:

```
/unix not found
```

Auch in diesem Fall wird von der Boot-Floppy gebootet und am Boot-Prompt der String **fd(64)unix root=hd(40) swap=hd(41)** eingegeben.

```
SCO UNIX System V/368 on i80486

Boot
 :   fd(64)unix root=hd(40) swap=hd(41)
```

In diesem Fall wird also der **UNIX-Kern** von der Diskette geladen, jedoch *root-* und *swap*-Device von der Festplatte benutzt. Auf diese Weise fährt das System ordnungsgemäß hoch und der **UNIX-Kern** kann, wie im ersten Fall das Boot-Programm, auf die Festplatte kopiert werden.

4.3   Das Laden des UNIX-Kerns und der Hardware-Test

Nach Eingabe der Boot-Strings erfolgt das Laden des **UNIX-Kerns**. Auf dem Bildschirm erscheit dann:

```
Loading kernel hd(40) .text
............................................................
............................................................
............................................................
............................................................
............................................................
.....................

Loading kernel hd(40) .data
............................................................
............................................................
.......................

Loading kernel hd(40) .bss
............................................................
. . .
```

Hierbei bedeutet *.text* den Instruktions-Code des Kerns, *.data* die initialisierten Daten und *.bss* (*block startet by symbol*) die nicht initialisierten Daten. Die Ausgabe eines Punktes bedeutet das Laden eines Kilobytes.

Nach dem Laden des Kerns führt dieser einen Hardware-Test durch und gibt die erkannten Komponenten aus. Diese Daten werden auch in der Datei */usr/adm/messages* abgespeichert. Die Ausgabe hat die folgende Form:

```
SCO System V/386 Release 3.2v4.0 Operating System
kernel id 92/01/20 for i80386 Serial Number:

10 bits of I/O address decoding
    device         address           vector  dma  comment

    %fpu           -                 13      -    type=80387
    %serial        0x03F8-0x03FF     04      -    unit=0 type=Std
    %serial        0x02F8-0x02FF     03      -    unit=1 type=Std
    %floppy        0x03F2-0x03F7     06      2    unit=0 type=96ds15
    %floppy        -                 -       -    unit=1 type=135ds18
    %console       -                 -       -    unit=vga type=0 12
    %parallel      0x0378-0x037A     07      -    unit=0
    %adapter       0x0330-0x0332     11      5    type=ad ha=0 id=7
    %eisarom       -                 -       -    eisa (1.3.0)
    %ethernet      0x0240-0x025F     09      -    type=WD8003E
    %tape          -                 -       -    type=S ha=0 id=2
    %disk          -                 -       -    type=S ha=0 id=0
    %Sdisk         -                 -       -    cyls=988 hds=64
mem:  total = 11904k, kernel = 3568k, user = 8336k
rootdev = 1/40, swapdev = 1/41, pipedev = 1/40 dumpdev=1/41
nswap = 16000, swplo = 0, Hz = 100
kernel:  i/o bufs = 600k
```

Als erstes erscheinen Informationen über die vom System erkannte
Hardware. Dies ist insbesondere dann wichtig, wenn man eine neue
Hardware-Komponente eingebaut hat. Wird die neue Komponente
nicht erkannt, so ist etwas schiefgelaufen. Oft meldet sich der entsprechende Treiber auch mit der Meldung, daß er seine Hardware nicht
finden kann. Die Spalten haben die folgende Bedeutung:

device	Name der Hardware
address	I/O Base Address
vector	Interrupt Vektor
dma	dma-Channel
Comment	Information über Details der Hardware

Die Informationen im unteren Block betreffen den Systemkern:

mem	Zur Verfügung stehender Hauptspeicher.
	total Gesamt-Speicherplatz.
	kernel Speicherplatz für den **UNIX**-Kern.
	user Speicherplatz für Benutzerprozesse.
*dev	Major- und Minor-Nummern von *root-*, *swap-* und *pipe*-Device.
nswap	Größe des Swap-Bereichs in 512K-Blöcken.
swplo	Offset des Swap-Bereichs in 512K-Blöcken.
kernel	Anzahl der I/O-Buffer im Daten-Cache

Zu den verschiedenen Stadien des Selbsttests wird ein Buchstabe und möglicherweise zusätzlich eine Nummer ausgegeben. Jede Ausgabe repräsentiert einen Treiber im System-Kern, der getestet wird. Stoppt der Boot-Vorgang mit einem Code, so gibt es Probleme mit dem entsprechenden Treiber.

D	Überprüfen des I/O-Decodierens durch Schreiben auf und Lesen vom Direct Memory Access Controllers (DMA)
E	Gibt Konfiguration über den Coprozessor aus, falls dieser vorhanden ist.
F	Es werden die I/O-Devices initialisiert. Die einzelnen Treiber werden durch zusätzliche Zahlen gekennzeichnet, z.B:

F7	Treiber für die Disketten-Laufwerke.
F10	Konsole-Treiber.
F11	Treiber für die parallelen Schnittstellen.
F12	Cartridge-Tape-Treiber.
F13	Adaptec SCSI Host.
F15	SCSI-Festplatten-Teilsystem.
F16	SCSI-Tape-Teilsystem.

H Initialisierung der verschiedenen System-Ressourcen. z.B:

    H1   C-Liste
    H2   Buffer-Pool
    H3   Inodes
    H4   Dateisysteme
    H5   Datei-Tabelle
    H6   Öffnen des *root*-Devices. Der Superblock wird in den Hauptspeicher geladen und das *root*-Dateisystem wird montiert.
    H7   Datei-Locking
    H8   IPC-Semaphoren
    H9   IPC-Messages
    H10 Streams

I Ausgabe von Hauptspeicher, Kern-Speicher und User-Bereich.

J Initialisierung des Koprozessors.

K Öffnen des *swap*-Devices.

L Hinzufügen des *swap*-Devices zum *swap file table*.

M Ausgabe von Informationen über *root-*, *swap-*, *pipe-* und *dump*-Device sowie die Anzahl der I/O-Buffer.

4.4 Die Ur-Prozesse

Mit Laden des **UNIX**-Kerns und Durchführung des Hardware-Tests wird der Urprozeß des Systems, der Prozeß 0 aktiv. Dieser Prozeß erzeugt die Prozesse **init**, **vhand** und **bdflush** und geht selbst in Prozeß **sched** über. Die Prozesse **sched**, **init**, **vhand** und **bdflush** sind sozusagen die Urprozesse des Systems. Sie tragen die Prozeßnummmern 0,1,2 und 3.

Der Prozeß **sched** ist für das Swappen im System zuständig. Immer wenn das System knapp an Hautspeicher wird, lagert er ganze Prozesse aus dem Hauptspeicher aus, um Platz für neue Daten zu schaffen. **sched** wird deshalb in anderen **UNIX**-Systemen auch als **swapper** bezeichnet.

vhand ist der Paging-Dämon. Die Daten, die ein Prozeß benötigt, also Instruktions-Code, Daten und Stack sind in 4K-Blöcke, sogenannte Seiten, unterteilt. Im Hauptspeicher werden immer nur diejenigen Seiten gehalten, die ein Prozeß zu einer bestimmten Zeit braucht. Ist Bedarf an Platz im Hauptspeicher, so schreibt **vhand** diejenigen Seiten, die eine gewisse Zeit nicht modifiziert wurden auf die Festplatte. **vhand** verhindert also, daß **sched** zu oft in Aktion treten muß.

bdflush ist für das Abschreiben der System-Puffer verantwortlich. Die Ein- und Ausgabe von Daten wird, um Plattenzugriffszeiten zu minimieren, gepuffert. In festdefinierten Abständen prüft **bdflush** nach, ob es notwendig ist, den Inhalt von Puffern abzuspeichern.

Die Prozesse **sched**, **vhand** und **bdflush** sind Systemprozesse. Sie befinden sich nicht als Programme im Dateisystem, sondern sind Teil des **UNIX**-Kerns.

Anders verhält es sich mit **init**. **init** ist der erste Benutzerprozeß im System. Von **init** stammen alle anderen Benutzerprozesse ab; sie sind alle direkt oder indirekt von **init** erzeugt. **init** übernimmt nun das weitere Starten des Systems und ist deshalb für den Systemverwalter besonders interessant. **init** ist dafür verantwortlich, die sogenannten Hintergrund-Prozesse zu starten. Hierzu gehören z.B. der Print-Spooler **lpsched**, **cron** und auch die **getty**-Prozesse, die es letztendlich einem Benutzer ermöglichen, sich beim System anzumelden.

Woher weiß nun **init**, was an weiteren Prozessen zu starten ist? Zu diesem Zweck gibt es die Datei */etc/inittab*. Hier ist genau definiert, zu welchem Zeitpunkt **init** was zu tun hat. Ein Systemverwalter kann also durch Modifikation der Einträge in dieser Datei das weitere Hochfahren des Systems seinen Bedürfnissen anpassen. Wir werden uns daher im nächsten Abschnitt ausführlich mit dieser Datei beschäftigen.

4.5 Die Datei */etc/inittab*

Wie im vorhergehenden Abschnitt besprochen, bezieht **init** seine Informationen aus der Datei */etc/inittab*. Hier ist definiert, welche Prozesse **init** beim Übergang in eine bestimmt Systemebene starten oder stoppen soll.

Jeder Eintrag umfaßt eine Zeile und besteht aus vier durch Doppelpunkte getrennte Einträge:

name: ebene: aktion: kommando

Das Feld *name* enthält einen eindeutigen Bezeichner für diese Zeile. Dieser kann bis zu vier Zeichen lang sein und sollte eindeutig sein.

Dieser Eintrag im Feld *ebene* gibt an, in welcher Systemebene die im nächsten Feld spezifizierte Aktion durchgeführt werden soll. Eine Systemebene korrespondiert zu einer Konfiguration von Prozessen im System. Dies bedeutet, daß jeder Prozeß eine oder mehrere Systemebenen zugewiesen bekommt, in denen ihm erlaubt wird zu existieren. Es gibt die folgenden Systemebenen:

0	Herunterfahren des Systems.
1	Single User Mode.
2	Multi User Mode.
3	Remote File System Mode.
4	Nicht benutzt.
5	Shutdown und Neustart.
6	Shutdown und Neustart aus dem ROM.
a,b,c	Pseudo-Ebenen. Es werden nur die Einträge mit einem a, b oder c ausgeführt. Die Systemebene bleibt unverändert.
Q,q	Die */etc/inittab* wird erneut gelesen und ausgeführt.
s,S	Single User Mode. Montierte Dateisysteme werden nicht abgehängt.

Dem Eintrag im Aktionsfeld entnimmt **init**, wie der im *kommando*-Feld eingetragene Prozeß zu behandeln ist. **init** ist in der Lage, die folgenden Aktionen auszuführen:

initdefault	Dieser Eintrag teilt **init** mit, welches die Standard-Systemebene beim Hochfahren des Systems ist. Es gibt keine *kommando*-Angabe.
sysinit	Einträge dieses Typs werden ausgeführt, bevor **init** auf die Konsole zugreift, d.h. dort ein Anmelden gestattet. **init** wartet bis das Kommando ausgeführt ist.
boot	Das Kommando wird beim Systemstart ausgeführt. **init** wartet nicht auf die Beendigung des Kommandos.
bootwait	Das Kommando wird beim Systemstart ausgeführt. **init** wartet auf die Beendigung des Kommandos.
once	Das Kommando wird beim Übergang in die entsprechende Systemebene einmal ausgeführt. **init** wartet nicht auf Beendigung des Kommandos.
wait	Das Kommando wird beim Übergang in die entsprechende Systemebene einmal ausgeführt. **init** wartet auf Beendigung des Kommandos.
respawn	Das Kommando wird beim Übergang in die entsprechende Systemebene ausgeführt. Stellt **init** fest, daß der Prozeß nicht mehr aktiv ist, wird er erneut gestartet.
off	Ist der Prozeß aktiv, so wird er gestoppt. Andernfalls ignoriert **init** diesen Eintrag.
powerfail	Der entsprechende Prozeß wird bei Stromausfall gestartet. **init** wartet nicht auf Beendigung des Kommandos.
powerwait	Der entsprechende Prozeß wird bei Stromausfall gestartet. **init** wartet auf Beendigung des Kommandos.
ondemand	Diese Angabe hat die gleiche Bedeutung wie respawn, wird jedoch nur mit den Systemebenen a, b und c verwendet.

kommando bezeichnet einen **UNIX**-Prozeß, der durch *init* gestartet oder gestoppt werden soll.

Werden Änderungen in der Datei */etc/inittab* gemacht, die permanent sein sollen, so müssen diese Änderungen zusätzlich in die Datei */etc/conf/cf.d/init.base* oder in eine Datei im System-Verzeichnis */etc/conf/init.d* (z.B *sio*) eingetragen werden, da bei jedem Linken des **UNIX**-Kerns die Datei */etc/inittab* aus diesen Bestandteilen neu erstellt wird.

Ein Teil der Datei */etc/inittab*, so wie sie bei der Installation erzeugt wird, zeigt das folgende Beispiel:

```
bchk::sysinit:/etc/bcheckrc </dev/console >/dev/console 2>&1
tcb::sysinit:/etc/smmck </dev/console >/dev/console 2>&1
ck:234:bootwait:/etc/asktimerc </dev/console >/dev/console
2>&1
ack:234:wait:/etc/authckrc </dev/console >/dev/console 2>&1
copy:2:bootwait:/bin/cat /etc/copyrights/* >/dev/console 2>&1
brc::bootwait:/etc/brc 1> /dev/console 2>&1
mt:23:bootwait:/etc/brc </dev/console >/dev/console 2>&1
is:S:initdefault:
r0:056:wait:/etc/rc0 1> /dev/console 2>&1 </dev/console
r1:1:wait:/etc/rc1 1> /dev/console 2>&1 </dev/console
r2:2:wait:/etc/rc2 1> /dev/console 2>&1 </dev/console
r3:3:wait:/etc/rc3 1> /dev/console 2>&1 </dev/console
c01:2:respawn:/etc/getty tty01 sc_m
c02:2:respawn:/etc/getty tty02 sc_m
c03:2:respawn:/etc/getty tty03 sc_m
Se1a:2:off:/etc/getty tty1a m
Se1A:2:off:/etc/getty -t60 tty1A 3
```

4.6   Die von init gestarteten Prozesse

Schauen wir uns die Datei */etc/inittab* einmal etwas genauer an. Es gibt eine Reihe von Kommandos, die, wie man an den Aktionseinträgen sysinit und bootwait sieht, beim Hochfahren des Systems ausgeführt werden. Die zugehörigen Kommandos sind überwiegend Shell-Skripte.

/etc/bcheckrc

Das Programm **/etc/bcheckrc** ist ein Shell-Skript, das den Status des *root*-Dateisystems überprüft. Als erstes wird ein weiteres Shell-Skript, **/etc/dumpsave**, aufgerufen. Ist das System mit einer Systemkern-Panik abgestürzt, so befindet sich ein Bild des Hauptspeichers, ein sogenannter System-Dump, im Swap-Bereich. **/etc/dumpsave** stellt dies fest und bietet die Möglichkeit, diesen System-Dump auf ein Medium zu sichern, um ihn später zu analysieren und dadurch den Fehler zu bestimmen. Zu diesem Zweck gibt es das Programm **crash.**
Anschließend wird mit **fsstat** der Status des *root*-Dateisystems überprüft. Ist das *root*-Dateisystem defekt, so wird gefragt, ob ein *filesystem check* durchgeführt werden soll.
Ein kleiner Tip. Führt man innerhalb von **/etc/bcheckrc** einen *filesystem check* durch, so bedingt die Voreinstellung, daß auf jede Frage von **fsck** geantwortet werden muß. Wem dies zu lästig ist, kann in die Zeile

```
/bin/su root -c "/etc/fsck -s -D -b $autoflag $rootfs"
```

die -y-Option einfügen:

```
/bin/su root -c "/etc/fsck -y -s -D -b autoflagrootfs"
```

Damit wird jede Frage von **fsck** mit ja beantwortet.

/etc/asktimerc

Dieses Shell-Skript ist verantwortlich, daß bei jedem System-Start die Meldung

```
Current System Time is Mon Jul 27 07:47:00 MESZ 1992
Enter new time ([yymmdd]hhmm):
```

erscheint. Es wird die derzeit gültige System-Zeit ausgegeben und man hat die Möglichkeit, diese zu ändern. Dieses Kommando kann auch jederzeit im laufenden Betrieb benutzt werden, um die System-Zeit neu zu setzen.

/etc/rc0, /etc/rc1, /etc/rc2 und /etc/rc3

Diese Dateien haben eine besondere Bedeutung. Sie starten bzw. stoppen die weiteren Systemprozesse. Dabei werden die Verzeichnisse */etc/rc0.d* und */etc/rc2.d* bzw */etc/rc3.d* nach Start-Stopp-Skripten durchsucht. Alle Dateien in diesen Verzeichnissen sind zu Dateien im Verzeichnis */etc/init.d* gelinkt.

Beim Übergang in den Multiuser-Modus wird /etc/rc2 aufgerufen. **rc2** durchsucht das Verzeichnis */etc/rc2.d*. Die Dateien im Verzeichnis *rc2.d* haben die Form *Snn** wobei *nn* positive Zahlen bezeichnet. In der durch diese Zahlen vorgegebenen Reihenfolge werden die in diesem Verzeichnis befindlichen Skripten ausgeführt. Schauen wir uns eine Liste der Dateien im Verzeichnis */etc/rc2.d* an:

```
S00SYSINIT      S15HWDNLOAD     S80lp
S01MOUNTFSYS    S16KERNINIT     S86mmdf
S03RECOVERY     S20syssetup     S87USRDAEMON
S04CLEAN        S21pref         S88USRDEFINE
S05RMTMPFILES   S70uucp         S90RESERVED
S11uname        S75cron
```

Die Aufgaben dieser Shell-Skripte wird zumeist schon aus der Namensgebung klar.

Beim Übergang in die Systemebenen 0 bzw 1, d.h. insbesondere beim Herunterfahren aus dem Multiuser-Modus werden die Skripte **rc0** bzw. **rc1** aktiv. Durch diese Skripte wird das Verzeichnis */etc/rc0.d* nach Dateien der Form *Knn** durchsucht. Wieder ist *nn* eine Zahl zwischen 00 und 99, die die Reihenfolge bestimmt, nach der diese Skripts ausgeführt werden.

4.7   Das Stoppen des Systems

Wie bereits mehrfach erwähnt, kann ein **UNIX**-System nicht wie ein **DOS**-System, einfach ausgeschaltet werden. Ein **UNIX**-System muß heruntergefahren werden.
Es gibt generell zwei Methoden, **UNIX** herunterzufahren:

> ▷ Das harte Stoppen des Systems. Prozessen wird nicht die Möglichkeit gegeben, ihre Arbeit zu beenden.

> ▷ Das weiche Stoppen des Systems, in der jeder Prozeß die Möglichkeit erhält, seine Arbeit so zu beenden, daß keine Daten verloren gehen.

Die erste Möglichkeit sollte nur im Single User Modus oder in Notfällen, d.h. wenn die zweite Möglichkeit nicht funktioniert, benutzt werden. In diesem Fall sollte, auch wenn es nicht vom System gefordert wird, ein *filesystem check* durchgeführt werden. Die zweite Methode ist zwar langsamer, dafür aber sicher.

4.7.1   Die Kommandos haltsys und reboot

Die Benutzung der Kommandos **haltsys** und **reboot** führt zu einem sofortigen Stoppen des Systems. Der Unterschied zwischen diesen Kommandos ist, wie der Name schon sagt, daß bei Verwendung von

haltsys das System unten bleibt, während es bei **reboot** sofort erneut gestartet wird.

```
haltsys  [-d]
reboot
```

Wird beim Aufruf von haltsys die -d-Option verwendet, so bleibt das System unten und kann nicht wie sonst durch Drücken einer beliebigen Taste erneut gestartet werden. Ein Starten ist in diesem Fall nur durch Aus- und Einschalten des PC's möglich.

Bei **haltsys** und **reboot** handelt es sich um ein und dasselbe Shell-Skript, genauer gesagt **haltsys** und **reboot** sind gelinkt. In diesem Shell-Skript wird nach Abmontieren der Dateisysteme und einigen Aufrufen des Kommandos **sync** der **uadmin**-Systemaufruf durchgeführt.

Das Kommando **sync** aktualisiert den Super-Block. Der System-Aufruf **uadmin** stoppt das System. Genauer, bei Verwendung von **haltsys** wird **uadmin** *2 0* bzw **uadmin** *2 3* bei Verwendung der Option -d ausgeführt, während das Kommando **reboot** den Aufruf von **uadmin** *2 2* nach sich zieht.

4.7.2 Das Kommando shutdown

Mit Hilfe des Kommandos **shutdown** wird das System so heruntergefahren, daß alle laufenden Prozesse ordnungsgemäß gestoppt werden. **shutdown** ist ein Shell-Skript, das zunächst alle Benutzer informiert, daß das System heruntergefahren wird, und dann das Programm **init** aufruft, um das eigentliche Stoppen des Systems durchzuführen.

```
shutdown [-y] [-g[hh]mm] [-i[0156sS]] [-f "mesg"] [-f file] [su]
```

Die Optionen von **shutdown** haben die folgenden Bedeutung:

-y	Das System wird ohne Bestätigung seitens des Systemverwalters heruntergefahren.
-g[hh:]mm	Spezifiziert die Zeit bis zum Stoppen des Systems. Das Maximum ist 72 Stunden, der Standard 1 Minute.
-i[0156sS]	Spezifiziert den **init**-Level, um das System herunterzufahren. Standard ist 0.
-f "mesg"	Definiert die Warnung, die an alle Benutzer geschickt wird.
-f file	Die Warnung, die an alle Benutzer geschickt wird, befindet sich in der Datei *file*.
su	Das System wird in den Single User Modus gefahren.

Kapitel 5

Terminal- und Tastatureinstellung

Wir kommen nun zu einem Thema, das insbesondere für die Umsteiger unter uns, die einen Betriebssystemwechsel von **MS-DOS** zu **UNIX** vollzogen haben, von großem Interesse ist. Es geht um die Einstellung der Tastaturen und des Bildschirms. Anders als bei **MS-DOS** hat **UNIX** unter Umständen nicht nur die Tastatur des PC's, sondern auch die von extern angeschlossenen Terminals oder gar die über ein Netzwerk angeschlossenen Workstations zu bedienen. Aus dieser Tatsache heraus ergeben sich für den noch nicht so geübten **UNIX**-Benutzer einige Probleme, denen er zunächst einmal mit großem Befremden gegenübersteht, ist doch unter **MS-DOS** alles so einfach.

Wir werden in diesem Abschnitt lernen, mit welchen Hilfsmitteln nahezu jede Tastatur ordentlich angepaßt werden kann, wobei das PC-Keyboard dann genauso wie unter **MS-DOS** auch funktionieren soll. Derartige Tools gehören (leider) nicht zum Standardumfang eines jeden **UNIX**-Betriebssystems, doch sind die Portierungen von **AT&T UNIX** für den Personal Computer meistens mit zusätzlichen, der PC-Hardware angelehnten Utilities ausgestattet. Am reichsten damit gesegnet ist ohne Zweifel **SCO UNIX** System V/386 3.2. Hier finden wir sogar einen Betriebssystemzusatz, der die gesamte Systemumgebung auf eine große Anzahl verschiedener Nationalitäten anpassen kann.

Dieses Paket nennt sich *International Supplement* und beinhaltet unter anderem vollen 8-Bit Support für viele Anwendungen, internationale Tastaturbeschreibungen für die Systemkonsole und vor allem eine große Reihe an Ein/Ausgabe Konvertierungen, die auf allen Terminals und Druckern die den nationalen Gepflogenheiten angepaßten Zeichen verarbeiten oder darstellen lassen.

Phänomene wie zum Beispiel Klammern anstelle von Umlauten auf dem Bildschirm, die früher **UNIX**-Benutzer schier zum Wahnsinn oder völliger Resignation brachten, gehören mit dieser Erweiterung nun endlich der Vergangenheit an. Ja, selbst **MS-DOS** sollte sich von dieser Internationalisierung ein Scheibchen abschneiden und endlich Abschied vom **IBM**-Zeichensatz nehmen, zu Gunsten einer Konvertierung des Zeichensatzes zum allgemein gültigen **ISO-8859** (International Standard Organisation) Standard (unter MS-Word für Windows beispielsweise wird bereits der **ISO-8859**-Zeichensatz verwendet).

Wenn an einem System die unterschiedlichsten Anwender mit den unterschiedlichsten Terminals, Bildschirmen und Druckern gemeinsam arbeiten, so ist es wirklich zwingend notwendig, daß alle gemeinsam benutzten Dateien innerhalb einer Datenbank, oder aber gemeinsam bearbeitete Schriftstücke auch immer den gleichen Zeichensatz beinhalten. Das zu gewährleisten, ist eine grundlegende Aufgabe des Systemadministrators.

Mit dem **UNIX** der Santa Cruz Operation läßt sich diese Aufgabe aber schnell, elegant und sauber lösen. Wir werden im Laufe dieses Abschnittes alle Dateien und Utilities genauestens besprechen, die für die Anpassung oben genannter Geräte von Bedeutung sind.

5.1 Konfiguration von PC-Keyboard und Monitor

Gerade **SCO UNIX** System V/386 3.2 bekommt als Bestandteil von Open Desktop (ein integriertes Betriebssystempaket der Santa Cruz Operation) in der letzten Zeit immer mehr Bedeutung als ein Betriebssystem, das typisch für Workstations ist. Mit Workstation wird schlicht ein System bezeichnet, an dem ein Benutzer an einem Rechner arbeitet, wobei auch andere Benutzer (über ein Netzwerk mit der Workstation verbunden) an dessen Ressourcen teilhaben können. Was liegt da näher, als zunächst einmal die Einstellungen von PC-Tastatur und Monitor zu besprechen.

SCO UNIX System V/386 3.2 stellt im wesentlichen 3 Utilities bereit, die speziell für die PC-Ressourcen zuständig sind. Das ist zum einen das **mapkey**-Kommando, mit dem jedem *Scancode* in jeder Umschaltvariation bestimmte Codes zugeordnet werden können. Zum anderen gibt es das **mapstr**-Kommando, bei dem beispielsweise Funktionstasten einen kompletten String (Zeichenkette) erzeugen können. Zu guter Letzt ist das **mapscrn**-Kommando zu erwähnen, bei dem Zeichen, die in den Bildschirmspeicher des PC's geschrieben werden, verändert werden können. Damit wird es möglich, auch Zeichen auszugeben, die normalerweise nicht auszugeben sind, da sie ASCII-Zeichen unter 0x20 sind (Denken Sie dabei einmal an das gerade in Deutschland oft gebrauchte Paragraphen Zeichen). Diese drei Kommandos werden nun ausführlich behandelt.

5.1.1 mapkey

Um überhaupt die Möglichkeiten, die **mapkey** bietet, verstehen zu können, ist es wichtig zu wissen, wie der Weg der Daten von der PC-Tastatur bis hin zur **UNIX**-Applikation verläuft. In der Tastatur des Personal Computers sitzt ein kleiner Prozessor, der je nach gedrückter oder losgelassener Taste ein Signal erzeugt, das am Ausgang der Tastatur letztendlich anliegt. Die Schnittstelle zwischen Tastatur und Rechner ist im Grunde eine serielle Verbindung. Die Signale oder Codes, die am Tastaturport anliegen, nennt man Scan-Codes. Jede Taste besitzt ihren eigenen Scancode. Die Scan-Codes sind grundsätzlich linear entsprechend der Tastatur von links nach rechts angeordnet. In den meisten Handbüchern von Personal Computern ist im Anhang ein Schaubild der Tastatur mit den Scan-Codes der entsprechenden Tasten abgebildet. Für ein Modifizieren der Tastatur mittels mapkey empfiehlt es sich daher, diese Abbildung griffbereit zu haben. Die Taste 'ESC' beispielsweise hat den Scan-Code 1, die Taste '1' den Scan-Code '2', usw. Der Scan-Code einer gedrückten Taste hat immer einen Wert kleiner 128, daß heißt das letzte Bit ist niemals gesetzt. Das hat auch einen ganz simplen Grund: Wird nämlich eine Taste losgelassen, so wird der Scan-Code dieser Taste nochmals gesendet, und zwar mit gesetztem letzten Bit. Wichtig für uns ist also zu wissen, daß beim kompletten Betätigen und Loslassen einer Taste 2 Codes zum Rechner gesendet werden, einer kleiner 128 beim Betätigen der Taste, und ein Code größer 127 beim Loslassen der Taste. Von den Scancodes her haben auch die Umschalttasten, egal ob beispielsweise Shift links oder rechts, ihre eigenen Scancodes.

Doch zurück nun zum Weg des Codes vom Tastaturport bis hin zur Applikation. Der Scancode läuft innerhalb des Ein-/Ausgabebereichs des PC-Ports auf der I/O-Adresse 0x60 auf und löst sowohl unter **MS-DOS** als auch unter **UNIX** eine Unterbrechung aus. Der Unterbrechungshandler muß nun alle Schritte in die Wege leiten, aus dem Scan-Code einen für Applikationen brauchbaren ASCII-Wert zu erzeugen und zur Verfügung zu stellen. Im einzelnen wird der Scan-Code aus dem Tastaturport 0x60 eingelesen und abgespeichert. Danach wird der Tastaturcontroller durch Setzen eines bestimmten Bits zurückgesetzt, was der Tastatur anzeigt, daß der Code vom PC empfangen wurde. Danach wird überprüft, ob es sich bei diesem Code um eine gedrückte, oder aber um eine losgelassene Taste handelt. Eine losgelassene Taste ist für die Unterbrechungsroutine nur dann interessant, wenn es sich dabei um eine sogenannte Sondertaste (Shift, Alt, Ctrl) handelt. In diesem Falle nämlich werden die entsprechenden Flags für Großbuchstaben oder andere Sonderzeichen zurückgesetzt. Anhand einer Tabelle werden dann die jeweiligen ASCII-Codes generiert, die anschließend im Tastaturpuffer abgelegt werden. Aus diesem Tastaturpuffer werden dann die Codes der Reihe nach abgefordert.

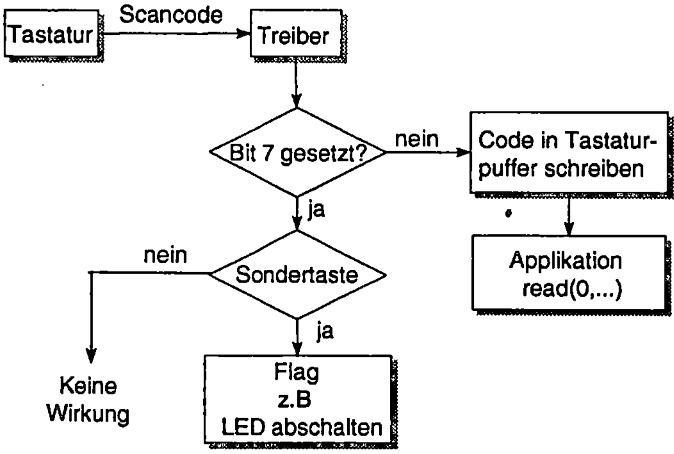

Wer sich ein bißchen näher mit diesem Thema beschäftigt hat, weiß, daß in diesem Teil der Routine zwischen **MS-DOS** und **UNIX** erhebliche Unterschiede sind. Wenn unter **MS-DOS** eine Anwendung die eingegangenen ASCII-Werte des Tastaturtreibers nicht konsequent ausliest, während weiterhin ständig Zeichen eingegeben werden, so ist irgendwann die Kapazität des Tastaturpuffers (max. 16 Zeichen) erschöpft und es 'piept'. Unter **UNIX** hingegen werden die Zeichen, die von der Tastatur kommen, direkt zum zugeordneten Prozeß geleitet und der Standardeingabe (Kanal 0) zugeführt. Ein Überlauf des Tastaturpuffers ist hier also so gut wie gar nicht möglich.

Unter **UNIX** gibt es nun sowohl für den Programmierer als auch für den geübten Anwender von der Kommandozeilenebene aus mehrere Möglichkeiten, in dieses Geschehen einzugreifen. Standardmäßig werden alle eingegebenen Zeichen zeilenweise gepuffert, also nach jedem Auftreten eines 'Newlines' (0x0a) wird die komplette Zeile der Applikation geschickt. Besteht aber nun die Anforderung, direkt auf einen Tastendruck zu reagieren, so ist die oben beschriebene Arbeitsweise denkbar ungeeignet. Es ist möglich, den Treiber der Tastatur dazu zu veranlassen, jedes Zeichen einzeln zur Applikation zu schicken. Dazu schaltet man vom standardmäßigen 'cooked'-Modus in den sogenannten 'raw'-Modus, der jedes Zeichen einzeln sendet. Das geschieht von der Kommandozeilenebene aus mit dem Befehl **stty** *raw* und aus einer Anwendung heraus (C-Programm) mit der **ioctl()**-Funktion (**ioctl(0,TCSETA,&termio)**). Mit dem Umschalten in den 'raw'-Modus aber haben bestimmte Tasten keine Funktion mehr, sondern deren Code wird schlicht zur Applikation gesendet. Dazu gehört zum Beispiel der wichtige Code 'Delete', der nunmehr kein Signal (INTR) zur Applikation sendet, sondern einfach nur den Code der Taste selbst. Seien Sie also beim Umgang mit dem 'raw'-Modus vorsichtig. Die C-Programmierer sollten zudem beachten, daß in diesem zeichenorientierten Modus keine 'high-Level'-Funktion (**fread()**, **fgets()**, ...) verwendet werden sollte, sondern zum Lesen einer Taste die Funktion **read**, und zwar mit dem Filedeskriptor 0 für die Standardeingabe, einer Adresse auf den Datenbereich, und einer 1 als Anzahl für die eingelesenen Zeichen. Doch aufgepaßt, 'raw'-Modus bedeutet nicht, daß jede Taste nur einen Code erzeugt! Nach wie vor werden die Zeichen ordnungsgemäß übersetzt, und wie wir wissen, werden bei Funktions- und Sondertasten längere ANSI-Sequenzen gesendet, was unbedingt ein spezielles Handling seitens der C-Applikation erfordert.

Der C-Anfänger wird hier mit Sicherheit große Probleme haben, ein lauffähiges Programm zu erzeugen, das auf jede Taste sofort reagiert, denn ohne eine detaillierte Kenntnis der Abläufe innerhalb des Tastaturtreibers kommt man hier niemals zu befriedigenden Ergebnissen. Zu erläutern, wie so etwas genau zu programmieren ist, würde den Rahmen eines Buches für Systemadministratoren deutlich sprengen.

Halten wir einfach fest, daß mit Umschalten in den 'raw'-Modus Zeichen ungepuffert, aber übersetzt an die Applikation weitergereicht werden.

Die Übersetzung der Scan-Codes zu ASCII-Codes kann man unter den meisten **UNIX**-Derivaten auch noch verhindern; ein **ioctl()**-Aufruf macht es ebenso möglich wie ein entsprechender **stty**-Befehl von der Kommandozeile aus.

Davon jedoch sollten Sie, liebe Leser, Abstand nehmen. Sind Sie von der Shellebene aus plötzlich in diesem Modus, so kommen Sie so gut wie nicht mehr aus dem Dilemma heraus. Bei jedem Tastendruck erscheinen 2 seltsame Zeichen (sie haben nichts mit den von Ihnen betätigten Tasten zu tun) auf dem Bildschirm (eben die Scancodes für die Taste selbst und Taste losgelassen), die Umschalttasten funktionieren nicht mehr; Sie können am PC-Monitor somit auch nicht mehr mittels 'ALT-F1/2/...' den Bildschirm wechseln. Doch bevor Sie in so einer Situation zum Resetknopf greifen wollen (da Sie beispielsweise kein weiteres Terminal angeschlossen haben, oder sich aber nicht in einem lokalen Netzwerk befinden, von dem aus die Shell für den entsprechenden Prozeß entfernt werden kann), sei Ihnen ein kleiner Tip mit auf den Weg gegeben, der zumindest unter **SCO UNIX** System V/386 3.2 funktioniert. Halten Sie die Taste '3' einfach gedrückt, und zwar so lange, bis der 'login:'- Prompt wieder erscheint. Die Taste '3' nämlich hat den Scan-Code 4. Dieser Code aber ist unter **UNIX** nichts anderes als ein End-Of-File Signal, ein 'CTRL-D'.

Selbst wenn innerhalb der Korn-Shell etwa, 'ignoreeof' gesetzt war, beendet die Shell nach 10-maligem Auftreten von 'CTRL-D' hintereinander ihre Tätigkeit. Mit dem Login-Prozeß werden alle Flags der Terminalstruktur für diesen Prozeß wieder auf vernünftige Werte gesetzt, und der Alptraum ist (hoffentlich) vorüber ...

Wir werden uns jetzt das **mapkey**-Kommando genauer ansehen.

mapkey [-dox][*datafile*]

Zwei Funktionen sind grundsätzlich mit **mapkey** möglich. Zum einen kann die aktuelle Übersetzungstabelle, nach der die Scan-Codes in ASCII-Werte übersetzt werden, angezeigt werden, oder aber sie kann anhand der Angabe einer Datei, die die neue Tabelle enthält, neu gesetzt werden.

mapkey -d gibt die aktuelle Tabelle auf den Bildschirm (Standardausgabe) aus. Mit den Optionen '-o' und '-x' erfolgt die Ausgabe entweder mit oktalen oder aber mit hexadezimalen Zahlen. Mit der Angabe einer Datei, die die neue Tabelle enthält, kann die aktuelle Übersetzungstabelle durch eine andere ersetzt werden. Sollte **mapkey** ohne Parameter aufgerufen worden sein, so wird die Tastatur mittels der Datei */usr/lib/keyboard/keys* umgestellt. Das funktioniert aber nur, wenn diese Tabelle fehlerfrei ist. Damit Sie auch in der Lage sind, derartige Tabellen fehlerfrei zu erstellen, sollten wir deren Aufbau genauestens besprechen. Der beste Weg dazu ist, sich einmal die standardmäßig im System vorhandenen Tabellen anzuschauen. Sie befinden sich alle in dem Verzeichnis */usr/lib/keyboard*. Sollte unter **SCO UNIX** System V/386 3.2 das 'International Supplement' eingespielt worden sein, so befinden sich in diesem Verzeichnis eine ganze Reihe unterschiedlichster internationaler Tastatureinstellungen. Im Grunde genommen müßten diese Einstellungen den jeweiligen nationalen Gepflogenheiten entsprechen (genau wissen wir es jedoch lediglich von der deutschen Tastaturanpassung). Ein ziemlich gravierender Unterschied zum **MS-DOS** aber ist, daß es unmöglich ist, an der Systemkonsole mittels 'ALT-Ziffernblock' einen ASCII- Code zu erzeugen; schade, eigentlich ...

Zum Aufbau der Tastaturbeschreibungen, die im Textformat vorliegen, ist eigentlich nur zu sagen, daß er ziemlich simpel ist. Ein '#' am Anfang einer Zeile kommentiert diese aus. Alle Werte innerhalb einer Zeile werden durch Leerzeichen oder Tabulatoren voneinander getrennt und können entweder ASCII (' '), dezimal, hexadezimal (0x20), oktal (032) oder aber als spezielles Token (dazu kommen wir später) eingetragen werden.

Der erste Wert ist der Scan-Code des Zeichens selbst. Sie können ihn anhand der Unterlagen zu ihrem PC (siehe oben) ermitteln. Der zweite Wert ist der ASCII-Wert des Zeichens, ohne daß irgend eine Umschalttaste betätigt worden ist. Die darauf folgenden Werte behandeln dieses Zeichen mit entsprechend betätigten Umschalttasten in den verschiedensten Variationen (Shift, Cntrl Shift, Alt-Shift, Shift-Cntrl, Alt-Shift, Alt-Cntrl-Shift). Sie finden die Belegung der Zeichen in kommentierter Form am Anfang einer jeden Tastaturbeschreibung. So sollte es möglich sein, eine Tastatur Ihren individuellen Wünschen anzupassen. Es sind sogar diverse Spielereien möglich, wie zum Beispiel die Verlagerung von Umschalt- und Sondertasten auf ganz 'normale' Tasten. Sie sollten dahingehend jedoch (allein schon der Übersichtlichkeit wegen) Ihre Phantasie etwas zügeln ...

Kommen wir zu den 'Token'-Befehlen. Es handelt sich dabei um Pseudo-Kommandos für **mapkey**, die den Konsolentreiber anweisen, bestimmte Dinge zu tun. Da gibt es zum Beispiel den Befehl 'nop', bei dem gar kein Code gesendet wird. Wollen Sie also eine bestimmte Tastaturkombination nicht zulassen, so empfiehlt sich ein 'nop' an der entsprechenden Stelle. Alle Umschaltfunktionen haben auch bestimmte Token-Befehle (lshift, rshift, lalt, ralt, usw.), die im Normalfall auch den richtigen Tasten zugeordnet sind. Hier sollten Sie alles so belassen, wie Sie es auch vorgefunden haben. Jede Funktionstaste hat auch Ihren entsprechenden Token (Fkey1 ...), der auch nicht unbedingt geändert werden sollte.

Was mit dem **mapkey**-Kommando alleine jedoch nicht eingestellt werden kann, ist die Erzeugung internationaler Zeichen mittels eines sogenannten 'Dead-Keys'. Sie wissen als **MS-DOS** Benutzer sicherlich von der Möglichkeit, zum Beispiel französiche Vokale wie 'ê' zu erzeugen, in dem Sie einmal auf das einfache Hochkomma drücken (es passiert zunächst einmal nichts), und dann auf den gewünschten Vokal, um diese speziellen Zeichen letztendlich auch zu erzeugen. Doch gibt es ein weiteres Utility (**mapchan**), mit dessen Hilfe wir auch derartiges bewerkstelligen können. Wir werden **mapchan** im Abschnitt 5.2 genaustens beschreiben.

Als Systemadministrator für ein **SCO UNIX** System V/386 3.2 sollten Sie nach der Installation des 'International Supplements', das mit zum Betriebssystem ausgeliefert wird, folgende Schritte durchführen, um eine funktionierende, deutsche Tastatur zu gewährleisten.

Der erste Schritt ist, im Verzeichnis */usr/lib/keyboard* die entsprechende Tastaturdatei festzulegen, die **mapkey** standardmäßig einliest. Wie oben bereits erwähnt, liest das **mapkey**-Kommando bei fehlendem Dateinamen immer die Datei */usr/lib/keyboard/keys*. Was liegt also näher, als einen Link zu dieser Datei zu erzeugen. Die Datei mit der gelungensten deutschen Tastatur ist *ps.ibm.ger*. Vollziehen Sie also folgende Befehle nach:

```
# cd /usr/lib/keyboard
# ln ps.ibm.ger keys
```

Um bereits beim Systemstart diese Tastaturbelegung vorzufinden, tragen Sie bitte die Zeile:

```
MAPKEY=YES
```

in die Datei */etc/default/boot* ein.

5.2 Konfiguration von Ein- und Ausgabe: mapchan

Kommen wir nun zu einem Thema, das eine nicht zu unterschätzende Bedeutung hat, wenn es darum geht, beliebige Ein- und Ausgabekanäle variabel zu steuern. Im vorangegangen Abschnitt ist bereits

mehrfach die Möglichkeit des 'Mappens' von Kanälen angesprochen
worden. So gibt es in einigen **UNIX**-Derivaten das Kommando **mapchan**. Zwar entspricht dieses Kommando keinem in der **UNIX**-Welt
geläufigen Standard, doch dessen Inplementation ist für eine moderne
Einrichtung von PC-Tastaturen, Terminals und Druckern ein unab-
dingbares Hilfsmittel.

Mittels **mapchan** kann wirklich jeder Ein-/Ausgabekanal nach den
Wünschen der Benutzer angepaßt werden. Mit diesem Utility wird
es möglich, beispielsweise jedes Terminal einem einheitlichen Zeichen-
satz anzupassen. Der geläufige Zeichensatz entspricht in der heutigen
Zeit dem ISO (International Standard Organisation) 8859 Standard.
Wie die meisten unter uns sicherlich wissen, ist dieser Zeichensatz im
PC nicht realisiert, dort finden wir den IBM-Zeichensatz vor. Also
sind einige Schritte zu unternehmen, um beispielsweise verschiedenen
Applikationen von jeder Seite (also auch von der PC-Tastatur) einheitliche Zeichencodes zukommen zu lassen.

Hier setzt **mapchan** an: Über eine ASCII-Datei, die über eine Kom-
mandozeilenoption oder aber durch die Konfigurationsdatei mit dem
Namen */etc/default/mapchan* angegeben wird, wird erlaubt, all die
Zeichen einzugeben, die einen anderen Code erhalten sollen. Das bezieht sich dabei nicht nur auf die Eingabe, sondern auch auf die Ausgabe, letzteres unter anderm auch deswegen, um einen gemappten
Code auch auf dem Bildschirm wieder darstellen zu können.

Es gibt also innerhalb dieser 'Mapchan-Datei' eine Ein- und eine Aus-
gabesektion, die die entsprechenden Codes enthält.

5.2.1   Die Datei */etc/default/mapchan*

Diese Datei innerhalb des */etc/default* Verzeichnisses beinhaltet alle
Daten, die erforderlich sind, um standardmäßig die wichtigsten Informationen zum 'Mappen' von Kanälen bereitzustellen.

Der Aufruf: **mapchan -a** liest die Datei */etc/default/mapchan* ein
und 'mappt' alle dort angegebenen Kanäle. Dementsprechend ist das
Kommando in dieser Konstellation (also mit der Option -a) nur vom
Superuser aufrufbar. Jedem anderen Anwender steht es frei, seinen
eigenen Kanal zu 'mappen'. Mit Eingabe des Kommandos **mapchan**

-s wird nur die für das Terminal in */etc/default/mapchan* vorgesehene
Datei verwendet, um den Kanal zu 'mappen'. Wie sieht ein Eintrag
in der Datei */etc/default/mapchan* denn nun eigentlich aus? Nun,
denkbar einfach ...

Diese Datei ist im reinen, editierbaren ASCII Mode, wobei jede Zeile
einen Eintrag für ein bestimmtes Terminal beinhaltet. Der Feldseparator ist dabei ein Leerzeichen (auch mehrere) oder aber ein Tabulator.
Zwei Argumente sind pro Zeile erforderlich. Einmal handelt es sich um
das Terminal (Gerät), das dem Eintrag im Verzeichnis */dev* entspricht.
Zum anderen ist der Dateiname einer **mapchan-Beschreibungsdatei**
aufzuführen, die sich immer im Verzeichnis */usr/lib/mapchan* befinden sollte. Für den ersten Bildschirm der Konsole könnte der Eintrag
folgendermaßen aussehen:

```
          tty01     cons.ibm
```

5.2.2   Das Format der mapchan-Dateien

Das eigentliche Format der **mapchan**-Dateien, die sich standardmäßig
im Verzeichnis */usr/lib/mapchan* befinden, ist relativ einfach. Wir finden darin eine Input-, Output-, DeadKey- und ComposeKey- Sektion.
Diese eben genannten Schlüsselwörter leiten die entsprechende Sektion
ein. Am wichtigsten für uns sind die Input- und Outputabschnitte.
In der Inputsektion werden Eingaben (also wenn vom entsprechenden Kanal gelesen wird), in der der Outputsektion werden Ausgaben
(Schreiben auf den aktuellen Kanal) 'gemappt'. Die Ausgabe zu 'mappen' macht insofern Sinn, als daß bestimmte Zeichen (z.B. Umlaute)
auch als solche wieder ausgegeben werden können, indem sie auf ihre
ursprünglichen Werte zurückgemappt werden. Ein kleines Beispiel soll
diesen Zusammenhang verdeutlichen:

```
    Input        # Input Section
    ...
    0xe1 0xdf    # Aus dem IBM ß wird ein ISO8859 ß
    ...          # Der Wert 0xdf wird der Applikation
                 # übergeben


    Output       # Output Section
    ...
    0xdf 0xe1    # Aus dem auszugebenden ISO ß wird wieder
    ...          # ein IBM ß und wird somit darstellbar
```

Die Zeichen können innerhalb der Mapchandatei entweder direkt, von
einfachen Hochkommata eingeschlossen ('a'), oder hexadezimal (0x61)
eingegeben werden. Äußerst sinnvoll ist die Sektion DeadKey, mit deren Hilfe es möglich wird, mehrere Zeichen auf eine (zwei) Tasten zu
legen. Am einfachsten ist der Vergleich mit dem Tastaturtreiber von
MS-DOS. Durch Betätigung des einfachen Hochkommas und beispielsweise einem 'e' nämlich kann ein Sonderzeichen (in diesem Falle
'é') erzeugt werden. Genauso kann unter **SCO UNIX** System V/386
3.2 auch verfahren werden. In der Schlüsselwortzeile 'dead' folgt das
Zeichen, das als DeadKey definiert werden soll. Danach (in den darauffolgenden Zeilen also) stehen die Zeichen, die nach dem DeadKey
eingelesen wurden, dahinter die Zeichen, die von **mapchan** erzeugt
werden sollen. Es ist dabei auch möglich, das DeadKey Zeichen selber
zu erzeugen, beispielsweise durch 2-fache Betätigung oder aber durch
Eingabe eines Leerzeichens hinter dem DeadKey.
Die Sektion Compose ist nur interessant für Terminals, die nicht in
der Lage sind, Scancodes zu verarbeiten. Hierbei ist es möglich, über
eine Umschaltkombination (z.B. SHIFT-CTRL-'_') eine Art Pseudo-
DeadKey zu produzieren, um so die gewünschten Zeichen zu bekommen. Das aber ist sehr umständlich, und der Anwender ist beim Erlernen dieser Tastatur oftmals hoffnungslos überfordert. Von daher
gesehen ist die Anschaffung eines Scancode Terminals in jedem Falle
empfehlenswert.
Zum Abschluß bleibt zu sagen, daß im International Supplement des
SCO UNIX System V/386 3.2 bereits sinnvolle **mapchan-Dateien**

vorhanden sind. Mit den zum Betriebssystem mitgelieferten **mapkey**-und **mapchan**-Dateien läßt sich die PC-Tastatur so anpassen wie unter **MS-DOS** auch. Für die optimale Einstellung der PC-Tastatur im **UNIX** der Santa Cruz Operation sind folgende Schritte nach der Installation des International Supplements durchzuführen:

```
# cd /usr/lib/keyboard
# ln ps.ibm.ger keys
# vi /etc/rc2.d/S88USER
(Eintragen der Zeile) mapchan -a
# vi /etc/default/boot
(Editieren der Zeile) MAPKEY=YES
# vi /etc/default/mapchan
(Editieren der Einträge) tty01 cons.ibm
...
```

Wird nach diesen kleinen Änderungen das System neu gestartet, so ist die PC-Tastatur genauso wie unter **MS-DOS** auch eingerichtet. Natürlich ist es auch möglich, die Ausgaben auf beispielsweise einen Drucker zu 'mappen', indem das entsprechende Device (im Falle eines parallel angeschlossenen Druckers an der Schnittstelle */dev/lp0*) in die Datei */etc/default/mapchan* eingetragen wird.

In einer Umgebung mit mehreren Benutzern an verschiedenen Terminals ist es dringend anzuraten, die gleichen Zeichensätze zu verwenden. Der 8-Bit ISO 8859 Zeichensatz hat sich als Standard durchgesetzt und sollte denn auch benutzt werden. Sind alle Kanäle gemappt, so sollte es in einer solchen Umgebung zu keinerlei Problemen kommen beim gemeinsamen Zugriff auf Datenressourcen oder Ausgabegeräten, wie z.B. Drucker.

5.3 Termcap und Terminfo

Bei der Arbeit an einem Mehrplatzsystem mit Standardsoftware ist bei Verwendung unterschiedlicher Terminals eine einheitliche Beschreibung dieser Terminals unabdingbar. Leider gibt es keine wirklich einheitliche Norm, welche Codes und Zeichen ein Terminal bei Betätigung von Sondertasten zu senden hat, und bei welchen Sequenzen Steuerfunktionen (Cursorpositionierungen, Bildschirm löschen, ...) auszuführen sind. Jeder Hersteller kocht hierbei sein individuelles Süppchen ...

Auch heute noch benutzen die meisten größeren Applikationen Terminalbeschreibungen. Entweder werden die Beschreibungen des **UNIX**-Systems verwendet (*/etc/termcap* oder */usr/lib/terminfo*), oder aber eigene, Pseudobeschreibungen, die dem Softwarepaket beiliegen. Beide Wege haben ihre Vor- und Nachteile. Zum Vorteil des Anwenders ist die Benutzung der auf dem System befindlichen Terminalbeschreibungen, da hier die auf dem System geläufigen Terminals in der Regel auch abgebildet sind. Dieser Anwendervorteil könnte ein Nachteil des Herstellers sein, der einen Mehraufwand an Portierungsarbeit hat, gerade wenn einige Sequenzen nicht dem Standard entsprechen.

Der Hersteller liefert oftmals eigene Terminalbeschreibungen mit aus, in dem alle für die Applikation gebrauchten Sequenzen aufgeführt sind. Das geschieht in den meisten Fällen zum Nachteil des Anwenders, da die Beschreibungen fast immer wenig mit denen auf dem System vergleichbar sind - er muß also immer wieder eine neue Syntax erlernen, um ein exotisches Terminal an eine Applikation anzupassen.

Wir wollen (und können) auch gar nicht die Terminalbeschreibungen der Hersteller besprechen, da es einfach zu viele sind. Vielmehr sollen die Standard-Terminalbeschreibungen eines **UNIX**-Systems abgehandelt werden. Hierbei gibt es zwei Varianten: Die erste ist die Datei */etc/termcap*, eine ASCII-Datei, in der alle gebräuchlichen Sequenzen für die verschiedensten Terminals im Klartext beschrieben sind.

Die andere Variante ist eine Art Datenbank unter dem Verzeichnis */usr/lib/terminfo*, in dem die Ein-/Ausgabesequenzen indiziert und kodiert abgelegt sind.

Der Vorteil bei der Verwendung von */etc/termcap* ist das einfache Editieren der selbigen Datei, ein Nachteil könnte die Performance sein, da die Sequenzen innerhalb dieser ASCII-Datei umständlich gesucht werden müssen.

Anders bei Benutzung von **terminfo**. Hier kann die Applikation durch indiziertes Suchen schnell innerhalb einer bereits vorgegebenen Tabelle die verlangten Sequenzen finden. Von der Seite des Anwenders aus gesehen sind aber bei der Anpassung eines neuen Terminals mehrere Schritte durchzuführen. So muß ein Pseudoquelltext im ASCII-Format erstellt werden, der im Anschluß daran mit dem Terminfo-Compiler (**tic**) zu übersetzen ist. Weiterhin stimmen das Format des **terminfo**-Quelltextes nicht einmal mit dem der */etc/termcap* überein ! Schauen wir uns im weiteren Verlauf die Formate dieser zwei Varianten genauer an.

5.3.1   Die termcap-Einträge

Die Datei */etc/termcap* ist als eine Art Datenbank zu verstehen, in der Terminalbeschreibungen für Applikationen abgelegt sind. Auch für den Programmierer steht */etc/termcap* innerhalb von Curses (*libcurses.a* bzw. *libtcap.a*) zur Verfügung. Neben den Standardoperationen eines Terminals finden wir innerhalb von */etc/termcap* auch Initialisierungssequenzen, die typischerweise zu Beginn einer Applikation zu dem betreffenden Terminal geschickt werden.

Die Einträge der **termcap** bestehen aus einer Reihe an Feldern, die mittels eines Doppelpunktes voneinander getrennt sind. Im ersten Eintrag für ein Terminal steht der Name des Terminals, der ja über die Umgebungsvariable TERM definiert worden ist. Da verschiedene Namen für das gleiche Terminal möglich sind, können mehrere Namen (durch ein Pipe Symbol ’|’ getrennt in der ersten Zeile stehen. Aufgrund der Kompatibilität zu älteren Systemen jedoch muß der erste Name der ersten Zeile immer 2 Zeichen lang sein.

Der zweite Name ist eine Abkürzung der wohl am geläufigsten Bezeichnungen des Terminals (z.B. vt100). Der letzte Name innerhalb der ersten Zeile (hier sind ausnahmsweise auch Leerzeichen erlaubt) sollte eine ausführliche Bezeichnung des Terminals beinhalten.

Schauen wir uns nun die einzelnen Einträge der **termcap** etwas genauer an. Die Bezeichnungen der Einträge selbst sind immer 2 Zeichen lang, wobei groß geschriebene Bezeichnungen **XENIX**-Einträge indizieren, die aus Gründen der Kompatibilität zu älteren Applikationen auch innerhalb der **UNIX-termcap** zu finden sind. Bemerkenswert ist, daß einige der Einträge der **termcap** oftmals von Applikationen gar nicht unterstützt werden.

Es folgt nun eine detaillierte Liste der möglichen Einträge innerhalb der **termcap**. Als Typ gibt es entweder die Zeichenkette (str), einen numerischen Wert (num) oder aber ein Flag (bool), das anzeigen soll, daß eine bestimmte Funktion zur Verfügung steht:

Name	Typ	Beschreibung
ae	str	Beendet den Alternativzeichensatz
al	str	Fügt eine neue Leerzeile ein
am	bool	Das Terminal umrahmt Zeichen automatisch
as	str	Den Alternativzeichensatz starten
bc	str	Zeichen für Backspace (falls nicht ⁁H)
bs	bool	Das Terminal führt einen Backspace mit ⁁H aus
bt	str	Zeichen für Backtab
bw	bool	Backspace in Spalte 0 führt zur oberen Zeile
CC	str	Command character in prototype
cd	str	Bildschirm von Cursorposition zum Ende löschen
ce	str	Bis zum Ende der Zeile löschen
CF	str	Cursor abschalten
ch	str	Horizontale Cursorbewegung
CL	str	Wird von Cursor links gesendet
cl	str	Bildschirm löschen
cm	str	Cursor Bewegung
co	num	Anzahl der Spalten pro Zeile
CO	str	Cursor einschalten
cr	str	Carriage return, (normalerweise ⁁M)
cs	str	Change scrolling region (nur für vt100)
cv	str	Vertikale Cursorbewegung
CW	str	Wird von 'Change Window' Taste gesendet
da	bool	Display may be retained above
DA	bool	Attributstring löschen
db	bool	Display may be retained below
dB	num	Anzahl Millisekunden für Backspace-Verzögerung
dC	num	Anzahl Millisekunden für CR-Verzögerung
dc	str	Zeichen löschen
dF	num	Anzahl der Millisekunden für Form Feed-Verzögerung
dl	str	Aktuelle Zeile löschen
dm	str	Überschreibmodus einschalten
dN	num	Anzahl der Millisekunden für New Line-Verzögerung
do	str	Eine Zeile nach unten gehen
dT	num	Anzahl der Millisekunden für Tabulator-Verzögerung
ed	str	Überschreibmodus beenden
ei	str	Einfügemodus beenden

EN	str	Wird von der 'END'-Taste gesendet
eo	bool	Überschreiben mit einem Leerzeichen
ff	str	Zeichen für Form Feed (normalerweise L)
G1	str	Rechte obere Ecke
G2	str	Linke obere Ecke
G3	str	Linke untere Ecke
G4	str	Linke obere Ecke
GC	str	Center graphics character (vergl.: "+")
GD	str	Down-tick Zeichen
GE	str	Grafik Modus beenden
GG	num	Anzahl der Zeichen von GS und GE
GH	str	Horizontaler Strich
GL	str	Left-tick Zeichen
GR	str	Right-tick Zeichen
GS	str	Grafikzeichen Modus einschalten
GU	str	Up-tick Zeichen
GV	str	Vertikaler Strich
hc	bool	Terminal kann Hardcopies ausführen
hd	str	Eine halbe Zeile nach unten
HM	str	Wird von der 'HOME'-Taste gesendet
ho	str	Cursor in die 'HOME'-Position
hu	str	Eine halbe Zeile nach oben
hz	str	Hazeltine
ic	str	Ein Zeichen einfügen
if	str	Name der Datei, in der die Initialisierungssequenz abgelegt ist
im	str	Einfügemodus einschalten
is	str	Terminal Initialisierungssequenz
k0-k9	str	Wird von den Funktionstasten 0-9 gesendet
kb	str	Wird von der 'Backspace'-Taste gesendet
kd	str	Wird von 'Cursor down' gesendet
kh	str	Wird von der 'HOME'-Taste gesendet
kl	str	Wird von der 'Cursor links' Taste gesendet
kn	num	Anzahl sonstiger Funktionstasten
ko	str	Termcap Eintrag für andere (nicht Funktions-) Tasten
kr	str	Wird von der 'Cursor rechts' Taste gesendet
ks	str	Terminal in den 'keypad transmit' Modus schalten

ku	str	Wird von 'Cursor nach oben'-Taste gesendet
10-19	str	Bezeichnungen auf 'anderen' Funktionstasten
LD	str	Wird von der 'Zeile löschen'-Taste gesendet
LF	str	Wird von der 'Line Feed'-Taste gesendet
li	num	Anzahl der auf dem Bildschirm darstellbaren Zeilen
ll	str	Letzte Zeile, erste Spalte (falls 'cm' nicht vorhanden ist)
ml	str	Speicherschutz für unteren Cursor
MP	str	Multiplan Initialisierungssequenz
MR	str	Multiplan Reset String
ms	bool	Scrolling ist möglich im Revers-Modus
mu	str	Speicherschutz abschalten
nc	bool	Kein Carriage Return verfügbar (DM2500, H2000)
nd	str	Non-destructive space (Cursor nach rechts)
nl	str	Zeichen für New Line (normalerweise J)
ns	bool	Terminal kann nicht Scrollen
NU	str	Wird von der 'NEXT UNLOCKED CELL'-Taste gesendet
os	bool	Terminal überschreibt
pc	str	Pad-Zeichen (wenn nicht 'null')
PD	str	Wird von der 'PAGE DOWN'-Taste gesendet
PN	str	Lokales Drucken starten
PS	str	Lokales Drucken beenden
pt	bool	Das Terminal hat Hardware-Tabulatoren
PU	str	Wird von der 'PAGE UP'-Taste gesendet
RC	str	Wird von der 'RECALC'-Taste gesendet
RF	str	Wird von der 'TOGGLE REFERENCE'-Taste gesendet
RT	str	Wird von der 'RETURN'-Taste gesendet
se	str	Revers-Modus beenden
sf	str	Vorwärts scrollen
sg	num	Anzahl der Leerzeichen, die von vorangestellten Reverscodes geschrieben werden
so	str	In den Revers-Modus schalten
sr	str	Rückwärts scrollen
ta	str	Tabulatorzeichen (wenn nicht I)
tc	str	Termcap Code eines anderen Terminals übernehmen (Dieser Eintrag muß der letzte sein !)
te	str	String für Beendigung von Programmen, die 'cm' benutzen

ti	str	Strings zum Start von Programmen, die 'cm' benutzen
uc	str	Ein Zeichen unterstreichen
ue	str	Unterstreichungs-Modus beenden
ug	num	Anzahl der zuletzt zu schreibenden Leerzeichen, bei vorangestellten Revers-Modus
ul	bool	Terminal kann unterstreichen
up	str	Cursor um eine Position nach oben bewegen
UP	str	Wird von der 'Cursor nach oben' Taste gesendet (Alternative zu 'ku')
us	str	Starten des Unterstreichungs-Modus
vb	str	Visible bell
ve	str	Sequenz zum Beenden des Visual-Modus
vs	str	Sequenz zum Starten des Visual-Modus
WL	str	Wird von der 'WORD LEFT'-Taste gesendet
WR	str	Wird von der 'WORD RIGHT'-Taste gesendet
xb	bool	Alternativ-Tasten (f1=escape, f2=ctrl C)
xn	bool	Ein Newline wird nach einem Zeilenumbruch ignoriert
xr	bool	'Return' verhält sich wie 'ce' (Delta Data)

Wollen wir uns nun einen Beispieleintrag anschauen, nämlich den eines 'Concept-100' Terminals, das allerdings schon veraltet ist:

```
c1|c100|concept100:is=\EU\Ef\E7\E5\E8\El\ENH\EK\E\200\Eo&\200:\
        :al=3*\E^R:am:bs:cd=16*\E^C:ce=16\E^S:cl=2*^L:\
        :cm=\Ea%+ %+ :co#80:dc=16\E^A:dl=3*\E^B:\
        :ei=\E\200:eo:im=\E^P:in:ip=16*:li#24:mi:nd=\E=:\
        :se=\Ed\Ee:so=\ED\EE:ta=8\t:ul:up=\E;:vb=\Ek\EK:xn:
```

Die Einträge können selbstverständlich über eine Zeile hinausgehen, wenn das letzte Zeichen vor dem 'Newline' ein Backslash ('\') ist. Nach Belieben können (der besseren Lesbarkeit wegen) Leerzeichen oder Tabulatoren zu Beginn einer Zeile eingerückt werden. Wie oben bereits erwähnt, gibt es drei verschiedene Typen der **termcap**-Variablen. Die Boolsche Variable (bool) zeigt an, daß eine bestimmte Funktionalität vorliegt, die numerische (num) gibt bestimmte Werte an (z.B. Anzahl der Spalten und Zeilen), während die Zeichenkette (str) eine komplette Sequenz beinhaltet, deren Form wir uns im weiteren Verlauf dieses Kapitels noch näher anschauen müssen.

Alle Variablen bestehen aus 2 Zeichen. Die boolschen Variablen sind am einfachsten zu setzen, da das bloße Schreiben des Variablennamens genügt, um den Wert zu setzen (z.B. :bs:). Numerische Variablen müssen von dem Symbol '#' gefolgt werden, dem sich dann ein dezimaler Zahlenwert anschließt (z.B. :li#80:). Zu guter Letzt sei die Behandlung der Stringvariablen erläutert. Nach dem Variablennamen folgt hier das Gleichheitszeichen '='. Alles, was hinter dem Gleichheitszeichen bis zum nächsten Doppelpunkt folgt, ist eine Sequenz, die dann entweder zum Terminal geschickt wird oder aber als Tastaturcode vom Terminal empfangen wird. Dieser Sequenz kann ein dezimaler Zahlenwert vorangestellt werden, um eine Verzögerung (in Millisekunden) anzuzeigen.

Zwecks einfacherer Lesbarkeit werden einige Escape-Sequenzen zur Darstellung von Controlcodes zur Verfügung gestellt. So stellt beispielsweise ein '\E' das Escape Zeichen dar. Andere Control- Sequenzen werden durch Voranstellen eines ″ gekennzeichnet (˘x wird ein Control-X). Die Sequenzen '\n', '\r', '\t' und '\f' stellen Newline, Carriage-Return, Tabulator, Backspace und ein Formfeed dar. Einem Backslash können auch oktale Werte folgen, die immer aus einem aus 3 Zahlen bestehenden Code zusammengesetzt sein müssen. Spezielle Zeichen wie ″ oder '\' können durch einen vorangehenden Backslash eingefügt werden ('\˘ bz. '\\'). Sollte es notwendig sein, einen ':', der ja als Feldseparator gilt, darstellen zu müssen, so ist die einzige Möglichkeit diejenige, ihn als oktalen Wert, nämlich '\072' aufzuschreiben. Schauen wir uns zum Abschluß einmal etwas genauer an, wie die Cursoradressierung 'programmiert' wird. Diese Variable ist die wohl am interessanteste bei bildschirmorientierten Applikationen, da bei diesen wahlfreies Schreiben an jedwelcher Position innerhalb des Bildschirmes gewährleistet sein muß. Bei dieser Variablen 'cm' wird ein der **printf**-Funktion ähnlicher Mechanismus verwendet. Bei einem 'vt100' Terminal beispielsweise lautet der entsprechende Eintrag:

```
:cm=\E%d;%dH:
```

Die beiden Zeichenfolgen (%d) sind Platzhalter für numerische Werte und nehmen im 'Ernstfall' die Zahlenwerte für Spalten- und Zeilennummer auf. Um also den Cursor in die linke, obere Ecke des Bildschirmes zu plazieren, ist die folgende Sequenz an das betreffende vt100-kompatible Terminal zu senden:

```
\EO;OH
```

Die Möglichkeiten, mit diesen Platzhaltern zu arbeiten, sind nahezu unbegrenzt und es gibt noch eine Reihe weiterer Funktionen, die nun in tabellarischer Form aufgeführt sind:

%d	Zeilen/Spalten Position
%2	Wie %2d - ein aus zwei Ziffern bestehendes Feld
%3	Wie %3d - ein aus drei Ziffern bestehendes Feld
%.	Vergleichbar mit C-Funktion **printf** ('%c',...)
%+x	Addiert x zum Wert, danach %.
%¿xy	Wenn der Wert > x, dann wird y addiert, keine Ausgabe
%r	Kehrt die Reihenfolge von Spalte und Zeile um Es erfolgt keine Ausgabe
%i	Erhöht die Zeilen/Spaltenposition um den Wert 1
%%	Gibt ein einfaches '%' aus
%n	Exclusives oder bei Zeile und Spalte (nur 0140, DM2500)
%B	BCD kodiert: (16*(x/10)) + (x%10) Auch hier erfolgt keine Ausgabe
%D	Reverses Kodieren (x-2*(x%16)), keine Ausgabe

5.3.2   Die Terminfo-Einträge

Anders als bei der Datei */etc/termcap* liegen die endgültigen Daten der Tastatur- und Bildschirmsteuercodes für die einzelnen Terminals nicht in lesbarer (ASCII)-Form vor. Das System bedient sich hierbei einer Art Datenbank, die unterhalb des Verzeichnisses */usr/lib/terminfo* abgelegt ist. Zunächst muß in ASCII-Form ein Quelltext erzeugt werden, der über den Terminfo-Compiler (**tic**) in einen Pseudo-Code übersetzt wird.

Um unnötiges Suchen vom System innerhalb dieses Verzeichnisses zu verhindern, wird ein spezielles Schema bereitgestellt. Der erste Buchstabe des in der Umgebungsvariablen TERM hinterlegten Terminalnamens ist gleichzeitig der Name des Verzeichnisses, in dem der Eintrag für das entsprechende Terminal abgelegt ist. Ist die TERM-Variable beispielsweise an der Systemkonsole 'ansi', so lautet der komplette Pfadname des Terminfoeintrages:

/usr/lib/terminfo/a/ansi

Andere Namen für den gleichen Terminaleintrag können einfach über das Systemkommando 'link' erzeugt werden. Jeder Eintrag besteht aus 6 Teilen:

1. Der Header
2. Der Terminalname (oder die - Namen)
3. Boolsche Variablen (Flags)
4. Zahlenvariablen
5. Zeichenketten (Escape-Sequenzen)
6. Tabellen aus Zeichenketten (Strings)

Mit dem Header, der aus 6 2-Byte Integerwerten besteht, beginnt jeder Terminfo-Eintrag. Der erste Wert ist eine sogenannte 'Magic- Number', die die Datei als Terminfo-Eintrag kennzeichnet (oktal 0432). Die zweite Zahl enthält die Größe des Namensteils in Bytes, die dritte die Anzahl der Bytes in der 'Boolean-Section', Nummer 4 die Bytes im numerischen Teil, 5 und 6 die Anzahl der Adressen in der Stringtabelle und die Größe der Stringtabellen.

Die 2-Byte Integerwerte (short) sind in der INTEL-Konvention vertauscht abgelegt, also ist das erste Byte der niederwertige, während das zweite Byte den höherwertigen Teil der Zahl beinhaltet. Eine - 1 wird oktal als 0377 dargestellt; ihr Auftreten bedeutet, daß die an dieser Stelle erwartete Funktion nicht von dem aktuellen Terminal unterstützt wird. Andere negative Zahlenwerte sind im Terminfo-Header ungültig.

Dem Header folgt der Abschnitt, in dem Namen deklariert werden. In ihm sind (ähnlich wie bei */etc/termcap* auch) alle möglichen Namen für das Terminal eingetragen, und zwar mit einem Pipesymbol (|) voneinander getrennt. Dieser Abschnitt wird mit einer 0 abgeschlossen (ASCIIZ-String).

Die sogenannten boolschen Variablen im darauffolgenden Abschnitt belegen jeweils 1 einziges Byte. Sie nehmen nur 2 Werte, nämlich 0 und 1 an, was bedeutet, daß eine Funktion entweder vorhanden ist (1), oder aber nicht (0). Die mannigfaltigen Möglichkeiten boolscher Variablen sind in der Headerdatei */usr/include/term.h* deklariert, und stehen somit auch dem C-Programmierer zur Verfügung. Sollte der Abschnitt der boolschen Variabeln eine ungerade Länge haben, so wird an dessen Ende eine 0 eingefügt, um sicherzustellen, daß der darauffolgende Abschnitt mit den numerischen Werten auf einem geraden Offset beginnt.

Im numerischen Abschnitt belegt jede Funktionalität 2 Bytes (short integer). Ist eine Funktion beim entsprechenden Terminal nicht vorhanden, so steht bei ihr schlicht eine -1.

Der nächste Abschnitt enthält die Adressen der Stringvariablen. Ist eine Funktion nicht vorhanden, so steht anstelle der Adresse wiederum eine -1. Die Adresse bezieht sich auf den Offset der eigentlichen Stringtabelle, in der alle möglichen Strings mit einer abschließenden 0 terminiert werden.

Als Beispiel sei an dieser Stelle ein Quelltext einer Terminfobeschreibung dargestellt.

```
microterm|act4|microterm act iv,
    cr=^M, cud1=^J, ind=^J, bel=^G, am, cub1=^H,
    ed=^_, el=^^, clear=^L, cup=^T%p1%c%p2%c,
    cols#80, lines#24, cuf1=^X, cuu1=^Z, home=^],
```

Abschließend seien noch einige Einschränkungen erwähnt: Die totale Anzahl an kompilierten Beschreibungen nämlich darf 4096 nicht übersteigen, während der Abschnitt der Terminalnamen (Name- Section) nicht größer als 128 Bytes werden darf.

5.3.3 Das Übersetzen von Terminfo-Einträgen

Hat man nun ein nagelneues Terminal erworben und bei den ersten Versuchen mit dem Gerät feststellen müssen, daß kein vorhandener Eintrag so recht passen will, so kommt man um das Entwerfen einer eigenen Terminfo-Beschreibung kaum herum. An dieser Stelle sei nun erklärt, wie man einen für das System lesbaren Terminfo-Eintrag erzeugt.

Das einfachste ist wohl, den Eintrag, der dem Terminal am nächsten kommt, zu kopieren und dann zu editieren. Die Quelltexte sind im Verzeichnis */usr/lib/terminfo* selbst abgelegt. Auf einem frisch installierten Betriebssystem sind alle Quelltexte in einer recht großen Datei mit dem klingenden Namen *terminfo.src* zu finden. Am sinnvollsten erscheint es, den betreffenden Eintrag mit einem Editor in eine separate Datei zu sichern, um diese dann erneut zu editieren. Nach dem erfolgreichen Editieren ist der Quelltext mit dem Terminfo-Compiler (**tic**) zu übersetzen. Die Syntax des Kommandos **tic** ist folgendermaßen:

tic [-v [n] [-p *permlist*]] *file* ...

Der Terminfo-Compiler nimmt als Argument den Dateinamen des Quelltextes, übersetzt denselbigen und legt das Compilat in das bereits richtige Verzeichnis unterhalb von */usr/lib/terminfo* ab. Zum Erzeugen eines Eintrages müssen standardmäßig Superuserrechte vorhanden sein, da das Verzeichnis */usr/lib/terminfo* nur von jedermann gelesen, nicht aber beschrieben werden darf. Ist die Umgebungsvariable TERMINFO gesetzt, so wird der in ihr enthaltene Pfad gewählt, ansonsten bleibt es bei */usr/lib/terminfo*. Sollten Sie also keine Rootberechtigung haben, aber trotzdem einen Terminfo-Eintrag erzeugen wollen, so empfiehlt es sich, die TERMINFO-Variable entsprechend so zu setzen, daß eine Schreibberechtigung auf das Verzeichnis gegeben ist. Das könnte man beispielsweise so erledigen:

```
$ mkdir $HOME/lib
$ mkdir $HOME/lib/terminfo
$ TERMINFO=$HOME/lib/terminfo export TERMINFO
$
```

Die Optionen -v und n gehören zusammen. Wie bei vielen anderen **UNIX**-Kommandos auch, zeigt '-v' dem Terminfo-Compiler an, eine ausführliche Beschreibung dessen, was getan wird, auf dem Bildschirm auszugeben. Je nachdem, ob und welcher Wert in der Variablen 'n' enthalten ist, fällt die Ausgabe mehr oder weniger umfangreich aus. Standardmäßig jedenfalls erledigt der Terminfo- Compiler seine Arbeit in absoluter Stille und meldet sich nur, wenn ein Syntaxfehler im Quelltext ausgemacht wurde, woraufhin in der Regel auch keine Ausgabe des Compilats erfolgt.

Die Option '-p' ist spezifisch für das **UNIX** der Santa Cruz Operation. Ist sie auf der Kommandozeile gesetzt worden, so wird eine Liste für das Kommando */etc/fixperm* erstellt.

5.3.4   Das tset-Kommando

Für viele, die noch nicht allzulange mit **UNIX** arbeiten, erscheint das Kommando **tset** äußerst kryptisch. Im reinen **AT&T UNIX** ist dieses Kommando gar nicht erst zu finden, schließlich wurde es von der Berkeley University entwickelt und ist somit im **BSD-UNIX** beheimatet.

Wie aber bei vielen anderen Befehlen und Utilities auch, hat sich die Santa Cruz Operation dazu entschlossen, dieses zugegebenermaßen wirklich sinnvolle Tool in ihr Betriebssystem mit einzubauen, und so befindet sich standardmäßig in jedem .profile eines neuen Benutzers der Aufruf dieses Kommandos in einer Form, die sicherlich nicht zum besseren Verständnis dessen, was passiert, beiträgt.

An dieser Stelle schauen wir uns dieses Kommando einmal etwas genauer an und Sie werden feststellen, so schwierig ist es eigentlich gar nicht zu handhaben. Voraussetzung aber zu dessen Verständnis sind tiefergehende Kenntnisse aller Dateien und Verzeichnisse, die von Terminalsteuerungen betroffen sind. Hier zunächst einmal wie immer die Syntax von **tset**:

> **tset** [-] [-hrsuIQS] [-e[c]] [-E[c]] [-k [c]] [-m [*ident*]]
> [*test baudrate*]: *type*] [*type*]

Wie Sie sehen, sind bereits viele **UNIX**-Neulinge von der komplexen
Syntax von **tset** restlos bedient und vergessen dieses Kommando recht
schnell wieder, als hätte es **tset** nie gegeben.

Was macht **tset** eigentlich ? Nun, ganz simpel formuliert, steuert **tset**
(abhängig vom jeweiligen Terminal) die speziellen Funktionen von Terminals. So können 'erase' und 'kill' Zeichen gesetzt oder verändert
werden und sogenannte 'Delays', also Wartezeiten im Millisekunden-
bereich, können gesetzt werden (Diese Delays haben wir bereits im
Abschnitt **termcap** eingehend erläutert).

Die relevanten Dateien für diese Steuerungen sind */etc/ttytype* und
eben die Datei */etc/termcap*, in der ja bekanntlich alle Escapesequen-
zen für das aktive Terminal abgebildet sein sollten. Der Terminaltyp
ist in der Regel in der TERM-Variablen bereits gesetzt, kann aber in
der Kommandozeile als ' type ' explizit mit angegeben werden. Ist die
Option '-h' oder '-m' gesetzt, so liest **tset** in der Datei */etc/ttytype* die
für die Terminalleitung zutreffende TERM-Variable ein und setzt das
Terminal entsprechend. Das Programm **tset** bedient sich dabei der
Bibliotheksfunktion **ttyname**(S), die die Adresse auf den Gerätenamen des Terminals zurückgibt! Sollte der Gerätenamen nicht in der
Datei */etc/ttytype* aufzufinden sein, so wird der Terminalname schlicht
auf 'unknown' gesetzt, für den es sogar eine Minimalbeschreibung in
/etc/termcap gibt (eigentlich kaum zu glauben ...). Für diejenigen
Terminalleitungen, die gar nicht fix zu bestimmen sind (denken Sie
beispielsweise dabei bitte einmal an die Pseudo- ttys */dev/ttyp0* für
Netzwerke), sind in */etc/ttytype* Namen wie 'dialup' o.ä. hinterlegt.
In diesem Falle wird die Option '-m' aktiv (m = mapping), bei dessen
Auffinden in der Kommandozeile ein weiterer Wert von **tset** erwartet
wird, nämlich ein anderer Terminalname, der aus mindestens 4 Buchstaben bestehen muß. Nach '-m' kann optional noch eine Baudrate
folgen, mit der das Terminal getestet werden kann. Die Syntax für
die Eingabe der Baudrate ist dabei genau wie beim Kommando **stty**
auch (z.B.: 4800, 9600 exta, extb ...).

Ist der Terminaltyp festgestellt, und ein dem Typ vorangestelltes Fragezeichen (? type) aufgefunden worden, so wird der Benutzer von **tset** gefragt, ob diese Einstellung auch wirklich so gesetzt werden soll. Eine Leereingabe (also einfach <RETURN>) bekundet die Zustimmung des Anwenders, während jede andere Eingabe als zukünftiger Terminaltyp genommen wird. Bei der Eingabe des Fragezeichens von der Kommandozeile aus ist zu beachten, daß es in Hochkommata eingeschlossen wird, um dessen Bedeutung als Wildcard-Zeichen für die Shell zu entfernen. Schauen wir uns nun die **tset**-Optionen etwas genauer an:

Mit der Option -e kann das sogenannte 'Erase'-Zeichen gesetzt werden, was standardmäßig 'H', also Backspace ist. Das Flag '-E' funktioniert nahezu genauso, mit dem einzigen Unterschied, daß das 'Erase'-Zeichen nur dann neu gesetzt wird, wenn in /etc/termcap diese Fähigkeit durch die entsprechende boolsche Variable auch dokumentiert wurde.

Die Option '-k' setzt das sogenannte 'kill'-Zeichen, der standardmäßig 'U' ist.

Die Option '- ' weist **tset** an, den gefundenen Terminalnamen auf der Standardausgabe auszugeben, so daß man mit einer kleinen Shellzeile beispielsweise einer SHELL-Variablen den Wert zuweisen kann:

```
$ set myterm='tset -'
```

Die Option '-h' zwingt **tset** dazu, den entsprechenden Wert für die TERM-Variable aus */etc/ttytype* zu lesen, und zwar unabhängig davon, wie der Wert der TERM-Variablen vorher war. Mit der Option '-s' wird eine Ausgabe erreicht, die direkt von der C-Shell aus ausgeführt werden kann (setenv TERM= ...). So kann mit den folgenden 3 Zeilen das Setzen der TERM-Variablen erreicht werden:

```
$ tset -s > /tmp/mytset
$ /tmp/mytset
$ rm /tmp/mytset
```

Wenn nur der Wert der TERM-Variablen ausgegeben werden soll, muß die Option '-S' gesetzt werden. Typischerweise finden wir in dem Startscript der C-Shell (*.login*) folgende Zeilen vor, die das Setzen aller Variablen, die für die Steuerung der Terminals wichtig sind, erledigen:

```
    ...
    set noglob
    set term=('tset -S ...')
    setenv TERM $term[1]
    setenv TERMCAP $term[2]
    unset term
    unset noglob
    ...
```

Die Option '-r' gibt den Terminalnamen aus, während '-Q' dafür sorgt, daß, sollten eventuell gesetzte 'Erase'- oder 'Kill'-Zeichen gefordert worden sein, kein Hinweis darauf erfolgt (Normalerweise gibt **tset** in diesem Falle 'Erase set to ...' oder 'Kill set to ...' aus).
Standardmäßig schickt **tset** den Terminal-Initialisierungs-String, den es in */etc/termcap* für das betreffende Terminal gefunden hat, auf die Standardausgabe. In der Regel vollzieht das Terminal beim Empfangen dieses Strings einen 'kleinen' Reset durch, und alle konfigurierbaren Funktionen werden auf sinnvolle Werte gesetzt. Ist das nicht erwünscht, kann mit der Option '-I' das Absenden dieses Strings verhindert werden.

5.3.5   Das tput-Kommando

Als Abschluß des Abschnittes über die Terminalsteuerung durch **termcap** und **terminfo** sei das Kommando **tput** aufgeführt, mit dem direkt Ausgaben aus TERMINFO auf das Terminal durchgeführt werden können. Die Syntax von **tput** ist folgendermaßen:

---

tput [-T*type*] *Attribut*

Mit **tput** können also TERMINFO-Attribute direkt ausgegeben werden, was insbesondere zum Testen eigener TERMINFO-Quellen durchaus sinnvoll sein kann. Am häufigsten wurde in früheren Versionen von **UNIX** wohl **tput** *clear* aufgerufen, nun ja, seit einiger Zeit gibt es das **clear**-Kommando, das das gleiche tut (man spart dabei 4 Zeichen Eingabe ...).

Mit der Option '-T*type*' kann anstelle von '*type*' ein anderer Terminaltyp eingegeben werden. Standardmäßig wird die Umgebungsvariable TERM zu diesem Zwecke ausgelesen. Im folgenden seien ein paar Beispiele aufgeführt zum Umgang mit dem **tput**-Kommando:

tput *clear*
Die Clear Screen Sequenz wird gesendet

tput *cols*
Die Anzahl der Spalten des Terminals wird ausgegeben

bold='**tput** *smso*'
bold_off='**tput** *rmso*'
echo '${bold}NAME: ${bold_off}\c'
Als erstes werden Shell-Variablen mit den Werten für Reverse Schrift an/aus mit den entsprechenden Werten versehen. Anschließend werden diese Variablen benutzt, um die Bildschirmausgabe etwas schöner zu gestalten ...

Wenn Sie wissen wollen, wie bestimmte boolsche Variableninhalte aus */usr/lib/terminfo* sind, so geben Sie als Attribut den entsprechenden Variablennamen an und Sie erhalten als 'Exit'-Code entweder eine '0' oder eine '1' zurück (0 = Funktion nicht vorhanden, 1 = Funktion vorhanden).

5.4   Der Anschluß eines Terminals

Wir kommen nun zu einem Thema, das für den angehenden Systemverwalter für **UNIX**-Betriebssysteme von ungeheuerer Bedeutung ist.
Es geht um den Anschluß von Terminals an den Rechner. Die Bedeutung dieser Thematik ist deswegen so hoch anzusiedeln, da **UNIX** ein
Mehrplatz-Betriebssystem ist und viele Benutzer gleichzeitig an diesem System arbeiten können. Daß aber nicht mehrere Anwender vor
nur einem Bildschirm Platz nehmen können, versteht sich von selbst.
So haben Terminals heute immer noch einen recht hohen Stellenwert,
wenn es um Mehrplatzbetriebssysteme (wie **UNIX**) geht, wenn sich
auch über ein **TCP/IP** Netzwerk angeschlossene Workstations immer
mehr durchsetzen. Aber auch dort laufen irgendwelche Terminalemu-
lationen, und das erworbene Wissen beim Anschluß von 'normalen'
Terminals kann durchaus auch zum Verständnis der Abläufe innerhalb eines Netzwerkes verwendet werden.

5.4.1   Serielle Leitungen und Schnittstellen

Eines vorweg: Terminals werden immer über eine serielle Leitung bedient. Das hat zum einen den einfachen Grund, daß die V24-Norm
ungeheuer weit verbreitet ist, zum anderen ist die serielle V24- Schnittstelle relativ primitiv und dadurch preiswert, und sie ist in nahezu jedem Personal-Computer vorhanden (meist sogar zweimal). Was aber,
wenn die parallele Schnittstelle bidirektional konzipiert wäre? Nun,
die parallele (Centronics)-Schnittstelle könnte einen viel höheren Da-
tendurchsatz gewährleisten, der aber bei Terminals gar nicht erforderlich wäre. Lediglich bei der Bildschirmausgabe könnte eine kleine
Beschleunigung sinnvoll sein. Kein Mensch aber kann so schnell Daten über die Tastatur eingeben, so daß eine mit 9600 Baud betriebene
serielle Schnittstelle sie nicht in Echtzeit bearbeiten könnte. An einem
Rechner, der mit zwei seriellen Schnittstellen ausgestattet ist, können
also neben der Systemkonsole selbst noch zwei zusätzliche Terminals
(also Arbeitsplätze) eingerichtet werden.
Sollten darüber hinaus noch mehrere Benutzer an diesem System arbeiten wollen, so gibt es von der Hardware-Industrie auch hier Lösun-

gen in Form von Mehrfachschnittstellenkarten, die in den Personal Computer eingesetzt werden können. Bei diesen Karten gibt es unterschiedliche Ausführungen. Das reicht von sogenannten 'dummen' Schnittstellenkarten für 4 Benutzer hin zu 'intelligenten' Hochleistungsschnittstellen, die bis zu 32 und mehr Anwender an einem System bedienen können. In diesen Karten steckt ein zusätzlicher Prozessor (z.B. INTEL 80186 oder Zilog Z280), der der CPU die Abfrage der Schnittschnittstellen abnimmt und auch nur einen einzigen Interrupt-Vektor im System belegt. Diese Systeme können Baudraten bis zu 38400 Baud bewältigen, für viele Terminals allerdings ist das leider zu schnell, und konsequenterweise gehen Daten verloren. Die Benutzung der standardmäßig vorhandenen seriellen Schnittstellen oder aber der sog. 'dummen' Mehrfachschnittstellen können die Systemperformance beinträchtigen, da das gesamte Handling der Daten vom **UNIX**-Betriebssystemkern erledigt werden müssen. Werden zwei serielle Schnittstellen benutzt, so werden auch zwei Interrupt-Vektoren in Anspruch genommen, die bedient werden müssen.

5.4.2   Das An- und Abschalten von Terminals

Es gibt im Grunde zwei Möglichkeiten, um ein Terminal (oder ganz allgemein gesagt Gerät) zur Benutzung zuzulassen. Eine wäre, den entsprechenden Eintrag in der Datei */etc/inittab* bzw. in der Datei */etc/conf/cf.d/init.base* selbst von derzeit *off* auf beispielsweise *respawn* zu setzen.
Aber warum sollen Sie so viel tippen, wenn es doch eine ganz andere, und auch viel einfachere Möglichkeit gibt, ein 'Login' auf dem bestimmten Gerät darstellen zu lassen ? Mit dem Kommando **enable** *tty ..* können Sie entweder ein Terminal zur Benutzung durch einen Anwender einrichten oder aber die Benutzung eines von Ihnen bereits vorher eingerichteten Druckers zulassen. Beschränken wir uns aber auf ein Terminal. Sollten Sie beispielsweise vorhaben, an der ersten seriellen Schnittstelle (COM1) Ihres Personal Computers ein Terminal anzuschließen, so müßten Sie folgendermaßen vorgehen: Als erstes ist ein Kabel zu konfektionieren, wobei drei Leitungen mindestens erforderlich sind. Die Leitungen 2 und 3 (Transmit/Receive)

sind zu kreuzen und die Leitung 7 (Masse) wird durchgeführt. Wollen
Sie darüber hinaus auf ein 'Hardware- Handshake' nicht verzichten, so
sind noch einige Leitungen mehr zu berücksichtigen (DTR/CTS).
Im Setup des Terminals ist die richtige Übertragungsgeschwindigkeit
(Default = 9600 Baud) und die von Ihnen gewünschte Terminalemu-
lation einzustellen. Danach wäre auf dem Host zunächst einmal in der
Datei */etc/ttytype* für den Devicenode */dev/ttyla* die entsprechende
Terminalemulation einzutragen. Das hat den nicht hinwegzudiskutie-
renden Vorteil, daß beim Anmelden des neuen Benutzers über dieses
Terminal der in */etc/ttytype* vordefinierte Terminaleintrag gültig ist.
Ist die 'elektrische' Verbindung erst einmal gelegt, so sollte Sie mittels
eines kurzen Tests von Ihnen überprüft werden:

cat */etc/passwd* > */dev/ttyla*

Wenn alle oben genannten Schritte durchgeführt worden sind, so rollen
alle Zeilen der Paßwortdatei über den Bildschirm des Terminals.
Nun wollen wir unseren neuen Benutzer auch gar nicht mehr länger
warten lassen und sorgen dafür, daß er sich auf unserem System anmelden kann. Das geschieht in dem Falle mit dem Kommando:

```
# enable ttyla
/etc/inittab updated
/etc/conf/cf.d/init.base updated
```

Jetzt sollte ein 'Login' auf dem Terminal dargestellt werden, und der
Benutzer ist nunmehr in der Lage, sich auf dem System anzumelden.
Der dafür in */etc/inittab* vorhandene Eintrag wird auf 'respawn' gesetzt, und das */etc/getty* Kommando wird in regelmäßigen Abständen
ausgeführt.
Der genau umgekehrte Weg wäre, ein Terminal vom System abzu-
hängen. Die Einträge in */etc/ttytype* können durchaus stehenbleiben,
jedoch ist ein 'Login' auf dem vom System entfernten Terminal nicht
mehr sinnvoll. Mit dem Kommando:

disable *ttyla*

wird kein weiterer 'Login' mehr vom **/etc/getty**-Prozeß auf der Schnittstelle **/dev/ttyla** erzeugt.

Ein Wort jetzt noch zu der Datei */etc/gettydefs*. Wie wir ja bereits wissen, wird, wenn ein Terminal *enabled* worden ist, der Prozeß **/etc/getty** für das entsprechende Terminal ausgeführt. Nun muß das Programm **getty** wissen, mit welchen Parametern das an der Schnittstelle angeschlossene Gerät zu bedienen ist. All diese Parameter holt sich **getty** aus der Datei **/etc/gettydefs**. In der Datei */etc/inittab* muß für **getty** als zweites Argument hinter dem Terminalnamen ein Kürzel kommen, das den entsprechenden Terminaleintrag für *gettydefs* identifiziert. Dieser Eintrag wird dann von **getty** gelesen und über die Struktur **termio** für die aktive Schnittstelle gesetzt. Bitte ändern Sie die standardmäßig vorhandenen Einträge nicht willkürlich. Sollte wirklich einmal die ein oder andere Änderung an den **gettydefs** gemacht werden, so sollten Sie sich den Eintrag mit einem Editor kopieren, der Ihrer neuen Schnittstellenbeschreibung am nächsten kommt.

5.5 Das stty-Kommando

Kommen wir nun zu einem Kommando, das für den Benutzer eines **UNIX**-Systems, egal, ob nun an der Systemkonsole oder aber an einem Terminal gearbeitet wird, von großer Bedeutung ist. Die Rede ist vom **stty** Kommando, mit dem die meisten Parameter des Standard Ein-/ Ausgabegerätes (des Terminals also) gesetzt werden können.

Die Werte, die man mit **stty** setzen kann, sind meist nur auf der Kommandozeilenebene interessant, da viele bildschirmorientierte Applikationen selber die benötigten Parameter setzen. Wer als erfahrener C-Programmierer unter **UNIX** bereits mit Terminal I/O gearbeitet hat, weiß, daß **stty** nichts anderes macht, als die für das Standard Ein- / Ausgabegerät gültige Struktur **termio** (in */usr/include/termio.h* definiert) mit neuen Werten zu belegen. Da die verschiedenen Varianten in dieser C-Struktur aber teilweise recht kryptisch anmuten, ist man doch froh, daß es ein Utility gibt, mit dem man das, was man erreichen

will, nahezu im Klartext eingeben kann.
Schauen wir uns einmal typische Einsatzgebiete dieses Kommandos
an: Sie als Systemverwalter sitzen vor einem fremden **UNIX**-System
und ärgern sich darüber, daß bei Betätigung der Backspacetaste der
Text unter dem Cursor nicht gelöscht wird. Mit dem simplen Aufruf:

```
$ stty echoe
```

aber ist das kleine Problem bereits beseitigt, und die vom Backspace
zu löschenden Zeichen verschwinden auch tatsächlich vom Bildschirm.
Ein anderes Beispiel wäre der Absturz einer Applikation, die die gesamte **termio**-Struktur zuvor umgesetzt hat. Sie sehen zwar noch
einen Prompt auf dem Bildschirm, aber alle Eingaben von der Tastatur scheinen im Nirwana verschwunden zu sein. Hier ist ein kühler
Kopf vonnöten (do not panic), denn mit nur zwei überlegten Eingaben
ist das Problem bereits beseitigt. Diese Eingaben allerdings müssen
Sie in nahezu allen Fällen 'blind' vornehmen, da von der betreffenden Applikation meist zuvor das 'echo' abgeschaltet wurde. Sie geben
bitte folgendes ein:

```
$ <CTRL>-J
$ stty sane <CTRL>-J
```

Die Tastaturkombination <CTRL>-J bedeutet, daß Sie zuerst einmal
die Control-Taste drücken, diese festhalten und dann einmal die Taste
'j' betätigen. Nach diesen zwei Eingaben ist der Bildschirm wieder auf
einigermaßen sinnvolle Werte zurückgesetzt worden, und die Arbeit
am System kann fortgesetzt werden.
Sie sehen, mit **stty** kann man eine ganze Menge 'anstellen', doch Vorsicht, manche Modi sind nicht mehr so einfach rückgängig zu machen,
und der Druck auf den Resetknopf ist mal wieder der einzige Weg, um
dem Dilemma zu entfliehen ...

Schauen wir uns nun die Syntax und die Optionen des **stty**-Kommandos genauer an. Zu bemerken ist, daß in der Version 4.0 des SCO UNIX System V/386 Release 3.2 doch allerhand hinzugekommen ist. Das interessanteste dabei ist wohl die volle Unterstützung von Tastatur-Scancodes, und das auch bereits auf der Shell-Ebene:

---

stty [-a] [-g] [*options*]

Das **stty**-Kommando setzt eine Reihe an Terminal-spezifischen Optionen für das aktuelle Eingabegerät. Der Aufruf ohne Argumente stellt den aktuellen Inhalt der wichtigsten Flags der Struktur **termio** in verständlicher Form auf dem Bildschirm dar. Mit der '-a' (a = all) Option werden alle setzbaren Optionen angezeigt.

Mit der Option '-g' geschieht die Ausgabe der gerade aktuellen Werte in hexadezimaler Form. In diesem Falle werden 14 Ziffern (jeweils mit einem Doppelpunkt voneinander getrennt) angezeigt. Diese Form der Ausgabe ist sinnvoll, wenn später der Ausgangszustand der Terminaleinstellung wiederhergestellt werden soll. Es handelt sich schlicht um eine verkürzte, kompaktere Form der Ausgabe **stty -a**. Ein kurzes Shellbeispiel soll den sinnvollen Gebrauch von **stty -g** zur Wiederherstellung der alten Terminaleinstellungen verdeutlichen (es geht dabei um ein Beispiel, verdeckte Eingaben zu erreichen):

```
$ old='stty -g'
$ echo 'Eingabe des Passwortes:  \c'
$ stty -echo
$ read passwort
$ stty $old
```

Es folgt nun eine detaillierte Beschreibung (in Gruppen unterteilt) der zulässigen Optionen. Als erstes kümmern wir uns um die allgemeinen Kontroll-Modi:

parenb (-parenb)

▷ erlaubt (verhindert) Parity - Check

parodd (-parodd)

▷ wählt gerade Parität

cs5 cs6 cs7 cs8

▷ Auswahl der zu übertragenden Bits pro Zeichen

Ein kleiner Einwurf an dieser Stelle. Viele Probleme entstehen, wenn dieser Wert nicht auf **cs8** steht. Sie sehen das typischerweise daran, daß Umlaute nicht korrekt dargestellt werden, oder aber bei der Eingabe von Umlauten völlig unvorhergesehene Dinge passieren (es kann sogar vereinzelt sein, daß die Shell verlassen wird!).
Nehmen wir einmal an, an der Systemkonsole wird ein 'ä' eingegeben. Hexadezimal ist der ASCII-Wert dieses Umlauts innerhalb des IBM-Zeichensatzes 0x84. Wenn nun aber in der **termio-** Struktur **cs7** gesetzt sein sollte, dann wird das höchstwertige Bit entfernt und aus 0x84 wird dann 0x04. Der Wert 0x04 ist aber gleichbedeutend mit <CTRL-D>, was zur Folge hat, daß die Shell verlassen wird.
Vielfach tritt dieses Problem auch innerhalb von Netzwerken auf. Sie sollten daher immer darauf achten, daß **cs8** und **-istrip** gesetzt sind (zu **istrip** kommen wir gleich noch).

50 75 110 134 150 200 300 600 1200 1800 2400 4800 9600 19200 38400

▷ hier wird die Baudrate, also die Übertragungsgeschwindigkeit festgelegt. Statt **19200** und **38400** sind auch **exta** bzw. **extb** möglich.

ospeed 50 75 110 ...

▷ Die Baudrate kann auch nur auf die Zeichenausgabe beschränkt gesetzt werden

ispeed 50 75 110 ...

▷ oder aber auf die Zeicheneingabe

hupcl (-hupcl)

▷ Beendet (nicht) eine Modem-Verbindung nach dem letzten Anruf

cstopb (-cstopb)

▷ Benutzt 2 Stop Bits pro übertragenes Zeichen

cread (-cread)

▷ Ermöglicht (nicht) den Empfang

clocal (-clocal)

▷ nimmt eine Leitung an, die über (k)eine Modem-Kontrolle verfügt

ctsflow (-ctsflow)

▷ ermöglicht (nicht) das CTS (Clear To Send) Übertragungsprotokoll für ein Modem (eine Modemverbindung)

rtsflow (-rtsflow)

▷ Erlaubt das RTS (Ready To Send) Signal für ein Modem (oder eine Modemverbindung)

Nach der Besprechung der Kontroll-Modi, die über das Kommando **stty** zu setzen sind, schließt sich nun die Besprechung der Input-Modi an, die auch über eine Reihe von Parametern komfortabel zu konfigurieren sind.

ignbrk (-ignbrk)

▷ Ignoriert (nicht) die BREAK Taste, die von der Standardeingabe kommt

brkint (-brkint)

▷ Gibt (nicht) das Signal INTR aus, wenn die Taste BREAK betätigt wurde

ignpar (-ignpar)

▷ Ignoriert (nicht) Parity Fehler

parmrk (-parmrk)

▷ Markiert (nicht) Parity Fehler

inpck (-inpck)

▷ Erlaubt (nicht) Parity Überprüfung bei der Eingabe

istrip (-istrip)

▷ Entfernt (nicht) Bit Nr. 7 der eingegebenen Zeichen

Wie bei den Kontrollmodi auch schon (**cs8**), müssen wir hier ein wenig Text einschieben. In der Praxis nämlich hat der Parameter **istrip** eine ungemein wichtige Bedeutung. Da der deutsche Zeichensatz über die 26 Buchstaben des Alphabets hinaus noch über Umlaute verfügt, reichen 7 Bit Darstellung nicht aus, um alle relevanten Zeichen auf dem Bildschirm darstellen zu können.
Um aber beispielsweise einen ISO-8859 Zeichensatz oder schlicht den **IBM**-Zeichensatz nutzen zu können, muß das Betriebssystem auch alle Bits eines Zeichen unverändert passieren lassen. Aus 'grauer Vorzeit' stammt der Input-Kontrollparameter **istrip**, der, falls er gesetzt ist, das höchstwertige Bit eines eingegebenen Zeichens entfernt (c&=0x7f). Viele Fehler ('Ich habe keine Umlaute ...') in der Praxis sind durch die Zeile:

```
$ stty -istrip cs8
```

bereits eindeutig behoben. Doch nun weiter mit den anderen Input-Kontrollmodi:

inlcr (-inlcr)

▷ Konvertiert (nicht) ein Newline (0x0a) zu RETURN (0x0d)

igncr (-igncr)

▷ Ignoriert (nicht) RETURN (0x0d) bei der Eingabe

icrnl (-icrnl)

> ▷ Konvertiert (nicht) ein RETURN (0x0d) zu NEWLINE (0x0a)

iuclc (-iuclc)

> ▷ Konvertiert (nicht) Großbuchstaben zu kleingeschriebenen Buchstaben bei der Standardeingabe

ixon (-ixon)

> ▷ Ermöglicht (nicht) das XON/XOFF Protokoll

ixany (-ixany)

> ▷ Läßt (nicht) beliebige Zeichen zum erneuten Starten der Ausgabe zu

ixoff (-ixoff)

> ▷ Erwartet (nicht) vom Betriebssystem, daß START/STOP Zeichen gesendet werden, wenn die Eingabewarteschlange fast voll ist, oder die Ausgabewarteschlange leer ist.

isscancode (-isscancode)

> ▷ Erwartet vom Terminal, daß PC-Scancodes gesendet werden

Der Wichtigkeit dieses Themas entsprechend, gehen wir nun wiederum etwas genauer auf diesen Parameter ein. Wenn es darum geht, unter einem Mehrplatzbetriebssystem Applikationen zu starten, die sich tatsächlich so verhalten (sollen), wie man es von **MS-DOS** her kennt, dann müssen wir Abstand nehmen vom konventionellen Terminalbetrieb (sprich Übersetzungsmodus).
In diesem Fall nämlich, insbesondere wenn Funktionstastenkombinationen abgefragt werden sollen (z.B. MS-WORD ALT-F1 ...), muß jede einzelne Taste des Keyboards einen Code senden.
Im **SCO UNIX** wird diese Abfrage durch Implementation der Scancodeverarbeitung gewährleistet. Ist ein Terminal oder aber die Systemkonsole einmal in diesen Modus geschaltet, so muß die Applikation jede Betätigung und jedes Loslassen von Tasten mit verfolgen und entsprechend reagieren.

Die Zeiten, als bei seriell angeschlossenen Terminals Zeichen verloren gingen, aufgrund von Timingproblemen bei längeren Escape- Sequenzen beispielsweise, sind mit der Einführung von Scancodeverarbeitung glücklicherweise vorbei. Es gibt heute auf dem Hardwaremarkt einige Terminals, die die Scancodeverarbeitung bereits unterstützen.
Sie als Systemverwalter sollten bei der Einführung von mehreren Arbeitsplätzen (wenn Terminals anstelle von PC-Workstations aus Kostengründen angeschafft werden sollen) grundsätzlich auf Scancode-Terminals bestehen.

xscancode (-xscancode)

> ▷ Übersetzt (nicht) PC-Scancodes in konventionelle Zeichen bei der Eingabe

cs2scancode (-cs2scancode)

> ▷ Setzt (nicht) die Tastatur in den Codeset 2 (AT) und interpretiert die eingegebenen Zeichen entsprechend

Die Modi **-iscancode** oder **-xscancode** sollten niemals an der Konsole verwendet werden, da diese immer Scancodes sendet, die dann auch interpretiert werden müssen. Einige Konsolen können nicht den AT- Modus verarbeiten. Hier ist das (SCO-eigene) Kommando **kbmode** aufzurufen, das den Modus ausgibt, den diese Konsole auch verarbeiten kann.
Kommen wir nun zu den Ausgabemodi. Eine ganze Reihe an Konvertierungsmöglichkeiten bietet **termio** über das Kommando **stty** bereits standardmäßig an.

opost (-opost)

> ▷ Führt (k)eine Nachbehandlung auszugebender Zeichen durch

olcuc (-olcuc)

> ▷ Konvertiert (nicht) auszugebende Zeichen zu Großbuchstaben um

onlcr (-onlcr)

> ▷ Aus NEWLINE (0x0a) wird (nicht) RETURN-NEWLINE (0x0d 0x0a)

ocrnl (-ocrnl)

> ▷ Konvertiert (nicht) RETURN (0x0d) zu NEWLINE (0x0a)

onocr (-onocr)

> ▷ Auf Spalte 0 wird (nicht) ein RETURN (0x0d) ausgegeben

onlret (-onlret)

> ▷ Auf dem Terminal wird bei Ausgabe eines NEWLINE die Funktion für RETURN aufgerufen

ofill (-ofill)

> ▷ Ist diese Option gesetzt, so werden zwecks Verzögerungen Füllzeichen verwendet, ansonsten wird die Verzögerung über TIME() geregelt

ofdel (-ofdel)

> ▷ Füllzeichen sind DELETE (0x7f)

Zum Abschluß dieses Kapitels schauen wir uns die wichtigsten lokalen Modi an, also die Modi, die weder an Ein- oder Ausgabe gebunden sind, sondern das allgemeine Handling des Terminals betreffen.

isig (-isig)

> ▷ Erlaubt (nicht) die Überprüfung spezieller Kontrollzeichen, wie z.B. (INTR, QUIT oder SWITCH)

icanon (-icanon)

> ▷ Erlaubt (verbietet) das Abarbeiten von ERASE-/KILL Zeichen

echo (-echo)

▷ Gibt (nicht) eingegebene Zeichen sofort wieder auf der Standardausgabe aus

echoe (-echoe)

▷ Gibt (nicht) Backspace aus - Ist **echoe** gesetzt, so verschwinden die mit Backspace gelöschten Zeichen auch vom Bildschirm

echok (-echok)

▷ Gibt (k)ein NEWLINE nach empfangenen KILL-Zeichen aus

echonl (-echonl)

▷ NEWLINE wird (nicht) ausgegeben

noflsh (-noflsh)

▷ Verhindert (nicht) das Leeren des Ausgabepuffers nach Auftreten eines INTR oder QUIT-Signals

iexten (-iexten)

▷ Erlaubt (verhindert) das Nutzen der erweiterterten Features

tostop (-tostop)

▷ Erlaubt (verhindert), daß Hintergrundprozesse Ausgaben auf das Terminal machen (das funktioniert jedoch nur, wenn Job Control eingeschaltet ist)

Kapitel 6

Druckerverwaltung

Neben Terminals sind Drucker die wichigsten Peripherie-Geräte an einem Computer, schließlich sollen die Texte, die mühsam eingegeben wurden, auch ausgedruckt werden, Ein Textverarbeitungssystem ohne Drucker ist nun eben nicht sehr sinnvoll.

Beim Drucken unter **UNIX** sind zwei Punkte zu beachten. Erstens arbeiten mehrere Benutzer an einem System und wollen möglicherweise gleichzeitig etwas ausdrucken. Zweitens können an ein System mehrere, unter Umständen verschiedenartige Drucker angeschlossen sein, so daß gewährleistet sein muß, daß jeder Druckauftrag den richtigen Drucker erreicht. Daher ist es unter **UNIX** nicht damit getan, den Drucker anzuschließen und einen Treiber einzuspielen. Aufgabe des Systemverwalters ist es, das Druckersystem so einzurichten, daß jeder Benutzer optimale Bedingungen zum Ausdrucken vorfindet. Die Druckerverwaltung unter **SCO-UNIX** besteht aus zwei wesentlichen Teilen:

> ▷ Die Konfiguration von Druckern.

> ▷ Das Einrichten und Verwalten des **UNIX-Print-Spoolings**.

Diese beiden Punkte werden wir im folgenden genau besprechen.

6.1   Das Konfigurieren eines Druckers

Zur Konfiguration eines Druckers hat man zwei Möglichkeiten: Menügesteuert mit Hilfe der **sysadmsh** oder unter Benutzung des **lpadmin**-
Kommandos.   Das **lpadmin**-Kommando wird natürlich auch ausgeführt, wenn Sie die **sysadmsh** benutzen. Starten wir also mit der
sysadmsh. Zum Einrichten eines Druckers rufen wir das Teilmenü

Printers $\longrightarrow$ **Configure**

auf. Die Menü-Punkte sind:

Add	Einrichten eines Druckers
Modify	Änderung der Paramter für einen Drucker
Remove	Entfernen eines Druckers
Default	Spezifizieren des Standard-Druckers

Soll ein Drucker neu eingerichtet werden, so wählt man also die Option
Add. Man kommt in diesem Fall zu einem Formblatt, das auszufüllen
ist. Schauen wir uns die einzelnen Felder ein wenig genauer an:

▷ **Printer name**
Hier ist der Name des Druckers einzutragen. Mit diesem Namen wird
der Drucker im **UNIX**-Print-Spooling angesprochen. Zum Beispiel
wird durch das Kommando **lp** -d *drucker_name* ein Druckauftrag an
diesen Drucker gesandt.

▷ **Comment**
Ein optionaler Kommentar, der den Drucker beschreibt.

▷ **Class name**
Gleichartige Drucker können zu Klassen zusammengefaßt werden. Den
Vorteil dieses Mechanismus werden wir bei der Besprechung des Print-
Spoolers sehen. Auch Klassen von Druckern werden mit einem Namen
versehen, der an dieser Stelle eingegeben wird. Diese Angabe ist optional. Wird sie nicht gemacht, so gehört der Drucker keiner Klasse
an.

▷ Use printer interface

In diesem Feld wird das Drucker-Interface für den neu zu konfigurierenden Drucker angegeben. Dies ist eines der wichtigsten Felder. Das
Drucker-Interface ist ein Shell-Skript, das den Drucker initialisiert,
die Verwendung von besonderen Möglichkeiten des Druckers mittels
Optionen erlaubt und schließlich auch den Ausdruck übernimmt. Damit am Ende das Drucken auch wirklich reibungslos funktioniert, muß
das Interface auf den Drucker abgestimmt werden. Das System bietet
eine Reihe von vorgefertigten Drucker-Interfaces an. Diese befinden
sich im Verzeichnis */usr/spool/lp/model*. In der folgenden Liste wird
angegeben, welche Interfaces für welche Drucker gedacht sind:

5310	AT&T 5310/20 Matrix-Drucker
HPDeskJet500	Hewlett Packard DeskJet 500
HPDeskJetplus	Hewlett Packard DeskJet Plus
HPLaserJet	Hewlett Packard LaserJet
TandyDMP	DMP-Drucker von Tandy
crnlmap	Parallele oder serielle Drucker, bei denen das Newline-Zeichen in Control-Linefeed umgewandelt werden muß.
dqp10	DQP-10 Matrix-Drucker
dump	Dump-Zeilen-Drucker
emulator	Tandy-Drucker im IBM-Emulations-Modus
epson	Parallele oder serielle Drucker von Epson.
hp	Zeilen-Drucker hp2631a
lqp40	LQP-40 Drucker
network	Interface für einen Drucker, der nicht direkt am System angeschlossen ist, sonderen über UUCP oder TCP/IP angesprochen werden soll.
network.ps	Netzwerk-Interface für einen Postskript-Drucker.
ph.daps	Autologic APS-5 Phototypsetter
postskript	Postscript-Drucker
pprx	Printronix-Drucker mit paralleler Schnittstelle.
proprinter	IBM Proprinter XL
prx	Printronix-Drucker
qume1155	Qume Sprint 1155
standard	Standard Drucker-Interface
ti800	Texas Instruments 855

Befindet sich Ihr Drucker nicht in dieser Liste, so empfiehlt es sich, es zunächst einmal mit dem Standard-Interface zu versuchen. Funktioniert dieses nicht, so muß man wohl oder übel sein eigenes Interface schreiben. Hierbei ist natürlich zu empfehlen, ein schon bestehendes Interface so zu verändern, daß es zum Drucker paßt. Zur Wahl des Interfaces gibt es die Optionen **Existing**, **Copy** und **New**. Wählen sie **Existing**, so bedeutet dies, daß sie ein Interface-Skript wählen, das sich in */usr/spool/lp/model* befindet. Mit der Funktionstaste F3 können Sie sich die Liste dieser Interfaces ausgeben lassen. Das von Ihnen gewählte Interface wird in das Systemverzeichnis */usr/spool/lp/admins/lp/interfaces* kopiert und erhält dort den Namen des Druckers. Haben Sie bereits einen Drucker im System und soll der neue Drucker das gleiche, möglicherweise schon abgewandelte Interface benutzen, so verwenden Sie die Option **Copy**. In diesem Falle wird nach dem Drucker gefragt, dessen Interface benutzt werden soll. Soll jedoch ein Interface benutzt werden, das sich in irgendeinem anderen Verzeichnis befindet, so wählt man **New** und wird nach dem Namen des Interfaces gefragt.

▷ **Connection**

Es gibt mehrere Möglichkeiten, einen Drucker anzuschließen. Soll der Drucker direkt an den Computer angeschlossen werden, so wählt man hier die Option **Direct** und es muß angegeben werden, welche Schnittstelle benutzt wird, z.B. */dev/ttyla* für einen seriellen Drucker oder */dev/lp0* für einen parallelen Drucker. Ist der Drucker über ein Netzwerk erreichbar, so wählt man **Call-Up** und gibt unter **Dial-Up Information** an, wie der Drucker erreichbar ist, z.B. eine Telefonnummer.

▷ **Device**

Ein Drucker kann direkt an eine Schnittstelle, jedoch auch an ein Terminal angeschlossen werden. Im Feld **Device** wird spezifiziert, ob die Verbindung ausschließlich für den Drucker verwendet (**Hardwired**) oder auch als Terminal benutzt wird (**Login**).

▷ **Require banner**

Standardmäßig wird vor dem Ausdruck des eigentlichen Textes eine Banner-Seite mit Informationen über den Druckauftrag ausgegeben. Wird hier **No** gewählt, kann ein Benutzer durch Angabe der Option -o *nobanner* beim Drucken den Ausdruck dieser Seite verhindern. Andernfalls wird sie immer gedruckt.

6.1.1 Das lpadmin-Kommando

Die Eingaben, die im Formblatt zur Druckereinrichtung gemacht werden, dienen als Optionen für das **lpadmin**-Kommando, das, wie schon
der Name sagt, der Druckerverwaltung dient. Ein erfahrener Systemverwalter wird daher nicht mehr die **sysadmsh** bemühen, sondern das
Kommando zum Einrichten eines Druckers direkt eingeben.

---

lpadmin -p*drucker* [optionen]
lpadmin -d[*ziel*]
lpadmin -x*ziel*

Für den korrekten Aufruf des Kommandos muß immer eine der Optionen -p, -d oder -x angegeben werden. Die Optionen haben folgende
Bedeutung:

-d[*ziel*]   Der schon existierende, als *ziel* angegebene Drucker wird
zum neuen Standarddrucker. Wird *ziel* nicht angegeben,
so existiert fortan kein Standarddrucker mehr. In diesem
Falle ist bei jedem **lp**-Kommando mit der Option '-d' der
Name des Ausgabedruckers anzugeben.

-x*ziel*   Der als *ziel* angegebene Drucker oder die Drucker- klasse
wird aus der Liste der verfügbaren Drucker gestrichen.
Ist der angegebene Drucker der letzte oder der einzige
Drucker einer Klasse, so wird auch die Klasse gelöscht.

-p*drucker*   Die Option -p dient dem Einrichten eines Druckers. Mit
dieser Option können jedoch auch einzelne Parameter
des Druckers umkonfiguriert werden. Zu diesem Zweck
gibt es eine Reihe von weiteren Optionen, mit denen die
einzelnen Parameter gesetzt werden können.

Die zusätzlichen Optionen zur -p-Option:

-c[*klasse*]	Der Drucker wird Mitglied der angegebenen Klasse. Diese Klasse wird, falls notwendig, neu angelegt.
-e*drucker1*	Das Interface, das für den nach der Option '-e' angegebenen *drucker1* verwendet wird, soll jetzt auch für *drucker* verwendet werden.
-h	Diese Option gibt an, daß der Drucker permanent und nicht über eine wechselnde Terminalleitung angeschlossen ist.
-i*interface*	Dem angegebenen Drucker wird ein neues Ausgabeinterface zugeordnet. *interface* ist der Pfadname des neuen Programms.
-m*model*	Das als *model* angegebene Ausgabeinterface wird als Ausgabeprogramm für *drucker* eingesetzt. Das Programm wird dabei von */usr/spool/lp/model* nach */usr/spool/lp/admin/lp/interfaces* kopiert.
-r*klasse*	Der Drucker wird aus der angegebenen Klasse gelöscht (remove).
-v*device*	Die angegebene Gerätedatei wird dem Drucker als physikalische Ausgabedatei zugeordnet.

Haben Sie ihren Drucker nun richtig eingerichtet, ob nun mit der **sysadmsh** oder mit dem **lpadmin**-Kommando, bedeutet dies noch nicht, daß auch wirklich das auf dem Papier erscheint, was Sie sich vorstellen. So können zum Beispiel statt der Umlaute sehr seltsame Zeichen auftreten, die Sie nun wirklich nicht eingegeben haben. Der Grund ist, wie bei Terminals, daß der Code, den das System für ein Sonderzeichen benutzt, nicht mit dem des Druckers übereinstimmen muß. Die Lösung dieses Problems ist, ebenfalls wie bei Terminals, das Programm **mapchan**. Es kann zwar auf einen Input-Teil verzichtet werden, aber der Output muß möglicherweise 'gemappt' werden, um Zeichen so umzuwandeln, daß der Drucker die entsprechenden Zeichen ausgibt. Die Tabellen in den Druckerhandbüchern geben hier wichtige Hinweise. Damit nicht genug. Ist alles so eingerichtet, daß ASCII-Dateien richtig ausgedruckt werden, bedeutet dies noch lange nicht, daß dies auch aus Textverarbeitungs-Programmen heraus so sein muß. Es kommt durchaus vor, daß ein solches Programm eine spezielle **mapchan**-Datei benötigt, die eigens erstellt werden muß.

6.2 Der UNIX-Print-Spooler

Unter dem **UNIX**-Print-Spooling versteht man die Verwaltung und Koordianation der Druckaufträge. Es muß ja dafür gesorgt werden, daß die Druckaufträge, die möglicherweise gleichzeitig abgesandt werden, geordnet auf dem richtigen Drucker ausgegeben werden.

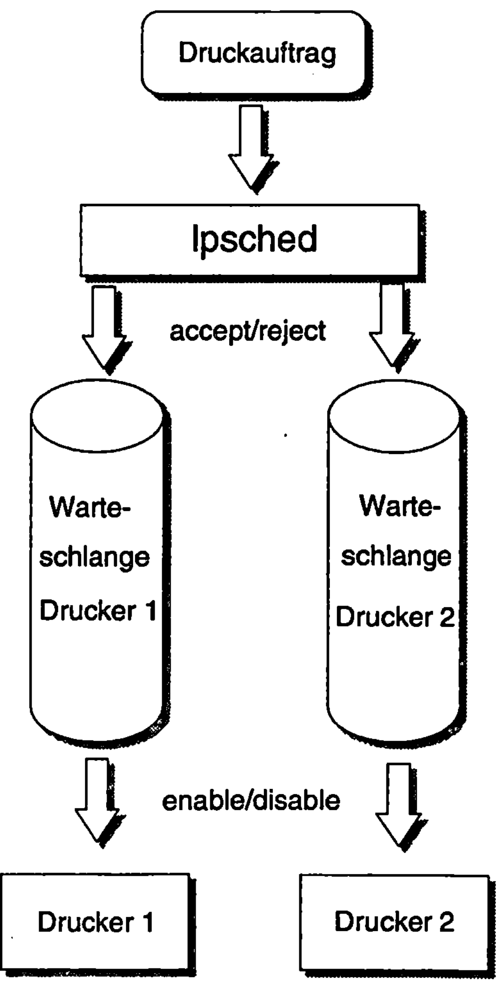

Abbildung 6.1
Das **UNIX**-Print-Spooling

Für die Koordination des Druckens ist der lp-Scheduler verantwortlich. Dieses Programm befindet sich im Verzeichniss */usr/lib* und heißt **lpsched**. Der lp-Scheduler wird beim Hochfahren des Systems gestartet, arbeitet die ganze Zeit im Hintergrund und überwacht das gesamte Druckersystem. Es darf immer nur ein **lpsched**-Prozeß aktiv sein. ·

Anhalten kann man den Scheduler, indem man einfach den entsprechenden Prozeß mit dem **kill**-Kommando abbricht. Diese Vorgehensweise empfiehlt sich jedoch nicht, wenn noch Druckaufträge zur Bearbeitung anstehen, da die durch den Scheduler eingeführte Ordnung aufgehoben wird und dann ein geordnetes Drucken nicht mehr möglich ist. Eine bessere Lösung stellt die Verwendung des für diesen Zweck vorhandenen **lpshut**-Kommandos (**/usr/lib/lpshut**) dar. **lpshut** sorgt für ein geordnetes Anhalten des Schedulers und stellt sicher, daß bei einem späteren Neustart an der Stelle weitergedruckt wird, an der der alte Scheduler angehalten wurde.

Gibt es Probleme mit dem Print-Spooling, prüft man zunächst einmal nach, ob der Prozeß **lpsched** noch aktiv ist. Ist er es nicht, so ist das Problem schon erkannt, und nach dem Neustart des Schedulers wird wohl das Drucken wieder reibungslos funktonieren. Läuft **lpsched**, so kann es durchaus helfen, ihn mit **lpshut** herunterzufahren und danach neu zu starten.

Wird ein Druckauftrag abgesandt, so wird dieser vom **lpsched** in die zuständige Warteschlange gegeben. Jeder Drucker und jede Drucker-Klasse besitzt eine eigene Warteschlange, die die Druckaufträge, die für diesen Drucker bestimmt sind, enthält. Generell wird die Reihenfolge der Druckaufträge durch den Zeitpunkt bestimmt, zu dem die Aufträge eintreffen. Mit anderen Worten: wer zuerst kommt, mahlt zuerst. Es ist jedoch möglich, den Benutzern unterschiedliche Druck-Prioritäten zuzuordnen, und so die Reihenfolge in der Warteschlange zu beeinflussen. Darüber hinaus kann mit Hilfe der -i-Option des **lp**-Komandos einem Druckauftrag eine höhere Priorität zugewiesen, ein Druckauftrag an den Kopf der Warteschlange geschoben, das Drucken jedoch auch unterbrochen und zu einem späteren Zeitpunkt wieder aufgenommen werden.

Soll der lp-Scheduler einen Druckauftrag entgegennehmen und in eine Warteschlange geben, muß diese Warteschlange gewillt sein, Druckaufträge anzunehmen. Ist dies nicht der Fall, z. B. bei einem gerade neu eingerichteten Drucker, erhält man die folgende Fehlermeldung:

```
UX:lp:   ERROR: Requests for destination 'ps'
aren't being accepted.
TO FIX: Use the 'lpstat -a' command to see why
this destination is not accepting requests.
```

Die Warteschlange weist also Druckaufträge ab. Um sie zur Annahme von Aufträgen zu bewegen, verwendet man das **accept**-Kommando.

accept *drucker_name*

Soll nun die Warteschlange wieder Druckaufträge ablehnen, z.B. weil der Drucker defekt ist, verwendet man das **reject**-Kommando:

reject *drucker_name*

Nehmen wir also an, die Warteschlange nimmt Aufräge entgegen, sodaß der lp-Scheduler den Auftrag in die Warteschlange geben kann. Dies bedeutet nun noch lange nicht, daß auch wirklich ausgedruckt wird. Dies ist nur dann der Fall, wenn der Drucker softwaremäßig eingeschaltet, wenn er *enabled* ist. Nur dann kann der Scheduler den Druckauftrag von der Warteschlange auf den Drucker geben. Bei einem neu eingerichteten Drucker ist dies nicht der Fall, er muß erst *enabled* werden:

enable *drucker_name*

Ab und an muß ein Drucker natürlich gewartet werden. Es müssen z.B. neue Farbbänder eingelegt oder neuer Toner eingefüllt werden. In diesem Fall kann man natürlich die Warteschlange mit **reject** dazu bringen, weitere Druckaufträge abzulehnen. Bei Aufträgen, die in der Warteschlange stehen, wird jedoch nach wie vor versucht, diese auszudrucken. In einem solchen Fall ist es am sinnvollsten, den Drucker wieder abzuschalten:

disable *drucker_name*

Nun werden keine Aufträge mehr ausgedruckt und die Wartung kann vorgenommen werden. Dies hat den weiteren Vorteil, daß die Warteschlange nach wie vor Druckaufträge annimmt und diese nach erneutem Einschalten des Druckers ausgedruckt werden können. Ein Benutzer merkt gar nicht, daß der Drucker kurzfristig außer Betrieb war.

6.2.1   Der Standard-Drucker

Wird ein Druckauftrag abgesandt, so muß im allgemeinen das Ziel, d.h. der Name des Druckers, auf dem gedruckt werden soll, angegeben werden. Dies geschieht durch die Option -d (destination) des Druck-Kommandos **lp**. Gibt es im System einen Drucker, der am häufigsten verwendet wird oder überhaupt nur einen Drucker, so kann man sich diese Ziel-Angabe ersparen. Dies geschieht durch die Auswahl eines Standard-Druckers, was durch das Kommando **lpadmin -d** *drucker_name* bewerkstelligt wird. Wird nun ein Druckauftrag ohne Angabe eines Ziels abgesandt, wird von lp-Scheduler angenommen, daß dieser Auftrag für den Standard-Drucker bestimmt ist.

6.2.2   Drucker-Klassen

Nehmen wir einmal an, daß an einem System nicht ein sondern ein halbes Dutzend Drucker angeschlossen ist. Darüber hinaus sind alle diese

Drucker vom gleichen Typ und befinden sich in einem Raum. Ist einer dieser Drucker als Standard-Drucker ausgewiesen, so werden, aufgrund der natürlichen Faulheit der Benutzer, die Druckaufträge immer ohne Zielangabe abgeschickt, und kommen daher alle beim gleichen Drucker heraus. Die Konsequenz ist, daß das Drucken länger dauert, 5 Drucker jedoch unbenutzt herumstehen. Das Geld für diese Drucker hätte man sich auch sparen können.

Um eine optimale Auslastung der Drucker zu gewährleisten, gibt es die Drucker-Klassen. Alle diese Drucker werden in einer Klasse zusammengefaßt, und es wird dafür gesorgt, daß Druckaufträge nicht an einen einzelnen Drucker gehen, sondern an die Drucker-Klasse. Der lp-Scheduler sorgt dann dafür, daß die Aufträge an die Klasse gleichmäßig auf die einzelnen Drucker verteilt werden. Der Benutzer hat keine Kontrolle und auch keine Information, wo sein Druckauftrag bearbeitet wird. Dies hat natürlich wirklich nur dann Sinn, wenn es sich um gleichwertige Drucker handelt. Es ist weder sinnvoll, einen Matrix-Drucker und einen Laser-Drucker in eine Klasse zu tun, noch zwei Drucker, bei denen sich der eine im Keller und der andere im 4. Stock befindet.

Eine Drucker-Klasse hat ihre eigene Warteschlange. Diese muß, wie die Warteschlangen für einzelne Drucker auch, durch das **accept**-Kommando befähigt werden, Aufträge anzunehmen. Eine Drucker-Klasse muß jedoch nicht *enabled* werden. Mit dem Systemkommando **/usr/lib/lpadmin -d** *drucker_klasse* kann auch eine Drucker-Klasse zum Standard-Drucker werden.

6.2.3   Beobachtung des Print-Spoolings

Um das **UNIX**-Print-Spooling effektiv verwalten zu können, braucht man natürlich ein Hilfsmittel, mit dem man sich über den aktuellen Status des Druckersystems informieren kann. Dieses Hilfsmittel ist das **lpstat**-Kommando.

```
lpstat [Option]
```

Das **lpstat**-Kommando versteht die folgenden Optionen:

-a   Report über Annahme von Druckaufträgen
-c   Report über Druckerklassen
-d   Report über Standard-Drucker
-p   Report über Status der Drucker
-v   Report über Ausgänge zu den Druckern
-s   -c und -v
-t   Ausgabe aller Informationen

6.2.4   Das lpmove-Kommando

Ist wirklich einmal ein Drucker so defekt, daß er in absehbarer Zeit
nicht mehr einsatzfähig ist, so wird man sofort mittels des **reject**-
Kommandos die Warteschlange dieses Druckers sperren. Was aber
nun mit den Aufträgen, die sich noch in der Warteschlange befinden?
Hat man noch einen anderen Drucker im System, so kann man diese
Aufträge in die Warteschlange diese Druckers umleiten. Dies geschieht
mittels des Kommandos **lpmove**:

```
lpmove requests dest
lpmove dest1 dest2
```

In der ersten Version werden die Druckaufträge *requests* in die Warteschlange des Druckers *dest* überführt. Hierbei werden die Druckaufträge als Request-Ids angegeben, wie sie vom **lp**-Kommando zurück-
gegeben werden.
In der zweiten Version werden alle Druckaufträge vom Drucker *dest1*
auf den Drucker *dest2* übertragen. Für den Drucker *dest1* werden
keine neuen Druckaufträge angenommen.

6.2.5   Das Löschen von Druck-Aufträgen

Es kann schon mal passieren, daß man beim Eingeben des Druckkommandos die falsche Datei erwischt. Diese Datei ist dann auch noch sehr lang, so daß man sich wünscht, dieses Kommando rückgängig zu machen. Dazu gibt es das **cancel**-Kommando.
Um einem Druckauftrag zu löschen, muß man dessen Auftragsnummer, die *request id*, wissen. Diese Nummer wird als Reaktion auf das Druck-Kommando ausgegeben:

```
request id is ps-49 (1 file)
```

Die *request id* setzt sich aus dem Namen des Druckers und einer fortlaufend vergebenen Nummer zusammen. Man kann diese Nummer auch mit dem **lpstat**-Kommando herausfinden. Der Druckauftrag kann dann wie folgt gelöscht werden:

```
cancel request_id
```

Ein Druckauftrag kann nur vom *superuser* oder von dem Benutzer, der den Druckauftrag abgeschickt hat, gelöscht werden.

Kapitel 7

Datensicherung

Eine der wichtigsten Aufgaben des Systemverwalters ist das Sichern
und Zurückspielen von Daten. Dateien und Dateisysteme können
durch Abstürzen des Systems, defekte Hardware oder Benutzerfehler beschädigt werden oder ganz verloren gehen. Für diese Fälle
sollten Datensicherungen vorhanden sein, um zu gewährleisten, daß
die Arbeit am System reibungslos weitergehen kann. Um diese Aufgabe zu erfüllen, stehen dem Systemverwalter eine Reihe von Hilfsmitteln zur Verfügung. Die **sysadmsh** stellt einen halbautomatischen
Datensicherungs-Mechanismus bereit, der den Vorteil hat, daß nur
in gewissen Abständen Backups des gesamten Systems gemacht werden müssen und in der Zwischenzeit nur diejenigen Dateien gesichert
werden, die sich verändert haben oder neu angelegt wurden. Darüber hinaus gibt es selbstverständlich auch die unter **UNIX** üblichen
Kommandos zur Datensicherung, **tar** und **cpio**.

Zur Datensicherung stehen als Medien Bänder und Disketten zur Verfügung. Disketten sind nützlich, wenn kleine Mengen von Daten gespeichert werden sollen. Da das Betriebssystem ohne Zusatz-Software
schon etwa 30MB an Speicherplatz benötigt und in einem Multiuser-
System auch viele Benutzerdaten anfallen, ist eine Gesamt-Sicherung
des Systems mittels Disketten kaum noch in einem vernünfigen Zeitraum durchzuführen. Zu diesem Zweck empfehlen wir unbedingt,
Bandlaufwerke einzusetzen. Diese erhöhen zwar den Kostenaufwand
für die Hardware, die Zeit, in der ein Mitarbeiter am System sitzt
und 'Disketten schiebt', kostet jedoch auch Geld, so daß sich die Anschaffung eines Bandlaufwerks schnell rentiert. Sind eine Reihe von
vernetzten Systemen zu administrieren, so reicht es sogar schon aus,

ein einziges System mit einem Bandlaufwerk auszustatten, da die Datensicherung auch über das Netz gemacht werden kann.

7.1 Datensicherung mit der sysadmsh

In einem System mit einer Vielzahl von aktiven Benutzern ist eine regelmäßige Datensicherung notwendig. Um nicht ständig vollständige Backups des Systems machen zu müssen, stellt die **sysadmsh** die Möglichkeit bereit, mit einem detallierten Backup-Plan nur diejenigen Dateien zu sichern, die in einem bestimmten Zeitraum verändert oder neu erstellt wurden.
Der Backup-Plan in */usr/lib/sysadmin/schedule* ist so konfigurierbar, daß eine planmäßige Datensicherung halbautomatisch durchführbar ist. Dieser Backup-Plan spezifiziert:

- ▷ Das Medium und das Gerät, auf dem die Sicherung vorgenommen werden soll.

- ▷ Den Backup-Level.

- ▷ Das Dateisystem, das gesichert werden soll.

- ▷ Die Backup-Methode und die Häufigkeit, mit der gesichert werden soll.

7.1.1 Der Backup-Level

Die Datensicherung geschieht in den Backup-Levels 0 bis 9. Eine Sicherung mit Level 0 sichert ein gesamtes Dateisystem. Eine Sicherung mit Level 1 sichert alle Dateien, die seit der letzten Sicherung vom Level 0 verändert oder neu erzeugt wurden. Level n sichert alle Dateien, die seit einer Datensicherung mit Level n-1 verändert oder erzeugt wurden.

Schauen wir uns einmal das folgende Beispiel eines Backup-Plans an.
Es wird davon ausgegangen, daß es nur ein Dateisystem, */dev/root*,
gibt, das gesichert werden muß. Sind weitere Dateisysteme vorhanden,
so muß für jedes dieser Dateisysteme ein eigener Plan erstellt werden.

```
# Schedule Table
#

#              1 2 3 4 5    6 7 8 9 0    1 2 3 4 5    6 7 8 9 0
#Filesystem    M T W T F    M T W T F    M T W T F    M T W T F
/dev/rroot     0 3 3 3 3    2 3 3 3 3    1 3 3 3 3    2 3 3 3 3
```

Das Sichern von Daten wird in Perioden von je vier Wochen eingeteilt. Am Montag der ersten Woche wird eine Gesamt-Sicherung des
Systems gemacht (Level 0). In den restlichen Tagen dieser Woche
werden, wie in allen anderen Wochen auch, nur diejenigen Dateien
gesichert, die sich seit dem Montag geändert haben. Am Montag der
zweiten Woche wird ein Backup vom Level 2 gemacht und damit alle
Daten gesichert, die sich in der ersten Woche geändert haben. Am
Montag der dritten Woche werden mittels eines Backups vom Level
1 alle Änderungen der ersten zwei Wochen gesichert, während durch
einen Backup vom Level 2 am Montag der vierten Woche alle Änderungen seit dem Montag der dritten Woche gespeichert werden. In der
fünften Woche beginnt der Zyklus mit einem Gesamt-Backup erneut.
Werden diese Sicherungen lange genug aufbewahrt, ist es z.B. noch
nach geraumer Zeit möglich, eine Datei so wiederherzustellen wie sie
an einem bestimmten Datum ausgesehen hat.

7.1.2 Durchführung von planmäßigen Datensicherungen

Um eine planmäßige Datensicherung zu erzeugen, wählt man in der
sysadmsh die Option

Backups —→ Create —→ Scheduled

Ein Prompt gibt an, ob eine Sicherung nicht nötig oder bereits überfällig ist. Ist eine Datensicherung laut Backup-Plan notwendig, legt man das Band oder die Diskette ein und drückt zur Bestätigung ein *m* (für *mounted*). Die Datensicherung ist abgeschlossen, wenn die Anzahl der übertragenen Blöcke ausgegeben wird.

7.1.3   Weitere Backup-Funktionen der sysadmsh

Schauen wir uns das Menü Backups der **sysadmsh** noch einmal an. Neben dem Menü-Punkt **Create —→ Scheduled**, mit dem planmäßige Sicherungen durchgeführt werden, gibt es noch eine Reihe weitere Optionen.

▷ **Backups —→ Create —→ Unscheduled**

Mit dieser Option können nicht-planmäßige Datensicherungen vorgenommen werden, entweder wenn Sie außerplanmäßig eine Gesamt-Sicherung eines Dateisystems benötigen, oder wenn Sie die planmäßige Sicherung gar nicht benutzen.

▷ **Backups —→ Integrity**

Mit dieser Option können Datensicherungen geprüft werden. Nichts ist ärgerlicher, wie die Autoren aus eigener leidvoller Erfahrung wissen, wenn sich, nachdem eine Festplatte kaputt ging, am Ende auch noch die Datensicherung als defekt erwies und die Arbeit nochmals getan werden muß.

▷ **Backups —→ Restore**

Mit dieser Option können Datensicherungen teilweise oder ganz zurückgespielt werden.

7.2 Die Datensicherungs-Programme

Wie schon eingangs erwähnt, verfügt **UNIX** über Kommandos, mit denen von der Shell-Ebene Datensicherung betrieben werden kann und die jeder Systemverwalter einigermaßen beherrschen sollte. Es handelt sich hierbei um die Kommandos **tar** und **cpio**. **tar** steht für *tape archive*. Das **tar**-Kommando ist, wenn alle Möglichkeiten ausgenutzt werden, sehr einfach zu benutzen. **tar** hat jedoch den Nachteil, daß keine Spezial- und Geräte-Dateien gesichert werden können. Damit ist **tar** für eine Gesamt-Sicherung des Systems untauglich. Für diesen Fall ist **cpio** zu benutzen. **cpio** steht für *copy-in-out*, ist ein wenig umständlicher zu handhaben, hat jedoch nicht die oben beschriebenen Nachteile von **tar**. Auch hinter den Backup-Funktionen der **sysadmsh** verbirgt sich zumeist das **cpio**-Kommando. Am Ende dieses Abschnitts betrachten wir noch das Kommando **dd** (*disk dump*), mit dem Eins-zu-eins-Kopien gemacht werden können.

Bevor wir die Syntax dieser Kommandos besprechen, noch ein Wort zu absoluten und relativen Sicherungen. Absolute Sicherung bedeutet, daß mit absoluten Pfadnamen gesichert wird. Dies hat den Effekt, daß die Dateien beim Zurückspielen, egal wo man sich im Dateibaum befindet, an den gleichen Platz zurückgeschrieben werden. Dies kann zu Problemen führen, wenn Sie eine Version einer Datei auf der Platte haben und zusätzlich eine gesicherte Version benötigen. Zwar hat z.B. das **tar**-Kommando eine Option, mit der man absolute Sicherungen relativ zurückspielen kann, jedoch empfehlen wir relativ zu sichern. Dies bedeutet, daß von dem Punkt aus, in dem man sich im Dateisystem befindet, mit relativen Pfadnamen gesichert wird. Begibt man sich beim Zurückspielen ins gleiche Verzeichnis, so wird exakt dorthin geschrieben, wo die Daten auch herkommen. Begibt man sich in ein anderes Verzeichnis, wird darunter ein entsprechender Verzeichnisbaum erzeugt, in dem die Daten liegen, und man vermeidet ein Überschreiben.

7.2.1   Das Kommando tar

Mit **tar** können einzelne Dateien gesichert werden, die dann auch einzeln angegeben werden müssen, oder ganze Verzeichnisse. Wird ein Verzeichnis spezifiziert, werden rekursiv alle Unterverzeichnisse mitgesichert.

tar [Optionen] [*Dateien*]

tar versteht folgende Optionen:

c	Speichern von Dateien auf ein Medium.
r	Speichern von Dateien an das Ende von dort gespeicherten Dateien. Diese Option funktioniert nicht bei Bändern.
u	Speichern von Dateien, falls sie sich noch nicht auf dem Medium befinden.
t	Ausgabe des Inhaltsverzeichnisses.
x	Wiedereinlesen von Dateien.
v	Verbose-Modus. Der Name jeder übertragenen Datei wird ausgegeben.
f	**tar** interpretiert das nächste Argument als Name des Mediums, auf das gespeichert werden soll.
F	**tar** interpretiert das nächste Argument als Datei, aus der die folgenden Argumente gelesen werden sollen.
0,..,9999	Nummer eines Device-Eintrags in der Datei */etc/default/tar*.

Um es dem Benutzer zu ersparen, lange Device-Namen einzugeben, liest **tar** die Datei */etc/default/tar*, falls statt der f-Option eine Nummer angegeben wird. Es wird dann das entsprechende Device benutzt. Wird weder die f-Option noch eine Nummer benutzt, so wird das Standard-Gerät (*default device*) benutzt. Die Datei */etc/default/tar* hat das folgende Aussehen:

```
#       device                    block size tape
archive0=/dev/rfd048ds9           18    360  n
archive1=/dev/rfd148ds9           18    360  n
archive2=/dev/rfd096ds15          10    1200 n
archive3=/dev/rfd196ds15          10    1200 n
archive4=/dev/rfd096ds9           18    720  n
archive5=/dev/rfd196ds9           18    720  n
archive6=/dev/rfd0135ds18         18    1440 n
archive7=/dev/rfd1135ds18         18    1440 n
archive8=/dev/rct0                20    0    y
archive9=/dev/rctmini             20    0    y
archive=/dev/rfd096ds15           10    1200 n
```

Will man z.B. Daten auf eine 5 1/4-Zoll, 1.2MB Diskette sichern, so sind folgende Befehle gleichbedeutend:

```
tar cvf /dev/rfd096ds15
tar cv2
tar cv
```

7.2.2   Das Kommando cpio

Auch **cpio** ist ein Programm zum Sichern und Wiedereinlesen von
Dateien.

---

cpio -o[Optionen] [-O *Datei*] (Sichern von Daten)
cpio -i[Optionen] [-I *Datei*] (Einlesen von Dateien)

Optionen für das Sichern:

a   Das Datum wird auf das Datum des letzten Dateizugriffs
    zurückgesetzt.
B   Die Daten werden in 5120-Byte-Blöcken übertragen.
c   Der Informationsblock für **cpio** wird im ASCII-Format
    geschrieben.
v   Verbose-Modus. Die Namen aller übertragenden Da-
    teien werden ausgegeben.

Optionen für das Zurücklesen

B   Die Daten werden in 5120-byte-Blöcken übertragen.
c   Es wird erwartet, daß der Informationsblock im ASCII-
    Format vorliegt.
v   Verbose-Modus. Die Namen aller übertragenden Da-
    teien werden ausgegeben.
m   Das alte Modifikations-Datum bleibt erhalten.
r   Die Dateien sollen beim Zurücklesen umbenannt
    werden.
u   Unbedingtes Überschreiben einer Datei.
d   Falls notwendig, werden Verzeichnisse erzeugt.
k   Dateien mit defektem Informationsblock werden
    übersprungen.

Um mit **cpio** Daten zu sichern, können diese nicht wie bei **tar** einfach angegeben werden, sondern müssen vorher mit einem anderen Kommando, z.B. **find**, auf *stdout* ausgegeben werden. Das Kommando, mit dem man mittels **cpio** eine Gesamtsicherung des Systems erstellen kann, sähe beispielsweise wie unten gezeigt aus. Es wird davon ausgegangen, daß man sich im *root*-Verzeichnis befindet.

find . -print -depth — **cpio** -ocvB -O */dev/rct0*

7.2.3 Das dd-Kommando

Zur Herstellung exakter Kopien von Disketten, Bändern und Platten dient das **dd**-Kommando. Beim Kopiervorgang sind gleichzeitig gewisse Konvertierungen möglich. Das **dd**-Kommando ist sehr schnell, wenn von einem Charakter-Device auf ein Charakter-Device übertragen wird und eine große Blockgröße benutzt wird.

dd [Option= *Wert*] ....

Einige Optionen:

if=*datei*	Eingabedatei.
of=*datei*	Ausgabedatei.
bs=n	Ein- und Ausgabe in Blöcken von n Bytes.
ibs=n	Eingabe in Blöcken von n Bytes.
obs=n	Ausgabe in Blöcken von n Bytes.
skip=n	Die ersten n Eingaben werden ignoriert.
seek=n	Suchen von n Eingaben.
count=n	Übertragen von n Eingaben.
conv=*ucase*	Buchstaben werden in Großschrift übertragen.
conv=*lcase*	Buchstaben werden in Kleinschrift übertragen.

Kapitel 8

Benutzerverwaltung

UNIX ist nicht nur ein Multiprozeß-System, sondern auch ein Multi-user-System. Dies bedeutet, daß gleichzeitig viele Benutzer am System arbeiten können, sei es über Terminals oder aber auch über ein Netz von anderen Systemen aus. Dies kann jedoch nicht reibungslos funktionieren, wenn alle Benutzer den gleichen Arbeitsbereich nutzen, es setzt vielmehr voraus, daß jeder Benutzer seinen eigenen Arbeitsbereich besitzt, auf den andere Benutzer nur bedingt zugreifen können. Deshalb gibt es für jeden Benutzer aus Fleisch und Blut einen Benutzer im System, genauer gesagt eine Benutzerkennung (*user account*), unter der er sich anmeldet und arbeitet.

Bevor man also am System arbeiten kann, muß zunächst einmal eine Benutzerkennung angelegt sein. Dies gehört in den Arbeitsbereich eines Systemverwalters. Überdies ist er für die Wartung der Benutzerkennungen verantwortlich, also das Ändern von Benutzerumgebungen, Passwörtern und Gruppenzugehörigkeiten, sowie das Entfernen von Benutzern aus dem System.

Bevor man nun anfängt, Benutzerkennungen zu erzeugen, sollte man sich Gedanken machen, mit welchen Parametern man die neuen Kennungen anlegt. Manche Werte, wie Benutzername und Benutzernummer, sind im Nachhinein nur mühsam zu ändern. Insbesondere beim Betrieb lokaler Netze mit **TCP/IP** und **NFS** kommt es jedoch sehr darauf an, daß ein Benutzer auf allen Systemen, auf denen er arbeiten soll, die gleiche Benutzerkennung besitzt, um transparent und problemlos über das Netz zugreifen zu können.

8.1   Das Erzeugen einer neuen Benutzerkennung

Bei herkömmlichen **UNIX**-Systemen gab es zwei Dateien, in denen die Benutzerkennungen spezifiziert wurden: Die Datei */etc/passwd* und die Datei */etc/group*. Durch Einträge in diese Dateien konnte man eine Benutzerkennung erzeugen. Diese Dateien waren und sind auch jetzt noch durch alle Benutzer lesbar. So konnte z.B. jeder Benutzer die verschlüsselten Passwörter aller anderen Benutzer lesen. Steht dann noch der Algorithmus zum Verschlüsseln zur Verfügung, so ist es mit genügend Geduld durchaus möglich, Passwörter zu 'knacken'. Solche Fälle hat es tatsächlich gegeben. Man sieht hieraus, daß es mit der Sicherheit herkömmlicher **UNIX**-Systeme nicht zum Besten bestellt war.

Um den modernen Sicherheitsanforderungen gerecht zu werden, mußte unter anderem auch die Speicherung des Passworts in eine andere Datei verlegt werden. Dies führt jedoch dazu, daß Benutzerdaten in sehr viel mehr Dateien vorhanden sind. Dies erschwert natürlich das Erzeugen von Benutzerkennungen. Daher sollten neue Kennungen mit Hilfe der **sysadmsh** angelegt werden. Wir werden uns aber im weiteren Verlauf mit allen Dateien beschäftigen, in denen Einträge über Benutzer vorhanden sind.

Kommen wird nun zum Erzeugen einer neuen Kennung. Dazu wird die **sysadmsh** aufgerufen, und die Option

Accounts $\longrightarrow$ User $\longrightarrow$ Create

gewählt. Man kann einen Benutzer mit System-Standardwerten einrichten oder, durch Wahl von

```
Modify Defaults: Yes
```

alle Parameter selbst bestimmen. Schauen wir uns an, was es an Parametern gibt. Auf die Standardwerte kommen wir später zurück. Zu einem Benutzer gehören folgende Daten:

▷ Username

Der Benutzername, unter dem sich ein Benutzer anmeldet. Für den Benutzernamen können beliebige druckbare Zeichen verwendet werden, und er kann zwischen 3 und 8 Zeichen lang sein.

▷ Comment

Ein Kommentar, z.B. der volle Name des Besitzers. Der Kommentar wird von einigen Programmen, z.B **lp**, **mail** oder **finger**, gelesen und ausgegeben.

▷ Login group und Groups

Jeder Benutzer gehört einer oder mehrerer Gruppen an. Diese Gruppen werden unter dem Parameter *Groups* eingetragen. Nun muß festgelegt werden, welcher Gruppe der Benutzer angehört, wenn er sich anmeldet. Dies ist die *Login group* des Benutzers.
Wird ein Benutzer Mitglied einer Gruppe, die nicht existiert, so wird diese angelegt. Es muß dabei die Gruppennummer angegeben werden. Es stehen Gruppennummern zwischen 100 und 60000 zur Verfügung.

▷ Login shell

Ist der Benutzer angemeldet, so kommuniziert er mit dem System mittels eines speziellen Programms, der Shell. Die Shell interpretiert die Kommandos, die der Benutzer eingibt, und führt sie aus. Darüber hinaus ist die Shell auch ein leistungsfähiger Interpreter, der Programme, sogenannte Shell-Skripts, ausführen kann.
Mit dem Paramater *Login shell* wird festgelegt, welche Shell der Benutzer erhält, wenn er sich anmeldet. Unter **UNIX** gibt es 3 Standard-Shells:

> ▷ Die Bourne-Shell **sh**.
>
> ▷ Die C-Shell **csh**.
>
> ▷ Die Korn-Shell **ksh**.

Die erste Shell, mit der unter **UNIX** gearbeitet wurde, war die Bourne-Shell. Immer noch arbeitet der Systemverwalter unter der Benutzerkennung *root* üblicherweise mit dieser Shell. Auch sind sehr viele

Programme, insbesondere für die Systemverwaltung, in Bourne-Shell-Syntax geschrieben.

Die C-Shell ist eine Entwicklung der University of California in Berkeley. Die Syntax der C-Shell ähnelt der der Programmiersprache C und besitzt zusätzliche Features wie Job-Kontrolle, Kommando-Wiederholung und Alias-Definitionen.

Die Korn-Shell ist eine relativ neue Entwicklung. Sie ist eine Erweiterung der Bourne-Shell und mit der Bourne-Shell-Syntax kompatibel. Insbesondere sind die Features der C-Shell, die diese Shell so benutzerfreundlich machen, in die Korn-Shell integriert.

Zusätzlich zu diesen drei Shells gibt es noch spezielle Versionen der Bourne- und der Korn-Shell:

▷ Die *restricted* Bourne-Shell **rsh**.

▷ Die *restricted* Korn-Shell **rksh**.

Diese Shells sind für Benutzer gedacht, bei denen eine spezielle Kontrolle über die Bewegungsfreiheit im System und die Kommandos, die aufgerufen werden können, erwünscht ist. Die *restricted* Korn- bzw. Bourne-Shell entspricht der üblichen Korn- bzw. Bourne-Shell mit den folgenden Ausnahmen:

▷ Der Benutzer kann **cd** nicht benutzen.

▷ Der Benutzer kann die Variablen SHELL, PATH und ENV nicht verändern.

▷ Der Benutzer kann keine Pfadnamen, in denen ein '/' vorkommt benutzen.

▷ Der Benutzer kann keine Ausgabe umlenken.

Bei der Einrichung einer Benutzerkennung mit einer *restricted* Shell wird ein Verzeichnis *bin* im Heimatverzeichnis des Benutzers eingerichtet. In dieses Verzeichnis kann der Systemverwalter alle Kommandos kopieren oder linken, die der Benutzer aufrufen können soll.

Unter Version 4.0 von **SCO-UNIX** gibt es eine weitere Shell:

▷ Die SCO-Shell **scosh**.

Die SCO-Shell ist eine menügesteuerte Shell, die in der Benutzung der **sysadmsh** ähnelt. Diese Shell ist für Benutzer gedacht, die keine Erfahrung mit UNIX-Kommandos besitzen. Insbesondere bietet die SCO-Shell einen simplen Bildschirm-orientierten Editor, der zwar bei weitem nicht die Mächtigkeit des **vi** besitzt, dessen Verwendung jedoch keine lange Einarbeitungszeit verlangt.

▷ Home directory

Mit diesem Parameter wird die Lage des Heimatverzeichnisses des Benutzers spezifiziert. Standardmäßig trägt das Heimatverzeichnis den Namen des Benutzers und liegt im Verzeichnis */usr*. Sind jedoch bei der Installation weitere Dateisysteme, z.B. */dev/u*, angelegt worden, so ist es zu empfehlen, alle Heimatverzeichnisse von Benutzern in ein solches Dateisystem zu verlegen. Dies hat z.B. Vorteile bei der Datensicherung.
Bei der Einrichtung einer neuen Benutzerkennung hat man die folgenden Wahlmöglichkeiten:

Create	Erzeugen des Heimatverzeichnisses.
Not create	Heimatverzeichnis wird nicht erzeugt.
Populate	Es wird das Heimatverzeichnis eines schon bestehenden Benutzers auch das Heimatverzeichnis des neuen Benutzers.

▷ User ID

Benutzer verwenden vorzugsweise Namen, während das System intern mit Nummern arbeitet. Deshalb gibt es außer dem Benutzernamen noch die Benutzernummer eines Benutzers. Es sind Benutzernummern zwischen 200 und 60000 möglich.

▷ Type of user

Es gibt im wesentlichen zwei Typen von Benutzern, *individuals* und *pseudo-user*. *individuals* entsprechen wirklichen Benutzern, während *pseudo-user* anonyme Benutzer wie *root* oder *mmdf* sind.
Ist ein *pseudo-user* eingerichtet worden, so kann ein wirklicher Benutzer angegeben werden, der diesen Benutzer verwaltet. Dieser Benutzer kann sich mit Hilfe des **su**-Kommandos als der *pseudo-user* anmelden.

Wird ein Benutzer Mitglied einer Gruppe, welche nicht existiert, so wird diese angelegt. Es muß dabei die Gruppennummer angegeben werden. Für Gruppennummern liegt der Bereich zwischen 100 und 60000.

Nach Ausfüllen der *Create User Form* wird der Benutzer angelegt. Dazu wird:

▷ Ein Eintrag in der Datei */etc/passwd* vorgenommen.

▷ Ein Eintrag in der Datei */etc/shadow* vorgenommen.

▷ Ein Eintrag in der Datei */etc/group* vorgenommen.

▷ Eine Datei in */tcb/files/auth/[a-z]/* erzeugt.

▷ Ein Eintrag in die Datei */etc/auth/subsystems/dflt_users* vorgenommen.

▷ Das Heimatverzeichnis des Benutzers angelegt.

▷ Dateien

.profile   (sh und ksh)
.kshrc   (ksh)
.login   (csh)
.cshrc   (csh)

erzeugt.

▷ Eine Datei */usr/spool/mail/username* erzeugt und Begrüßungspost an den Benutzer geschickt.

Dieser Vorgang läßt sich natürlich auch manuell durchführen. In diesem Fall muß darauf geachtet werden, daß alle Einträge richtig und vollständig gemacht werden. Die Einrichtung mit der **sysadmsh** ist schneller und sicherer.

8.1.1 Die Datei */etc/passwd*

In der Datei */etc/passwd* stehen die Beschreibungen aller Benutzer im System. Die Einträge in dieser werden durch das Zeichen ':' getrennt und haben das folgende Format:

user_name:*:user_no:group_no:comment:home_directory:shell

Bei herkömmlichen **UNIX**-Systemen steht an Stelle des Sterns das verschlüsselte Passwort des Benutzers. Unter **SCO-UNIX** steht das Passwort in der *protected password database*. Dennoch wird die Datei /etc/passwd bei den verschiedensten Gelegenheiten gelesen. So entnimmt das System beim Anmelden eines Benutzers die *Login group*, das Heimatverzeichnis und die *Login shell* des Benutzers. Eine weitere Funktion der */etc/passwd* ist die Zuordnung von Benutzername und Benutzernummer. Ruft z.B ein Benutzer das Kommando l auf, um sich eine lange Liste eines Verzeichnisses ausgeben zu lassen, so findet das System nur die Nummer des Besitzers einer Datei und schaut in */etc/passwd* den zugehörigen Benutzernamen nach. Ein Teil der Datei */etc/passwd* hat das folgende Aussehen:

```
root:*:0:1:Superuser:/:
daemon:*:1:1:System daemons:/etc:
bin:*:2:2:Owner of system commands:/bin:
sys:*:3:3:Owner of system files:/usr/sys:
adm:*:4:4:System accounting:/usr/adm:
uucp:*:5:5:UUCP administrator:/usr/lib/uucp:
asg:*:8:8:Assignable devices:/usr/tmp:
cron:*:9:16:Cron daemon:/usr/spool/cron:
sysinfo:*:11:11:System information:/usr/bin:
dos:*:16:11:DOS device:/tmp:
mmdf:*:17:22:MMDF administrator:/usr/mmdf:
network:*:18:10:MICNET administrator:/usr/network:
```

8.1.2   Die Datei */etc/shadow*

Die Datei */etc/shadow* existiert aus Kompatibilitäts-Gründen zu AT&T
System V und wird von einigen Anwendungen benutzt. Diese Datei
ist nur durch *root* lesbar, hat das Format der Datei */etc/passwd* und
enthält das verschlüsselte Passwort für einen Benutzer.

Beispiel:

```
root:JLrOIkkVEj7Lw:8110:0:0
daemon:*::0:0
bin:*::0:0
sys:*::0:0
adm:*::0:0
uucp:*::0:0
nuucp:OYZPSGGQFQxrw:8037:0:0
auth:*::0:0
asg:*LK**::0:0
cron:*::0:0
sysinfo:*::0:0
dos:*::0:0
mmdf:*::0:0
network:*::0:0
listen:*:::
lp:*::0:0
audit:*::0:0
ingres:*:7203:0:0
games:*:7468::
cw:aC2AhEPVag24k:7837::
```

8.1.3 Die Datei */etc/group*

Die Datei */etc/group* informiert das System über die Gruppen im System und deren Mitglieder. Ein Eintrag in diese Datei hat die folgende Form:

gruppen_name:*:gruppen_no:name1,name2,...

Die Datei */etc/group* hat eine ähnliche Funktion wie die */etc/passwd*. Sie dient der Zuordnung von Gruppen-Nummer und Gruppenname. Beispiel:

```
root::0:root
other::1:root,daemon
bin::2:root,bin,daemon
sys::3:root,bin,sys,adm
adm::4:root,adm,daemon,listen
uucp::5:uucp,nuucp
mail::7:root
asg::8:asg
network::10:network
sysinfo::11:sysinfo,dos
daemon::12:root,daemon
terminal::15:
cron::16:cron
audit::17:root,audit
lp::18:lp
backup::19:
mem::20:
auth::21:root,auth
mmdf::22:mmdf
sysadmin::23:
group::50:hub,werner,test
```

8.1.4 Das Verzeichnis /tcb/files/auth

Das Verzeichnis */tcb/files/auth* enthält die *protected password database*. Es enthält Verzeichnisse mit den Namen *a* bis *z*. Für jeden Benutzer wird im Verzeichnis mit dem Anfangsbuchstaben des Benutzernamens eine Datei mit dem Namen Benutzername angelegt. Diese Datei enthält unter anderem das verschlüsselte Passwort.

Beispieldatei */tcb/files/auth/t/test*

```
test:u_name=test:u_id#200:u_type=operator:\
:u_owner=werner:u_succhg#675431882:u_pswduser=test:\
:u_suclog#675431908:u_suctty=tty03:u_lock@:chkent:
```

8.1.5 Das Verzeichnis /etc/auth/subsystems

Das Verzeichnis */etc/auth/subsystems* enthält die *protected subsystems database*. In dieser Datenbank werden die Zugriffsberechtigungen auf gewisse, speziell geschützte Teilsysteme spezifiziert. Gewöhnliche Benutzer werden in die Datei *dflt_users* eingetragen. Die geschützten Teilsysteme werden wir im nächsten Kapitel behandeln.

8.1.6 Vergeben des Passworts

Nach Anlegen des Benutzers kann sein Passwort vergeben werden. Es kann <Return> als Passwort angegeben werden. Wird **Blank** angegeben, wird kein Passwort abgefragt.
Mit der Vergabe des Passworts ist das Anlegen eines neuen Benutzers abgeschlossen.

8.2 Die Standard-Werte

Es ist umständlich, jedesmal beim Erzeugen einer neuen Benutzerkennung alle die im vorhergehenden Abschnitt beschriebenen Parameter einzugeben. Deshalb bietet das System das Anlegen mit den Standardwerten an. Dies geschieht, wenn man beim Anlegen die Option

```
Modify Defaults: no
```

wählt. Dann wird die neue Benutzerkennung mit den folgenden Parametern angelegt, die übrigens auch beim Anlegen mit *Modify Defaults: Yes* als Standard angeboten werden:

Login group:	group
Groups:	group
Login Shell:	**/bin/sh**
Home Directory:	*/usr/name*, wobei **name** für den Benutzernamen steht
User ID Number:	Es wird ab 200 die erste freie Benutzernummer gewählt.
Type of user:	individual.

Weicht auch nur ein einziger Wert des Standards vom gewünschten Wert ab, so kann entweder der Benutzer nicht mit Standardwerten eingerichtet werden, oder man muß die Identität nachträglich ändern. Es ist jedoch möglich, auch die Standardwerte umzuändern. Die Standards werden in der Datei */etc/default/authsh* definiert. Die Werte der folgenden Variablen können bei Bedarf geändert werden:

LOGIN_GROUP	Die Standard-Login-Gruppe.
OTHER_GROUPS	Die Standard-Gruppen.
SHELL	Die Standard-Login-Shell.
HOME_DIR	Das Standard-Heimatverzeichnis.
HOME_MODE	Die Zugriffsrechte, mit denen das Heimatverzeichnis eingerichtet wird.

USER_TYPE	Der Standard-Benutzer-Typ.
MIN_ADMIN_UID	Die kleinste zulässige Benutzernummer.
MIN_ADMIN_UID	Die größte zulässige Benutzernummer.
MIN_SUGGEST_UID	Die kleinste vorgeschlagene Benutzernummer.
MIN_SUGGEST_UID	Die größte vorgeschlagene Benutzernummer.
MIN_ADMIN_GID	Die kleinste zulässige Gruppennummer.
MIN_ADMIN_GID	Die größte zulässige Gruppennummer.
MIN_SUGGEST_GID	Die kleinste vorgeschlagene Gruppennummer.
MIN_SUGGEST_GID	Die größte vorgeschlagene Gruppennummer.
MIN_USER_NAME	Die minimale Länge eines Benutzernamens.
MAX_USER_NAME	Die maximale Länge eines Benutzernamens.
MIN_GROUP_NAME	Die minimale Länge eines Gruppennamens.
MAX_GROUP_NAME	Die maximale Länge eines Gruppennamens.

Der Ort des Standard-Heimatverzeichnisses eines Benutzers ist darüber hinaus in der Datei */usr/lib/mkuser/homepaths* spezifiziert. Im Verzeichnis */usr/lib/mkuser* gibt es auch für jede Shell ein Unterverzeichnis, das den Namen dieser Shell trägt. Hier befinden sich die Umgebungsdateien, die beim Anlegen einer Benutzerkennung ins Heimatverzeichnis kopiert werden. So gibt es z.B. für die Korn-Shell ein Verzeichniss */usr/lib/mkuser/ksh*, in dem sich die Dateien *.profile* und *.kshrc* befinden. Will man für jeden neuen Benutzer dessen Standard-Umgebung abändern, so kann dies hier geschehen.

8.3 Änderung der Benutzer-Identität.

Ab und zu kommt es vor, daß Paramter für einen Benutzer verändert werden müssen, z.B. wenn der Benutzer eine andere Login-Shell haben möchte. Einige der Daten für einen Benutzer lassen sich durch Wahl von

Create $\longrightarrow$ **User** $\longrightarrow$ **Examine: Identity**

ändern:

▷ Login-Gruppe

▷ Gruppenmitgliedschaften

▷ Login-Shell

▷ Heimatverzeichnis

▷ Kommentar

▷ CPU-Priorität

Sollen jedoch Benutzernamen oder Benutzernummer geändert werden, so ist dies nur durch Änderungen in den entsprechenden Dateien möglich. Wird die Benutzernummer geändert, so ist der Benutzer nicht mehr der Besitzer seiner Dateien, und dies muß entsprechend geändert werden. Genauso verhält es sich beim Ändern von Gruppennamen und -nummer.

8.4 Pensionieren eines Benutzers

Mit der **sysadmsh** kann kein Benutzer wieder vollständig aus dem System entfernt werden. Darüber hinaus ist, falls das System dem C2-Sicherheits-Standard genügen soll, das Löschen einer Benutzerkennung auch nicht erlaubt. Wird eine Benutzerkennung nicht mehr gebraucht und ist auch abzusehen, daß sie auch in Zukunft nicht mehr benötigt wird, so kann dieser Benutzer pensioniert werden. Dies geschieht mit **sysadmsh** durch Verwendung der Option

Accounts ⟶ **User** ⟶ **Retire**

Damit ist der Benutzer jedoch nicht aus dem System entfernt. Er ist nach wie vor in der Datei */etc/passwd* und in der *protected password database* vorhanden. Die Benutzerkennung ist jedoch nicht mehr zu verwenden und die Daten des Benutzers können nur von *root* benutzt werden.

8.5 Gruppen-Zugehörigkeit

Ein Benutzer kann, wie wir beim Einrichten eines Benutzers gesehen haben, mehreren Gruppen angehören. Ein Benutzer besitzt jedoch immer eine *real group id*. Dies ist die Gruppen-Id, unter der ein Benutzer arbeitet; z.B. erhält eine neu angelegte Datei diese als Gruppen-Nummer. Außerdem gibt es noch die *effective group id*. Diese unterscheidet sich von der *real group id*, wenn der Benutzer ein Programm mit gesetztem SGID-Bit aufruft.
Beim Anmelden erhält ein Benutzer die Id der Login-Gruppe als *real group id*. Diese kann er, falls er mehreren Gruppen angehört, mit dem **newgrp**-Kommando ändern.

newgrp - [*group*]

Wird eine Gruppe *group* spezifiziert, wird die *real group id* auf *group* gesetzt. Wird keine Gruppe angegeben, so wird die Login-Gruppe wirksam. Mit dem Zeichen '-' wird der Benutzer unter der neuen Gruppen-Zugehörigkeit erneut angemeldet.
In herkömmlichen **UNIX**-Systemen kann ein Benutzer zwar mehreren Gruppen angehören, jedoch zu einem bestimmten Zeitpunkt nur einer Gruppe. Dies bestimmt natürlich die Zugriffsrechte des Benutzers auf Dateien, die ihm nicht gehören, jedoch seine Gruppen-Id besitzen.
SCO-UNIX bietet mit Version 4 die Möglichkeit, gleichzeitig Mitglied in mehreren Gruppen zu sein, und damit die entsprechenden Zugriffsrechte zu besitzen. Die Gruppen, denen ein Benutzer zusätzlich zur effektiven Gruppen-ID angehören soll, werden in die Datei

.suppgroups im Heimatverzeichnis des Benutzers eingetragen. Solche Gruppen werden supplementäre Gruppen genannt.

Zur Manipulation der Gruppen-Zugehörigkeit dient das **sg**-Kommando.

sg [*optionen*]

Optionen:

-e	Gibt die Liste der supplementären Gruppen aus. Diese Option ist der Standard.
-t	Gibt die Liste alle möglichen supplementären Gruppen aus, d.h. alle Gruppen aus */etc/group*, deren Mitglied der Benutzer ist.
-g *grp*	Die *real* und *effective group id* wird auf die Gruppe *grp* gesetzt.
-a *grplist*	Die Gruppen aus *grplist* werden zur Liste der supplementären Gruppen hinzugefügt.
-r *grplist*	Die Gruppen aus *grplist* werden von der Liste der supplementären Gruppen gelöscht.
-s *grplist*	Die Liste der supplementären Gruppen wird auf *grplist* gesetzt.
-c *command*	Diese Option kann in Verbindung mit einer der anderen Optionen verwendet werden, um ein Kommando *command* unter einer speziellen *real group id* laufen zu lassen.
-v	Gibt, in Verbindung mit den anderen Optionen, Informationen über den aktuellen Stand der Gruppen-Zugehörigkeiten aus.

Beim Aufruf einer der Optionen -g, -a, -r oder -s wird eine neue Shell aufgerufen, für die die neuen Gruppen-Zugehörigkeiten gelten. In Verbindung mit der -c-Option sind nach Ausführung des Kommandos die alten Einstellungen wieder wirksam.

Das Wechseln der *real group id* mit **newgrp** hat keinen Einfluß auf die supplementären Gruppen.

8.6   Werkzeuge zur Benutzerverwaltung

Abgesehen von den Funktionen der **sysadmsh** gibt es im Verzeichnis **/tcb/bin** eine Reihe von Utilities, die dem Systemverwalter bei der Benutzerverwaltung helfen.

8.6.1   Enfernen eines Benutzers: rmuser

SCO-UNIX V.3.2 Version 2 bot keine Möglichkeit, einen einmal angelegten Benutzer zu löschen, so daß dieses von Hand geschehen mußte. In der Version 4 gibt es zu diesem Zweck das Programm **rmuser**.

```
rmuser user1 user2 ...
```

rmuser entfernt nur die Einträge aus den Systemdateien */etc/passwd*, */etc/group*, */etc/shadow* und der Protected Password Database sowie der Protected Subsystems Database. Dateien, die einem Benutzer gehören, werden nicht gelöscht. Dies muß bei Bedarf von Hand geschehen.

Da im C2-Sicherheitslevel das Entfernen eines Benutzers nicht erlaubt ist, prüft das **rmuser** den Eintrag REUSEUID in der Datei */etc/default/login*. Um auch in diesem Fall einen Benutzer zu löschen, kann entweder der Wert von REUSEUID auf YES gesetzt werden, oder die entsprechende Abfrage in **rmuser** auskommentiert werden. Bei **rmuser** handelt es sich um ein Shell-Skript.

8.6.2 Zurücknahme der Pensionierung eines Benutzers: unretire

Auch für das Zurücknehmen der Pensionierung eines Benutzers gibt es in der Version 4 ein Utility, das Shell-Skript **unretire**.

unretire *user1 user1* ...

Wie **rmuser** prüft auch **unretire** den Eintrag REUSEUID in der Datei */etc/default/login* nach. Bei entsprechenden Maßnahmen kann unretire jedoch auch im C2-Modus benutzt werden.

8.6.3 Das Sperren von Authentication-Files: ale

Das Programm **ale** erlaubt dem Systemadministrator, Shell-Skripts auszuführen, die die Authentication-Files, also die Dateien für die Benutzerverwaltung zu manipulieren.

ale *file program* [*args*]

Hierbei ist *file* der absolute Pfadname der Datei, die manipuliert werden soll, *program* der Name des Shell-Skripts, das die Manipulation durchführen soll, und *args* Argumente für das Shell-Skript. Das Shell-Skript muß sich im Verzeichnis */tcb/lib/auth_scripts* befinden.
ale versucht eine Lock-Datei *file-t* zu erzeugen. Ist dies erfolgreich, so wird das angegebene Shell-Skript durch eine Bourne-Shell ausgeführt. **ale** wird in diversen Programmen zum Aktualisieren von Daten benutzt, insbesondere von den Skripts **rmuser** und **unretire**.

8.6.4 Erzeugen von Benutzern mit addxusers

Mit Hilfe des Programms **addxusers** lassen sich Benutzer von anderen Systemen importieren.

---

addxusers [Optionen] *datei*

---

addxusers liest die Datei *datei*, deren Einträge das Format herkömmlicher */etc/passwd*-Dateien besitzen muß. Die darin befindlichen Benutzer werden erzeugt. Hierbei werden Passwörter bewahrt.

Optionen:

-u   **addxusers** erwartet in *datei* eine Liste von Benutzernamen, für die ein Eintrag in der Protected Password Database vorgenommen werden soll. Hierbei wird vorausgesetzt, daß diese Benutzernamen schon in der Datei */etc/passwd* vorhanden sind.

-v   Das erfolgreiche Erzeugen des Benutzers wird quittiert.

-t *type*   Es werden Benutzer vom Typ *type* erzeugt. Es gibt die Typen *root, operator, sso, admin, pseudo, general, retired.* Ohne diese Option werden Benutzer vom Typ *individual* angelegt.

8.6.5 Das Programm ap

Das Programm **ap** erlaubt Benutzerprofile zu erzeugen, bzw. Einträge über Benutzer anhand von Profilen wiederherzustellen.

---

ap -d [-v] [*usernames*]
ap -r -f *file* [-o] [-v] [*usernames*]

In der ersten Version erstellt **ap** ein Benutzerprofil für die unter *usernames* spezifizierten Benutzer. Wird kein Benutzer spezifiziert, werden Profile für alle Benutzer erstellt. Ein Benutzerprofil besteht aus dem Eintrag in der Datei */etc/passwd* und dem Eintrag für den Benutzer in der *Protected Password Database.*

Mit der zweiten Version können Benutzer wiederhergestellt werden. Hierbei ist *file* eine Datei, die durch **ap** -d erstellt worden ist. Wird die -o-Option benutzt, werden schon bestehende Benutzereinträge überschrieben.

Mit der -v-Option gibt **ap** aus, welches Benutzerprofil erfolgreich erstellt bzw. wiederhergestellt wurde.

8.6.6 Verwaltung der Datei */etc/shadow* mit pwconv und pwunconv

Die Verwendung der Shadow-Datei */etc/shadow* ist optional. Mit dem Programm **pwconv** wird die Datei */etc/shadow* erzeugt bzw. aktualisiert.

---

pwconv

---

pwconv erzeugt für jeden Eintrag in */etc/passwd* auch einen Eintrag in */etc/shadow.* Das verschlüsselte Passwort wird der **Protected Passwort Database** entnommen.

Das Programm **unpwconv** bewirkt das Gegenteil von **pwconv.** Die Datei */etc/shadow* wird nicht mehr benutzt.

---

pwunconv

8.6.7   Überprüfen der Benutzerdaten mit authck

Um die Konsistenz der Datenbanken zu überprüfen, verwendet man
das Programm **authck**:

---

authck [Optionen]

Mit der Option -p wird die **Protected Password Database** überprüft
und mit den Einträgen in die Dateien */etc/passwd* und */etc/shadow*
verglichen. Wird zusätzlich die -v-Option verwendet, gibt **authck**
Informationen über seine Tätigkeit aus.
authck verfügt noch über weitere Optionen zum Überprüfen der anderen Datenbanken. Diese werden an den entsprechenden Stellen behandelt.

8.6.8   Überprüfen der Datei */etc/group* mit grpck

Mit Hilfe des Programms **grpck** wird die Datei */etc/group* überprüft.
Es wird das Format der Einträge überprüft, sowie getestet, ob alle
Mitglieder einer Gruppe auch Benutzer mit Einträgen in der Datei
/etc/passwd sind.

---

grpck

Kapitel 9

Systemsicherheit und Autorisierungen

9.1   Der Sicherheitslevel

SCO-UNIX 3.2 Version 4 kann mit vier verschiedenen Sicherheitsleveln gefahren werden:

- ▷ *High*

- ▷ *Improved*

- ▷ *Traditional*

- ▷ *Low*

Der Sicherheitslevel *High* wird für Systeme empfohlen, die vertrauliche Daten enthalten, und die von vielen Personen benutzt werden. Passwörter werden strikt kontrolliert und Benutzer können nicht ihr eigenes Passwort erzeugen. Auch können Benutzer nicht gelöscht oder reaktiviert werden.

Der Sicherheitslevel *Improved* wird für Systeme empfohlen, die von Gruppen benutzt werden, die zusammenarbeiten. Die Passwort-Kontrolle ist weniger strikt und Benutzer können ihr eigenes Passwort wählen.

Der Sicherheitslevel *Traditional* entspricht den Sicherheitsanforderungen herkömmlicher **UNIX**-Systeme. Passwörter laufen nicht aus und sind auch nicht erforderlich.
Der Sicherheitslevel *Low* wird nur dann empfohlen, wenn es sich um ein nicht öffentlich zugängliches System mit nur wenigen Benutzern handelt.
Die Sicherheitsstufen *High* und *Improved* genügen dem C2-Sicherheitsstandard.

Die einzelnen Sicherheitsstufen unterscheiden sich durch eine Reihe von Parametern, mit denen das System arbeitet. Die Einstellungen betreffen Parameter zur Passwort- und Login-Kontrolle sowie die Privilegien, mit denen Benutzer ausgestattet werden.
Der Sicherheitslevel wird bei der Installation festgelegt. Er kann jedoch auch nachträglich verändert werden. Dies geschieht mit Hilfe des Kommandos **relax**.

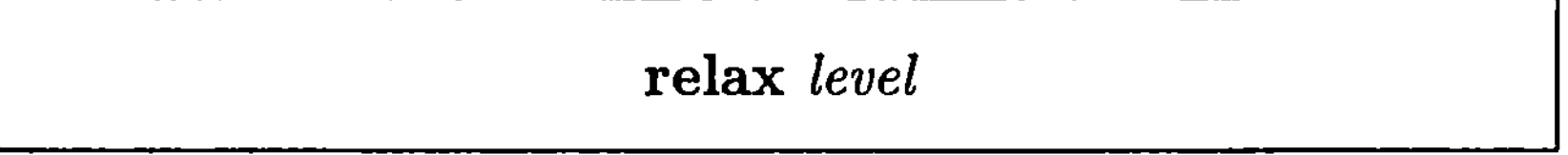

Als Argument versteht **relax** die Levels *high*, *improved*, *traditional* und *low*.

9.2 Passwort-Kontrolle

Ein wichtiger Aspekt der Systemsicherheit ist die Passwort-Kontrolle. Es muß sichergestellt werden, daß Passwörter nicht bekannt werden, so daß keine unautorisierten Personen in das System eindringen können. Hierbei gibt es mehrere Punkte, die zu berücksichtigen sind:

▷ Jeder Benutzer sollte ein Passwort besitzen.

▷ Das Passwort darf nicht zu einfach sein, damit andere es nicht erraten können.

▷ Das Passwort sollte in regelmäßigen Abständen geändert werden, um niemandem die Möglichkeit zu geben, es herauszufinden.

Schon die Tatsache, ob ein Passwort gesetzt sein muß, ist vom Sicherheitslevel abhängig, der benutzt wird. In jeder Sicherheitsstufe ist jedoch ein Single-User-Passwort, d.h. ein Passwort für den Benutzer *root*, erforderlich. Dieses wird erstmals während der Installation des Systems vergeben.

	Low	Traditional	Improved	High
Password required for login	no	no	yes	yes
Single User Password required	yes	yes	yes	yes

9.2.1 Passwort-Generierung

Wichtig ist natürlich die Wahl eines Passworts. Es gibt die Möglichkeit, daß ein Benutzer sein Passwort selbst wählt, oder daß das System ihm ein Passwort vorschlägt. Wählt der Benutzer sein eigenes Passwort, so wird dieses gemäß der aktuellen Sicherheitsstufe mehr oder weniger gründlich geprüft.

Die folgende Liste gibt die Regeln für die Passwort-Erzeugung an:

	Low	Traditional	Improved	High
User can choose own	yes	yes	yes	no
Minimum length	1	3	5	8
User can run generator	yes	yes	yes	yes
Maximum generated length	8	8	10	10
Checked for obviousness	no	UNIX	yes	yes

Weitere Parameter für die Erzeugung des Passworts sind in der Datei
/etc/default/passwd spezifiziert:

PASSLENGTH	Dieser Parameter definiert die minimale Länge eines Passworts. Die minimale Länge eines Passworts kann durch andere Einstellungen höher sein als durch PASSLENGTH definiert.
RETRIES	Der Parameter RETRIES definiert, wie oft ein Benutzer versuchen kann, ein neues Passwort einzugeben, bis die Vergabe des Passworts als nicht erfolgreich abgebrochen wird.
ONETRY	Ist dieser Parameter auf YES gesetzt, so wird eine minimale Änderung eines abgelehnten Passworts ebenfalls abgelehnt.
DESCRIBE	Die durch diesen Parameter spezifizierte Datei wird vor der Abfrage des neuen Passworts ausgegeben.
SUMMARY	Die durch diesen Parameter spezifizierte Datei wird jedesmal, wenn ein Passwort abgelehnt wird, ausgegeben.

9.2.2 Die Lebenszeit eines Passworts

Um zu gewährleisten, daß Passwörter regelmäßig geändert werden, laufen diese ab und werden ungültig. Ist ein Passwort abgelaufen (*expired*), so kann sich der Benutzer noch beim System anmelden, wird aber sofort aufgefordert, sein Passwort zu ändern. Kommt er dieser Aufforderung nicht nach, so wird er sofort wieder ausgeloggt.
Ist ein Passwort ungültig (*dead*), so wird der Benutzer gesperrt, d.h. der Benutzer kann sich nicht mehr anmelden. Im allgemeinen wird ein Passwort ungültig, wenn es abgelaufen ist und nicht geändert wird, so daß die *Lifetime* des Passworts überschritten wird.
Zusätzlich gibt es noch eine Zeitspanne, in der ein neues Passwort nicht geändert werden darf.

Die Zeitspannen, nach denen Passwörter ablaufen bzw. ungültig werden, hängen ebenfalls vom Sicherheitslevel ab:

	Low	Traditional	Improved	High
Minimum days between changes	0	0	0	14
Expiration time (days)	infinite	infinite	42	42
Lifetime (days)	infinite	infinite	365	90

9.2.3 Änderung der Parameter

Die oben angegebenen Parameter können natürlich verändert werden. Dies kann sowohl Benutzer-spezifisch als auch systemweit geschehen. Um für einen Benutzer die Passwort-Parameter zu verändern, wählt man in der **sysadmsh** die Optionen

Accounts —→ **User** —→ **Examine:** **Expiration**
Password

Unter dem Stichwort **Expiration** können diejenigen Parameter modifiziert werden, die die Änderung des Passworts betreffen, also *Minimum days between changes*, *Expiration time* und *Lifetime*. Unter dem Stichwort **Password** werden alle anderen Parameter aufgeführt. Hier kann auch das Passwort eines Benutzers verändert werden.

Um systemweit die Parameter zu ändern, wird die Option

Accounts —→ **Defaults** —→ **Password**

gewählt.

9.2.4 Passwort-Reports

Über den Status der Passwörter der Benutzer des Systems kann ein Report ausgegeben werden. Dies geschieht durch Aufruf des Menüs

Accounts —→ **Report** —→ **Password**

in der **sysadmsh**. Dieses Teilmenü besitzt die folgenden Optionen:

Impending	Report über alle Passwörter, die in nächster Zeit ablaufen werden.
Expired	Report über alle abgelaufenen Passwörter.
Dead	Report über alle ungültigen Passwörter.
User	Passwort-Report über einen Benutzer.
Group	Passwort-Report über die Mitglieder einer Gruppe.
Full	Passwort-Report über alle Benutzer des Systems.

9.3 Login-Kontrolle

Ein anderer wichtiger Aspekt, den Zugriff auf ein System zu kontrollieren, ist die Login-Kontrolle. Hier wird zum einen definiert, wie oft sich ein Benutzer hintereinander erfolglos anmelden kann, bis sein Account gesperrt wird, zum anderen, wie oft man sich hintereinander (auch unter verschiedenen Namen) an einem Terminal erfolglos anmelden kann, bis das Terminal gesperrt wird.
Hiermit soll verhindert werden, daß ein nicht-autorisierter Benutzer durch Ausprobieren ein Passwort herausbekommt und dann in das System eindringt.
Die folgende Liste gibt die Login-Parameter und ihre Werte unter den verschiedenen Sicherheitsstufen an.

	Low	Traditional	Improved	High
Maximum unsuccessful attempts (account)	infinite	99	5	3
Maximum unsuccessful attempts (terminal)	infinite	99	9	5
Delay between login attempts (secs)	0	1	2	2
Time to complete login (secs)	60	60	60	60

9.3.1 Die Login-Kontrolle für einen Benutzer

Der erste Parameter in der obigen Liste definiert, wie oft hintereinander ein Benutzer erfolglose Login-Versuche machen darf. Ist die maximale Anzahl überschritten, so wird der Benutzer gesperrt und kann sich nicht mehr anmelden, auch nicht mit dem richtigen Passwort. Sowohl die Benutzer-spezifische Einstellung die Parameters, wie auch das Lösen einer Sperre wird durch

User $\longrightarrow$ Accounts $\longrightarrow$ Examine: Login

vorgenommen. Durch Auswahl von **Clear all locks** kann die Sperre aufgehoben werden. An dieser Stelle kann auch eine Sperre aufgehoben werden, die durch ein ungültiges Passwort verursacht wurde. Andererseits kann hier durch Wahl von **Apply administrative lock** ein Benutzer auch von Hand gesperrt werden.

9.3.2 Die Terminal Control Database

Zur Login-Kontrolle gibt es die Terminal Control Database. In dieser Datenbank müssen alle Terminals eingetragen werden. Ein Terminal, das hier nicht eingetragen ist, kann nicht benutzt werden. Hier sind nicht nur für jedes Terminal die Login-Parameter eingetragen, sondern auch Name und Datum des letzten erfolgreichen Login-Versuchs, des letzten Logouts und des letzten nicht-erfolgreichen Login-Versuchs.
Zur Verwaltung der Terminal Control Database dient das Menü

Accounts $\longrightarrow$ Terminal

Hier gibt es die folgenden Menü-Punkte:

Examine	Mit diesem Menü-Punkt kann ein schon bestehender Eintrag in der Datenbank ausgegeben werden. Hier können auch die Login-Parameter für ein Terminal verändert werden.
Create	Ein neues Terminal wird in Terminal Control Database eingetragen. Die Login-Parameter können spezifiziert werden.

Delete   Ein Terminal wird aus der Terminal Control Database gelöscht.

Lock   Ein Terminal wird gesperrt. Dies verhindert ein weiteres Anmelden an diesem Terminal.

Unlock   Die Sperre für ein Terminal wird aufgehoben. Ein Anmelden an diesem Terminal ist wieder möglich.

Assign   Zusätzlich zur Terminal Control Database gibt es noch die Devices Name Equivalence Database. Diese befindet sich in der Datei */etc/auth/system/devassign*. Hier können äquivalente Geräte definiert werden, z.B: *tty1a* und *tty1A*.

Die Konsistenz der Terminal Control Database wird mit dem Kommando

authck -t

überprüft.

9.3.3 Änderung der Standard-Parameter

Die Standard-Parameter, sowohl die Benutzer-spezifischen also auch die Terminal-spezifischen, lassen sich durch Aufruf von

Accounts ⟶ **Defaults** ⟶ **Logins**

verändern.

9.3.4 Login-Reports

Wie bei der Passwort-Kontrolle gibt es auch für die Login-Kontrolle die Möglichkeit, Informationen in Form von Reports ausgeben zu lassen.

Mit

Accounts $\longrightarrow$ **Report** $\longrightarrow$ **Terminal**

kann der Status eines Terminals ausgegeben werden. Mit

Accounts $\longrightarrow$ **Report** $\longrightarrow$ **Login**

erhält man zum Erzeugen von Reports über Logins ein Menü mit den folgenden Optionen:

User	Login-Report eines Benutzers. Es werden die Zeiten des letzten erfolgreichen und des letzten nicht-erfolgreichen Login-Versuchs ausgegeben. Weiterhin wird über den Status von Locks informiert.
Group	Login-Report für alle Mitglieder einer Gruppe.
Terminal	Login-Report für ein Terminal. Es werden Daten über die letzten erfolgreichen und nicht erfolgreichen Loginversuche ausgegeben. Ebenso über das letzte Logout.

9.3.5 Der Override-Parameter

Das Sperren von Terminals und Benutzern bei einer gewissen Anzahl an nicht erfolgreichen Login-Versuchen hat den folgenden Nachteil. Es könnte der Fall eintreten, daß alle Terminals und/oder der *root*-Account gesperrt wird. In diesem Fall können keine Sperren mehr aufgehoben werden und das System wäre unbrauchbar.
Um auch in einem solchen Fall zu gewährleisten, daß *root* die Möglichkeit besitzt, sich beim System anzumelden, gibt es den Override-Parameter. Befindet sich in der Datei */etc/default/login* die Zeile

```
OVERRIDE=tty01
```

so bedeutet dies, daß unabhängig von Sperren, sich der Benutzer *root* immer am Terminal *tty01* anmelden kann. So besteht in jedem Fall die Möglichkeit, Sperren wieder aufzuheben und so das System wieder voll funktionsfähig zu machen.

9.4 Die File Control Database

Um optimale Systemsicherheit zu gewährleisten sind für alle wichtigen System-Dateien und -Verzeichnisse Zugriffsrechte, Besitzer- und Gruppen-Zugehörigkeit genau festgelegt. Diese Daten befinden sich in der Datei */etc/auth/system/files*.
Ein Eintrag in dieser Datei hat die folgenden Felder:

name	Name der Datei.
f_owner=	Besitzer der Datei.
f_grp=	Gruppen-Id der Datei
f_mode#	Zugriffsrechte der Datei.
f_type=	Type der Datei:
	r regulär Datei.
	d Verzeichnis.
	c Character-Device
	b Block-Device.

Die verschiedensten Programme vergleichen die Daten in der File Control Database mit den tatsächlichen Gegebenheiten. Stimmen diese nicht überein, so bricht das Programm, z.B. **ale**, mit einer Fehlermeldung ab. Daher ist es wichtig, stets dafür zu sorgen, daß es keine Diskrepanzen zwischen File Control Database und den tatsächlichen Daten gibt.
Zu Überprüfung dient das Programm **integrity**:

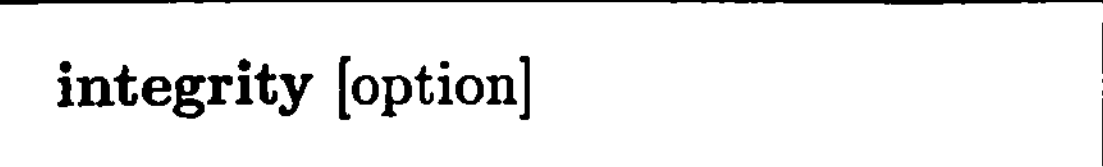

Ohne Optionen gibt **integrity** diejenigen Dateien aus, deren Daten nicht mit den Einträgen in der File Control Database übereinstimmen.

Optionen:

-e Mit dieser Option gibt **integrity** die Diskrepanzen aus.

-m **integrity** berichtet über fehlende Dateien.

-v **integrity** gibt jede überprüfte Datei und das Ergebnis
    der Überprüfung aus.

Sind von **integrity** Inkonsistenzen entdeckt worden, können diese mittels **fixmog** oder **cps** bereinigt werden. **fixmog** ist ein Shell-Skript, das die Ausgabe von **integrity** -e benutzt, um die entdeckten Inkonsistenzen zu reparieren.

fixmog [-v] [-i]

Wird die -v-Option benutzt, wird jede Korrektur, die von **fixmog** ausgeführt wird, ausgegeben. Durch Spezifizieren von -i fragt **fixmog** vor jeder Korrektur, ob diese ausgeführt werden soll.

Auch **cps** wird benutzt, um Inkonsistenzen auszugleichen. Im Gegensatz zu **fixmog** werden hier jedoch einzelne Dateien oder Verzeichnisse spezifiziert. Ist eine Datei oder ein Verzeichnis, das in der File Control Database eingetragen ist, nicht vorhanden, so wird es durch **cps** mit den korrekten Zugriffsrechten, Benutzer- und Gruppen-Id erzeugt.

cps [files]

Die spezifizierten Dateien müssen mit absolutem Pfadnamen angegeben werden. Werden keine Dateien angegeben, so erwartet **cps** die Eingaben von **stdin**.

9.5 Systemkern-Autorisierungen

Programme, die ein Benutzer aufruft, führen, um Systemressourcen zu benutzen oder Dateiattribute zu verändern, sogenannte System-Aufrufe (*system calls*) durch. Einige dieser System-Aufrufe sind sicherheitsbedenklich. Daher benötigt ein Benutzer, der ein Programm aufruft, das einen solchen sicherheitsbedenklichen System-Aufruf durchführt, eine spezielle Autorisierung, um das Programm erfolgreich auszuführen.

Diese Systemkern-Autorisierungen sind:

chown	Die Berechtigung, den Besitzer einer Datei zu verändern.
chmodsugid	Die Berechtigung, das SUID- und SUIG-Bit zu setzen.
execsuid	Die Berechtigung, Programme mit gesetztem SUID-Bit aufzurufen.
configaudit	Die Berechtigung, Audit-Parameter zu verändern.
writeaudit	Die Berechtigung, Records auf den Audit-Trail zu schrieben.
suspendaudit	Die Berechtigung, das Auditing eines Prozesses zu unterbinden.

Für einen normalen Benutzer sind nur die ersten drei Systemkern-Autorisierungen von Bedeutung. Die anderen drei Autorisierungen werden zur Administration des Audit-Teilsystems benötigt, das im nächsten Abschnitt besprochen wird.

Es soll an dieser Stelle darauf hingewiesen werden, daß z.B die Verweigerung der **chmod**-Autorisierung die Ausführung des **chmod**-Systemaufrufs unterbindet, d.h. es wird nicht nur die Ausführung des **chown**-Kommandos fehlschlagen, sondern auch die Ausführung jedes anderen Programms, das diesen System-Aufruf durchführt.

Die standardmäßig beim Anlegen eines Benutzers vergebenen Systemkern-Autorisierungen hängen vom Sicherheitslevel ab:

Low	Traditional	Improved	High
chown	chown	chown	chown
execsuid	execsuid	execsuid	execsuid
chmodsugid	chmodsugid	chmodsugid	
suspendaudit			

9.6 Teilsystem-Autorisierungen

Um in einem herkömmlichen **UNIX**-System die Verwaltung durchzuführen, bedarf es der Rechte des *superusers*, also des *root*-Passworts Dies kann bei der Aufteilung der Administration auf mehrere Personen, z.B. wenn eine ganze Reihe von **UNIX**-Systemen zu administrieren ist, dazu führen, daß mehrere Benutzer das *root*-Passwort benötigen. In diese Fall erhöht sich natürlich die Gefahr, daß das *root*-Passwort bekannt wird und unautorisierte Benutzer ins System eindringen.
Andere Teilsysteme dienen lediglich der Kontrolle zur Benutzung bestimmter Kommandos, nicht der Administration.

9.6.1 Das Memory-Teilsystem

Um auf Informationen aus dem **mem**-Teilsystem (Hauptspeicher) zugreifen zu können, benötigt ein Benutzer **mem-** Teilsystem-Authorisierung.
Diese Autorisierung beeinflußt insbesondere die folgenden Kommandos:

ps Mit der **mem**-Autorisierung wird bei **ps** -ef eine vollständige Liste alle Prozesse im System ausgegeben. Sonst kann ein Benutzer nur seine eigenen Prozesse ausgeben lassen.

whodo Das whodo-Kommando listet, nach Terminals geordnet, die Prozesse, die auf diesem Terminal laufen. Wie beim **ps**-Kommando werden ohne **mem**-Autorisierung nur die eigenen Prozesse aufgelistet, ansonsten die aller Benutzer.

9.6.2   Das Terminal-Teilsystem

Die **terminal**-Teilsystem-Autorisierung kontrolliert den Gebrauch des Kommandos **write**.

Besitzt eine Benutzer nicht die **terminal**-Teilsystem-Autorisierung, so werden alle mit dem Programm **write** verschickten Control-Codes und Escape-Sequenzen in die Form ˆ<Char> umgewandelt. Mit der sogenannten **terminal**-Autorisierung haben diese Codes und Sequenzen ihre übliche Wirkung.

9.6.3   Das Printer-Teilsystem

Mit der Teilsystem-Autorisierung **lp** kann ein Benutzer das Drucker-System verwalten. Er kann das Printer-Teilmenü der **sysadmsh** verwenden, jedoch auch direkt die Kommandos, die zur Druckerverwaltung gehören: **lpsched, lpshut, lpadmin, accept, reject, enable, disable, lpmove.**

Ein Benutzer, der die Teilsystem-Auhorisierung **lp** besitzt und die Druckerverwaltung durchführen soll, benötigt die Systemkern-Authorisierung **chown**, um seine Aufgabe wahrnehmen zu können.

Zum Printer-Teilsystem gehören noch zwei sogenannte sekundäre Teilsystem-Autorisierungen: Die Autorisierungen **printqueue** und **printerstat.**

Mit der sekundären Teilsystem-Autorisierung **printqueue** kann ein Benutzer mittels des **lpstat**-Kommandos alle Print-Jobs sehen. Sonst werden nur seine eigenen aufgelistet.

Mit der sekundären Teilsystem-Autorisierung **printerstat** kann ein Benutzer mittels **enable** und **disable** Drucker an- und abschalten.

9.6.4   Das Backup-Teilsystem

Mittels der **backup**-Autorisierung kann ein Benutzer die Datensicherung durchführen. Er kann auf das Backup-Teilmenü der **sysadmsh** zugreifen und Backups erstellen. Das Zurückspielen einer Datensicherung kann jedoch nur von *root* durchgeführt werden. Der Backup-Adminstrator benötigt die Systemkern-Authorisierung **execsuid**.

Auch im Backup-Teilsystem gibt es eine sekundäre Autorisierung, die Autorisierung **queryspace**. Mit dieser Autorisierung hat ein Benutzer das Recht, sich mittels des **df**-Kommandos die Ausnutzung der Festplatte ausgeben zu lassen.

9.6.5   Das Authentication-Teilsystem

Die Teilsystem-Autorisierung **auth** dient der Benutzerverwaltung. Ein Benutzer mit dieser Autorisierung kann so zum Beispiel auf das Accounts-Menü der **sysadmsh** zugreifen und die dort verfügbaren Optionen ausführen. Er hat ebenso die Möglichkeit, mittels **passwd** das Passwort beliebiger Benutzer neu zu setzen und sich des **su**-Kommandos zu bedienen. Zur **auth**-Autorisierung werden die Systemkern-Authorisierungen **chown** und **execsuid** benötigt.

Im **auth**-Teilsystem gibt es die sekundären Autorisierungen **su** und **passwd**.

9.6.6 Das cron-Teilsystem

Die Teilsystem-Autorisierung **cron** dient der Verwaltung des **cron-**Teilsystems. Ein Benutzer mit dieser Autorisierung kann auf das Jobs-Menü der **sysadmsh** zugreifen und die dort verfügbaren Optionen ausführen. Die **cron**-Autorisierung bedarf der Systemkern-Autorisierungen **chmodsugid**, **chown** und **execsuid**.

9.6.7 Das Audit-Teilsystem

Die Teilsystem-Autorisierung **audit** dient der Verwaltung des **audit-**Teilsystems. Ein Benutzer mit dieser Autorisierung kann auf das Audit-Menü der **sysadmsh** zugreifen und die dort verfügbaren Optionen ausführen. Die **audit**-Autorisierung bedarf der Systemkern-Autorisierungen **configaudit**, **execsuid** und **writeaudit**.

9.6.8 Das root-Teilsystem

Die Teilsystem-Autorisierung **root** berechtigt zum Ausführen von Kommandos als Benutzer *root* mittels des **asroot**-Kommandos. Als sekundäre Autorisierung gibt es die Autorisierung **shutdown**. Mit dieser Autorisierung kann ein Benutzer das System herunterfahren.

9.6.9 Die Vergabe von Autorisierungen

Wie die Systemkern-Autorisierungen, so hängen auch die Teilsystem-Autorisierungen, die beim Anlegen eines Benutzers vergeben werden, vom Sicherheitslevel ab:

Low	Traditional	Improved	High
queryspace	queryspace	queryspace	queryspace
printqueue	printqueue	printqueue	
su	su	su	
audittrail	audittrail	audittrail	
mem	mem		
terminal	terminal		
lp			
shutdown			
backup			

Wie bereits bemerkt, werden, abhängig vom eingestellten Sicherheits-level, beim Anlegen eines Benutzers die entsprechenden Systemkern-und Teilsystem-Autorisierungen vergeben.
Die Autorisierungen, die ein spezieller Benutzer besitzt, können natür-lich geändert werden. Dies geschieht mit Hilfe der **sysadmsh** durch Aufruf von:

Accounts —→ User —→ Examine: Privileges

Dort können sowohl die Systemkern-Autorisierungen, als auch die Teil-system-Autorisierungen geändert werden.
Die neuen Systemkern-Autorisierungen werden unter dem Stichwort

```
u_syspriv=
```

in der *protected password database* in der Datei des Benutzers abgelegt. Auch die Teilsystem-Autorisierungen werden in der *protected password database* gespeichert, und zwar unter dem Stichwort

```
u_cmdpriv=
```

Außerdem werden die Teilsystem-Autorisierungen in die Protected Subsystem Database eingetragen.

Die Protected Subsystem Database befindet sich im Systemverzeichnis */etc/auth/subsystems*. Dort gibt es für jedes Teilsystem eine Datei gleichen Namens und eine Datei *dflt_users*. Ein Benutzer mit Standard-Autorisierungen wird in die Datei *dflt_users* eingetragen. Werden die Autorisierungen eines Benutzers geändert, so wird er in die entsprechenden Teilsystem-Dateien eingetragen.

Die Konsistenz der Protected Subsystem Database wird mit dem Kommando

authck -p

überprüft.

9.7 Das asroot-Kommando

Mittels des **asroot**-Kommandos ist es einem Benutzer gestattet, Kommandos als Benutzer auszuführen.

asroot *cmd* [*arg*]

Ein Kommando, das mittels **asroot** ausgeführt werden soll, muß sich im Verzeichnis */tcb/files/rootcmds* befinden. Standardmäßig befindet sich dort das Programm *shutdown*.

Um für ein anderes Kommando die Ausführung mittels **asroot** zu gestatten, sind folgende Schritte erforderlich:

▷ Das Programm wird ins Verzeichnis */tcb/files/rootcmds* kopiert.

▷ Die Zugriffsrechte werden auf 555 gesetzt.

 ▷ Der Name dieses Befehls wird in die Datei
   /etc/auth/system/authorize in die Zeile beginnend mit root: eingetragen.

```
root: shutdown,cmd
```

Die Berechtigung, Kommandos mit **asroot** auszuführen, ist wie folgt
geregelt:

 ▷ Ein Benutzer mit der **root**-Autorisierung kann alle Kommandos,
   die wie oben beschrieben eingerichtet worden sind, ausführen.

 ▷ Zu jedem Kommando, das wie oben eingerichtet wurde, gibt
   es eine neue sekundäre Autorisierung, die zum Ausführen des
   Kommandos berechtigt.

Der Eintrag

```
ASROOTPW=
```

in der Datei */etc/default/su* spezifiziert, ob für die Ausführung des
asroot-Kommandos ein Passwort benötigt wird oder nicht. Nur beim
Sicherheitslevel *High* steht dieser Eintrag auf YES, sonst ist er NO.

Kapitel 10

Das Audit-Teilsystem

Im vorhergehenden Abschnitt haben wir die Sicherheits-Mechanismen dargestellt, die das **UNIX**-System vor unerlaubtem Zugriff schützen soll. Zu den Anforderungen, die an ein sicheres System gestellt werden, gehört auch, die Systemaktivitäten so genau protokollieren zu können, daß, sollte es doch einmal zu einem unerlaubten Zugriff auf Daten kommen, festgestellt werden kann, wer wann auf welche Daten zugegriffen hat. Um diese Forderung zu erfüllen und damit dem vollen C2-Sicherheitsstandard zu genügen, hat **SCO** das Audit-Teilsystem implementiert.

Mit Hilfe des Audit-Teilsystems ist es möglich, Systemaktivitäten detailliert zu protokollieren. Die Aktivitäten werden auf dem Niveau der System-Aufrufe registriert. Da jeder Programmaufruf in der Regel zu einer ganzen Reihe von System-Aufrufen führt, bedeutet dies, daß bei Benutzung des Auditing eine Fülle von Daten anfällt. Ein System, auf dem das Auditing läuft, muß ständig gewartet werden. Die Datenmengen, die anfallen, können so groß sein, daß, wenn man das System sich selbst überläßt, bald kein Platz mehr auf der Festplatte frei ist. Die Audit-Daten sollten also ständig auf ein Medium gesichert und dann gelöscht werden. Ein weiterer Nachteil des Auditings ist, daß die Verwendung auf Kosten der Performance des Systems geht. Daher sollte man, bevor man Audit verwendet, zunächst überlegen, ob die Sicherheitsanforderungen an das System auf andere Art und Weise realisiert werden können. Entschließt man sich für die Verwendung von Audit, sollte man das System so einstellen, daß nur die wirklich notwendigen Daten protokolliert werden. Die Audit-Protokolle müssen schließlich auch von jemandem analysiert werden.

Schauen wir uns nun die Arbeitsweise des Audit-Teilsystems etwas genauer an. Das Audit-Teilsystem besteht aus den folgenden Komponenten:

- ▷ Dem Kern-Audit-Mechanismus.

- ▷ Dem Audit-Device-Treiber (*/dev/auditr, /dev/auditw*).

- ▷ Dem Audit-Kompaktifizierungs-Dämon (**/tcb/bin/auditd**).

- ▷ Der **sysadmsh**-Audit-Schnittstelle.

- ▷ Daten-Reduktions- und -Analyse-Programme.

Der Audit-Kern-Mechanismus ist das Herzstück des Audit-Systems. Dieser Mechanismus erzeugt Audit-Records basierend auf Aktivitäten von Benutzerprozessen durch System-Aufrufe. In einer Tabelle im System-Kern ist für jeden System-Aufruf spezifiziert, ob er sicherheits-relevant ist, und wenn ja, welchem Typ von Event dieser Systemaufruf entspricht. Erzeugte Audit-Records werden dann dem Audit-Device-Treiber übergeben.
Der Audit-Device-Treiber übernimmt die von Kern-Audit-Mechnismus erzeugten Audit-Records und speichert sie in temporären Dateien ab. Die Daten werden **auditd** zum Kompaktifizieren zur Verfügung gestellt. Der einzige Prozeß, der vom Audit-Device-Treiber lesen kann, ist auditd. Seine Aufgabe ist das Kompaktifizieren und Logging der Audit-Sitzung. Um die Datenflut einigermaßen in Grenzen zu halten, werden sie nicht im ASCII-Format sondern kompaktifiziert gespei-chert. Mittels einer Option des Audit-Menüs der sysadmsh können dann die Daten wieder entkompaktifiziert und gelesen werden.

10.1   Das Sammeln von Audit-Daten

Bevor man das Auditing anschaltet, sollte man zunächst einmal ein-stellen, welche Aktivitäten und wessen Aktivitäten protokolliert wer-den sollen, und wo die Daten gespeichert werden. Der Kontrolle des Sammelns der Audit-Daten dient das Menü

System ⟶ **Audit** ⟶ **Collection**

der **sysadmsh**. Mittels dieses Menüs wird bestimmt:

▷ Wo die Audit-Daten gespeichert werden.

▷ Welche Daten, genauer, welche System-Aufrufe protokolliert werden.

▷ Welche Benutzer bzw. welche Gruppen beobachtet werden.

▷ Mit welchen Parametern der Kompaktifizierungs-Dämon **auditd** arbeitet.

Betrachten wir die Menü-Punkte nun einmal etwas genauer.

▷ Directories

Mit diesem Menü-Punkt wird kontrolliert, in welchen Verzeichnissen die Audit-Daten gespeichert werden. Standard sind die Verzeichnisse */tcb/audittmp/audit[1,2]*.

▷ Events

Wir kommen nun zum wichtigsten Punkt, den Events, die protokolliert werden. Ein Event ist ein sicherheits-relevanter System-Aufruf. Die Events sind in Typen eingeteilt, die durch die Buchstaben A - T gekennzeichnet sind.

Bevor wir uns die einzelnen Events genauer anschauen, ein paar Erklärungen. Mit *Objects* werden Dateien bezeichnet. Da beim Arbeiten im System ständig Dateien geöffnet, modifiziert, geschlossen, erzeugt und gelöscht werden, gibt es eine Reihe von Event-Typen, die *Objects* betreffen. *Subjects* hingegegen sind Prozesse. Wird ein Programm aufgerufen, so wird aus dem Inhalt eines **Objects** ein *Subject*. DAC steht für *discretionary access control*, zu deutsch Zugriffsrechte, und IPC bedeutet *interprocess communication*.

Die folgende Liste enthält alle protokollierbaren Events, deren Typ, Namen und eine Erklärung.

Typ	Name	Funktion
A	Startup/Shutdown	Starten und Stoppen des Systems.
B	Loggin/Logoff	Anmelden und Abmelden beim System.
C	Process Create/Delete	Erzeugen und Beenden von Prozessen; System-Aufrufe fork, exit.
D	Make Object available	Öffnen von Dateien zum Lesen oder Schreiben; System-Aufruf open.
E	Map Object to Subject	Ausführung von Programmen; System-Aufrufe dup, exec, exece.
F	Object Modification	Schreiben auf Dateien; System-Aufrufe execseg, unexecseg.
G	Make Object unavailable	Schließen von Dateien; System-Aufruf close.
H	Object creation	Erzeugen von Dateien; System-Aufruf create.
I	Object deletion	Löschen von Dateien; System-Aufruf unlink.
J	DAC Changes	Ändern von Zugriffsrechten und Besitzern.
K	DAC Denials	Vorenthalten von Zugriffsrechten.
L	Admin/Operator Actions	Aktionen des Systemverwalters.
M	Insufficient Author.	Aufgaben, die wegen ungenügender Autorisierung fehlschlugen.
N	Ressoure Denials	Fehlende Dateien oder ungenügender Speicherplatz.
O	IPC Functions	Senden von Signalen und Messages an Prozesse.
P	Prozess Modifications	Änderung der Identität oder des aktuellen Verzeichnisses.
Q	Audit Subsystem Event	An- und Abschalten des Auditing.
R	Database Events	Änderungen der Sicherheits-Daten und -Integrität.
S	Subsystem Event	Benutzung von geschützten Teilsystemen.
T	Use of Authorisation	Aktionen, die nur dem Super User erlaubt sind.

Um diejenigen Events zu spezifizieren, die protokolliert werden sollen, wählt man die Option Modify. Alle Events, die protokolliert werden sollen, sind mit **Y** gekennzeichnet, die übrigen mit **n**. Das Umschalten von **Y** auf **n** bzw. umgekehrt geschieht durch Betätigen der Space-Taste auf dem entsprechenden Feld.

▷ ID's

Um die Datenmenge, die durch das Auditing erzeugt wird, einzuschränken, bietet Audit die Möglichkeit, nur bestimmte Benutzer oder Gruppen beobachten zu lassen. Standardmäßig werden die Aktionen aller Benutzer protokolliert.

▷ Parameters

Unter diesem Punkt befinden sich die Parameter zum Abschreiben der Audit-Daten auf die Festplatte.

Write to disk every [ ] bytes	
Write to disk every [ ] seconds	Diese beiden Parameter definieren die Häufigkeit, mit der die Audit-Daten auf die Festplatte geschrieben werden.
Wake up daemon every [ ] bytes	Definiert die Häufigkeit, mit der **auditd** Daten von Audit-Device liest.
Number of collection buffers	Anzahl der Buffer.
Collection file switch every [ ] bytes Audit output file switch every [ ] bytes	Um zu große Dateien zu vermeiden, werden nach einer gewissen Datenmenge die Audit-Daten in neue Dateien abgeschrieben.
Compacted output files	Ob die Audit-Daten kompaktifiziert werden sollen oder nicht.

Enable audit on system
startup   Definiert, ob das Auditing auto-
                             matisch beim Hochfahren des Sy-
                             stems gestartet werden soll.

Shutdown auditing on
disk full   Diese Option erlaubt dem Sy-
                             stem, das Auditing automatisch
                             abzustellen, falls die Festplatte
                             voll ist.

▷ **Statistik**
Mit dem Menü-Punkt

System —→ Audit —→ Collection —→ Statistics

kann man die Statistik der derzeitigen Audit-Sitzung abrufen.

```
***** Audit Data Reduction Program *****

Audit session number:  1
Collection system name:  heron
Collection file count:  2
Compaction file count:  1
Total audit records:  465
Total uncompacted size:  29671
Total compacted size:  11176
Data compression rate:  62.33
Collection start time:  Fri May 31 12:40:00 1992
Collection end time:  None
```

Diese Statistik zeigt den Umfang der abgeschriebenen Daten, wie oft
vom Audit-Device gelesen, und wie oft auf das Audit-Device geschrieben wurde, sowie die Anzahl der protokollierten und nicht-protokollier-
ten Events. Wenn Sie das Auditing anschalten, können Sie anhand

dieser Statistik sehen, wie schnell die von Audit erzeugte Datenmenge anwächst. Das obige Beispiel zeigt die Statistik kurz nach Einschalten des Auditings.

10.2   Die Audit-Dateien

Bei jedem Starten des Auditing und einmal am Tag wird eine neue Audit-Sitzung begonnen. Audit-Dateien beanspruchen viel Platz auf der Festplatte. Sie sollten deshalb regelmäßig gelöscht oder auf Band gespeichert werden. Dies geschieht im Menü:

System $\longrightarrow$ **Audit** $\longrightarrow$ **Files**

Die Menüpunkte sind:

List	Liste der Dateien.
Backup	Sichern der Dateien.
Delete	Löschen der Dateien.
Restore	Wiedereinlesen der Dateien.

10.3   Das An- und Abschalten von Audit

Nun kommen wir zum An- und Abschalten des Auditing. Dies geschieht mittels der Menü-Punkte **Enable** bzw. **Disable** des Audit-Menüs der **sysadmsh**. Ist das Auditing enabled, so wird es bei jedem Hochfahren des Systems neu gestartet. Sollten Sie Audit einmal versuchsweise starten, so vergessen Sie bitte nicht, es hinterher wieder abzuschalten. Wie schon eingangs bemerkt, werden Sie sonst schnell Probleme mit dem Platz im *root*-Dateisystem bekommen.

10.4 Report-Templates

Hat man nun begonnen, Audit-Daten zu sammeln, so will man sich diese auch einmal anschauen. Wollte man nun alle diese Daten in einer Liste zusammenfassen, so wäre diese so groß und unübersichtlich, daß man nichts damit anfangen könnte. Um gezielt nach einzelnen Event-Typen oder Aktivitäten eines Benutzers suchen zu können, müssen die Daten zuvor gefiltert werden. Dies geschieht mit Hilfe der Report-Templates. Mit diesen Report-Templates lassen sich die Ausgaben auf ein erträgliches Maß reduzieren und speziell auf das Ziel der Ausgabe ausrichten, nämlich Informationen über bestimmte Systemaktivitäten zu erhalten. In einem Report-Template kann mit Hilfe der folgenden Parameter die spätere Ausgabe kontrolliert werden:

▷ Die Event-Typen, die ausgegeben werden sollen.

▷ Der Zeitraum, im dem die Events stattfanden.

▷ Die Benutzer oder Gruppen von Benutzern, deren Aktivitäten zu den Events führten.

▷ Die Dateien, die von den Events betroffen wurden.

Die Handhabung der Report-Templates geschieht mit dem Menü

System ⟶ **Audit** ⟶ **Reports**

Das System bietet eine Reihe schon vorgefertigter Report-Templates an. Werden andere Report-Templates benötigt, so können diese mit dem Menü-Punkt **Create** erzeugt werden. Mit Hilfe des Punktes **List** kann man sich eine Liste der existierenden Report-Templates ausgeben lassen. Mit **View** lassen sich einzelne Report-Templates anschauen und mit **Modify** auch verändern. Gelöscht werden Report-Templates mit dem Menü-Punkt **Delete**.

10.5 Erzeugung eines Reports

Kommen wir nun zur Ausgabe von Audit-Daten. Um einen Audit-Report zu erzeugen, wählt man den Menü-Punkt

System $\longrightarrow$ Audit $\longrightarrow$ Report $\longrightarrow$ Generate

Wie schon erwähnt, werden die Audit-Daten in Sitzungen gesammelt. Jeden Tag und bei jedem Einschalten des Auditing wird eine neue Sitzung eröffnet. Deshalb muß die Sitzungsnummer eingegeben werden. Die zweite Eingabe, die erfolgen muß, betrifft das Report-Template, das benutzt werden soll. Bei beiden Eingaben kann mit der Funktionstaste F3 eine Liste der Möglichkeiten abgerufen werden. Anschließend wird der Report erzeugt. Die Ausgabe erfolgt wahlweise auf dem Bildschirm, in einer Datei oder direkt auf einen Drucker. Für jeden protokollierten Event wird ein Informationsblock ausgegeben. Dieser enthält unter anderem:

Prozeß ID	Die Nummer des Prozesses, der den Event verursacht hat.
Date/Time	Die Zeit und das Datum des Events.
Event type	Der Typ des protokollierten Events.
Action	Die Aktion, die ausgeführt wurde.
System Call	Der System-Aufruf, der den Event verursacht hat.
Result	Eine Angabe, ob die Aktion oder der System-Aufruf erfolgreich war.

Ist der Event durch einen Benutzerprozess verursacht worden, so wird außerdem der Benutzer angegeben, der den Event verursacht hat. Da mittels gesetztem Set-User-ID- oder Set-Group-ID-Bits die Identität des Prozesses eine andere als die des Benutzers, der den Prozeß gestartet hat, sein kann, gibt es hier eine Reihe von Angaben:

Luid	Login User-ID
Ruid	Real User-ID
Euid	Effective User-ID
Rgid	Real Group-ID
Egid	Effective group-ID

Die Login User-ID ist diejenige Benutzerkennung, mit der man sich
ursprünglich beim System angemeldet hat. Real User-ID und Real
Group-ID sind die Benutzerkennung und Gruppe, unter der ein Benutzer gerade arbeitet. Die Real User-ID kann von der Login User-ID
verschieden sein, wenn man mittels des **su**-Kommandos seine Identität
gewechselt hat. Effective User- und Group-ID's sind die beim aktuellen Programmaufruf geltenden ID's. Diese unterscheiden sich von
Real User- und Group-ID, wenn Programme mit gesetztem Set-User-
oder Set-Group-Id-Bit aufgerufen werden.

10.6   Beispiele für Audit-Records

Im folgenden wollen wir uns eine Reihe von Records anschauen, die
durch die verschiedenen Event-Typen erzeugt worden sind, und diese
interpretieren.

▷ Event-Typ A: Hochfahren des Systems

Der Event-Typ A ist das Starten das Systems. Dem Record ist zu
entnehmen, daß das System am 31. Mai gestartet wurde und daß als
System-Kern /unix verwendet wurde.

```
Process ID: 633 Date/Time:  Fri May 31 12:39:58
1992
Event type:  Startup/Shutdown activity
Action:  Kernel startup
System name:  heron
Inode number:  0
Kernel pathname:  /unix
```

▷ Event-Typ B: Ein- und Ausloggen

Ein wichtiger Event-Typ ist der Type B: An- und Abmelden beim System. Die beiden folgenden Records zeigen, daß sich der Benutzer *root* am 31. Mai um 12:41 am Terminal tty04 angemeldet und sich um 12:42 wieder abgemeldet hat.

```
Process ID: 583 Date/Time:  Fri May 31 12:41:55
1992
Event type:  Login/Logoff activity
Action:  Successful login
Username:  root
Login terminal:  /dev/tty04
```

```
Process ID: 661 Date/Time:  Fri May 31 12:42:10
1992
Event type:  Login/Logoff activity
Action:  Logoff
Username:  root
Terminal:  /dev/tty04
```

▷ Event-Typ C: Erzeugen und Beenden eines Prozesses

Hier sehen wir die Erzeugung und die Beendigung eines Prozesses. Verantwortlich hierfür war der Benutzer *root*. Der Prozeß mit der Prozeßnummer 622 erzeugte mittels des Systemaufruf **fork** einen Kind-Prozeß, der wenig später mittels exit wieder beendet wurde.

```
Process ID: 622 (*INC*) Date/Time:  Fri May 31
12:39:49 1992
Luid:  root Euid:  root Ruid:  root Egid:  root
Rgid:  root
Event type:  Process creation/deletion activity
System call:  Fork
Child process ID: 634
Result:  Successful
```

```
Process ID: 634 (*INC*) Date/Time:  Fri May 31
12:39:59 1992
Luid:  root Euid:  root Ruid:  root Egid:  audit
Rgid:  other
Event type:  Process creation/deletion activity
System call:  Exit
Result:  Successful
```

▷ Event-Typ D: Öffnen einer Datei

Das folgende Record zeigt das Öffnen einer Datei durch den Benutzer
root mittels des Systemaufrufs **open**. Die Datei war */usr/utmp*.

```
Process ID: 622 (*INC*) Date/Time:  Fri May 31
12:39:58 1992
Luid:   root Euid:   root Ruid:   root Egid:   root
Rgid:   root
Event type:  Make object available
System call:  Open Mode:  Read Write Create
Object:   /etc/utmp
Result:   Successful
```

▷ Event-Typ E: Aufrufen eines Programms

Der Event-Typ E zeigt den Aufruf eines Programms durch den Benutzer *sys*. Das Programm war eine Shell **/bin/sh**, die Prozeß-Nummer
637. Anhand dieser Prozeß-Nummer können nun die weiteren Aktionen dieser Shell verfolgt werden.

```
Process ID: 637 (*INC*) Date/Time:  Fri May 31
12:40:01 1992
Luid:   sys Euid:   sys Ruid:   sys Egid:   sys Rgid:
sys
Event type:  Map object to subject
System call:  Exece
Object:   /bin/sh
Result:   Successful
```

▷ Event-Typ F: Modifizieren einer Datei

Dieses Beispiel zeigt ein Record, das durch das Modifizieren einer Datei erzeugt wurde. Der Benutzer war *root*, die Datei, deren Modifikation erfolgreich war, */tcb/files/auth/r/root-t.*

```
Process ID: 583 (*INC*) Date/Time:   Fri May 31
12:41:54 1992
Luid:   root Euid:   root Ruid:   root Egid:   root
Rgid:   root
Event type:   Modify object
System call:   Open Mode:   Write Create Truncate
Object:   /tcb/files/auth/r/root-t
Result:   Successful
```

▷ Event-Typ G: Schließen einer Datei

Dieses Record zeigt den Effect des **close**-System-Aufrufs. Die betroffene Datei war */etc/passwd*, in der gelesen aber nicht geschrieben wurde.

```
Process ID: 636 (*INC*) Date/Time:   Fri May 31
12:39:59 1992
Luid:   root Euid:   root Ruid:   root Egid:   audit
Rgid:   other
Event type:   Make object unavailable
System call:   Close
File Access-Read:   Yes Written:   No
Object:   /etc/passwd
Result:   Successful
```

▷ Event-Typ H: Erzeugen einer Datei

Dieses Record zeigt einen Event vom Typ H. Es wurde eine Datei erzeugt, und zwar die Datei */tmp/sysadma00622*. Das Erzeugen dieser Datei war erfolgreich.

```
Process ID: 642 (*INC*) Date/Time:  Fri May 31
12:40:22 1992
Luid:   root Euid:   root Ruid:   root Egid:   audit
Rgid:   other
Event type:  Object creation
System call:  Open Mode:  Write Create Truncate
Object:   /tmp/sysadma00622
Result:  Successful
```

▷ Event-Typ I: Löschen einer Datei

Dieses Record zeigt das erfolgreiche Löschen der Datei */tmp/msg.a0734*. Zu beachten ist, daß hier die Login-User-Id *root* ist, das Löschen jedoch als Benutzer *mmdf* vorgenommen wurde. Dies bedeutet, daß sich ein Benutzer als *root* angemeldet hat, sich jedoch dann mittels des **su**-Kommandos in *mmdf* verwandelt hat.

```
Process ID: 734 (*INC*) Date/Time:  Fri May 31
12:53:08 1992
Luid:   root Euid:   mmdf Ruid:   mmdf Egid:   mmdf
Rgid:   mmdf
Event type:  Object deletion
System call:  Unlink
Object:   tmp/msg.a0734
Result:  Successful
```

▷ Event-Typ J: Änderung der Zugriffsrechte

Dieses Record wurde durch einen Event vom Typ J erzeugt. Es wurden die Zugriffsrechte einer Datei geändert. Die alten und die neuen Zugriffsrechte werden aufgeführt.

```
Process ID: 636 (*INC*) Date/Time:  Fri May 31
12:40:00 1992
Luid:   root Euid:   audit Ruid:   audit Egid:   audit
Rgid:   audit
Event type:  Discretionary access change
System call:  Chmod
Modified object:
/tcb/audittmp/audit1//CAF00001.00000
Old Values for Uid:   79 Gid:   17 Mode:   100660
New Values for Uid:   79 Gid:   17 Mode:   100600
Result:  Successful
```

▷ Event-Typ K: Verweigerung des Zugriffs

Dieses Record zeigt die Verweigerung eines Zugriffs. Es wurde versucht, das Verzeichnis zum Lesen zu öffnen. Dieser Event wurde dadurch erzeugt, daß der Benutzer *ingres* im Verzeichnis */tcb* das Kommandos **ls** aufgerufen hat.

```
Process ID: 700 (*INC*) Date/Time:  Fri May 31
12:50:46 1992
Luid:  ingres Euid:  ingres Ruid:  ingres Egid:
group Rgid:  group
Event type:  Access denial
System call:  Open Mode:  Read
Object:  .
Result:  Failed-EACCES (Access denial)
Security policy:  discretionary
```

▷ Event-Typ L: Aktionen des Systemverwalters

Der Event-Typ L wird durch Aktionen des Systemverwalters ausgelöst.
Der Eintrag **authsh** weist Benutzerverwaltung hin. Der betroffene
Benutzer war *test*. Es wurde ein Eintrag in der *protected password
database* erzeugt.

```
Process ID: 709 Date/Time:  Fri May 31 12:52:50
1992
Event type:  System administrator activity
Subsystem:  0
Command:  authsh
Security action:  test
Result:  Successful creation of protected password
entry
```

▷ Event-Typ M: Ungenügende Autorisierung

Der folgende Event wurde durch ungenügende Autorisierung beim
Aufruf eines Programms in /tcb/bin ausgelöst.

```
Process ID: 636 (*INC*) Date/Time:  Fri May 31
12:39:59 1992
Luid:   root Euid:   root Ruid:   root Egid:   audit
Rgid:   other
Event type:  Insufficient privilege
System call:  Security (Setluid)
Result:  Failed-EPERM (Insufficient privilege)
```

▷ Event-Typ N: Ungenügende Ressourcen

Der Prozeß mit der Prozeß-Nummer 358 wollte mittels des **fork**-Sys-
temaufrufs einen Kind-Prozeß erzeugen. Dieser Aufruf schlug fehl, da
die Prozeß-Tabelle voll war.

```
Process ID: 358 Date/Time:  Mon Jun 3 18:18:48
1992
Luid:   root Euid:   root Ruid:   root Egid:   other
Rgid:   other
Event type:  Resource denial
System call:  Fork
Child process ID: 0
Result:  Failed-EAGAIN (No more processes)
```

▷ Event-Typ O: Kommunikation zwischen Prozessen

Event-Typ O betrifft die Kommunikation zwischen Prozessen. Ein Spezialfall dieser Kommunikation ist das Beenden eines Prozesses mit dem **kill**-Kommando, da dieses Kommando ein Signal an den zu beendenden Prozeß sendet.

```
Process ID: 535 (*INC*) Date/Time:  Fri May 31
12:40:25 1992
Luid:   root Euid:   root Ruid:   root Egid:   root
Rgid:   root
Event type:  Inter-process communication
System call:  Kill
Result:  Successful
```

▷ Event-Typ P: Änderung der Identität eines Prozesses oder des aktuellen Verzeichnisses.

Die beiden folgenden Records wurden durch Events vom Typ P erzeugt. Der Fall betrifft die Änderung der Identität eines Prozesses auf Grund gesetzten Set-User-ID-Bits. Das zweite Beispiel zeigt den Effekt des **cd**-Kommandos. In diesem Fall wird das neue aktuelle Verzeichnis der Shell angeben.

```
Process ID: 634 (*INC*) Date/Time:  Fri May 31
12:39:59 1992
Luid:   root Euid:   root Ruid:   root Egid:   audit
Rgid:   other
Event type:  Modify process
System call:  Setuid
Result:  Successful
```

```
Process ID: 637 (*INC*) Date/Time:  Fri May 31
12:40:01 1992
Luid:   sys Euid:   sys Ruid:   sys Egid:   sys Rgid:
sys
Event type:  Modify process
System call:  Chdir
Current Directory:  /usr/sys
Result:  Successful*
```

▷ Event-Typ Q: Aktivität des Audit-Teilsystems

Die beiden folgenden Records zeigen den Effekt des Startens des Auditings. Das erste Record wurde durch das Ausführen des Menü-Punktes Enable erzeugt, das zweite durch das Starten von **auditd**.

```
Process ID: 633 Date/Time:  Fri May 31 12:39:58
1992
Event type:  Audit subsystem activity
Action:  Audit enabled
```

```
Process ID: 636 Date/Time:  Fri May 31 12:39:59
1992
Event type:  Audit subsystem activity
Action:  Audit daemon initiated
```

▷ Event-Typ R: Änderung der Sicherheits-Daten

Das folgende Record zeigt die erfolgreiche Änderung des Passworts durch den Benutzer *ingres*.

```
Process ID: 692 Date/Time:  Fri May 31 12:50:21
1992
Event type:  Authentication database activity
Action:  Successful password change
Username:  ingres
```

Kapitel 11

Das cron-Teilsystem

Werden Kommandos im System ausgeführt, so geschieht dies in der Regel dadurch, daß ein Benutzer vor dem Bildschirm sitzt und den Befehl eingibt. Muß dies so sein? Es gibt durchaus Situationen, in denen es wünschenswert wäre, Befehle ausführen zu lassen, obwohl man gar nicht am System ist. Zum einen gibt es Kommandos oder Routinen, die regelmäßig ausgeführt werden sollen, so daß man sich wünscht, einen Mechanismus zur Verfügung zu haben, der dieses automatisch macht. Zum anderen möchte man Kommandos zu einem späteren Zeitpunkt ausführen lassen, entweder zu einer fest vorgegebenen Zeit, z.B. eine Datensicherung um Mitternacht, oder wenn die Belastung des Systems relativ niedrig ist. Zu diesem Zweck gibt es das **cron-Teilsystem.**

cron kommt von Chronometer und ist der Name eines Hintergrund-Prozesses, der die Aufgabe hat, Kommados, in diesem Zusammenhang auch Jobs genannt, nach Maßgabe der Benutzer regelmäßig oder verzögert auszuführen. Was **cron** wann zu tun hat, dies muß ihm natürlich mitgeteilt werden. Zu diesem Zweck gibt es die Befehle **crontab, at** und **batch,** die wir im folgenden genauer besprechen werden.

11.1   Das crontab-Kommando

Mit Hilfe des Befehls **crontab** wird dem **cron**-Dämon mitgeteilt, welche Kommados auf regelmäßiger Basis ausgeführt werden sollen.

---

crontab *datei*
crontab [-u *user*] -l
crontab [-u *user*] -r

In der ersten Version wird **cron** mitgeteilt, welche Jobs er zu welchen Zeiten auszuführen hat. Die Datei *datei* enthält hierbei Einträge in einem speziellen Format. Diese Datei wird in das System-Verzeichnis */usr/spool/cron/crontabs* kopiert und erhält dort den Namen des Benutzers, der den Befehl **crontab** ausgeführt hat. Diese Datei enthält alle regelmäßigen **cron**-Jobs, die der jeweilige Benutzer ausführen lassen will. Will man Jobs hinzufügen, so müssen auch die bisherigen Jobs wieder in dieser Datei enthalten sein.

In der zweiten Version können alle **cron**-Jobs, die zur Zeit laufen, ausgegeben werden, und in der dritten Version werden alle diese Jobs wieder gelöscht. Mit der Option -u können Versionen zwei und drei auch für einen anderen Benutzer ausgeführt werden. Dies ist natürlich dem *superuser* vorbehalten.

Schauen wir uns nun das Format eines Eintrags in einer **crontab**-Datei an. Er besteht aus 6 Feldern, die alle präsent sein müssen. Die ersten fünf Felder enthalten die Zeitangabe, das letzte das Kommando, das ausgeführt werden soll:

minute hour day month day-of-week command

Wie schon durch die Namen der Felder angedeutet, haben die einzelnen Felder die folgende Funktion:

minute	Minutenangabe durch eine Zahl von 0 bis 59.
hour	Stundenangabe durch eine Zahl von 0 bis 23.
day	Angabe des Tags durch eine Zahl von 1 bis 31.
month	Angabe des Monats durch eine Zahl von 1 bis 12.
day-of-week	Angabe des Wochentags durch eine Zahl von 0 bis 6, wobei 0 den Sonntag bezeichnet.
command	Auszuführendes **UNIX**-Kommando.

Angegeben wird immer der Zeitpunkt, zu dem das Kommando ausgeführt werden soll. Immer, wenn die Angaben in allen fünf Feldern mit dem aktuellen Zeitpunkt übereinstimmen, wird **cron** aktiv. Angegeben werden können auch Bereiche in der Form m-n, Listen in der Form k,l,m ... und alle erlaubten Werte durch das Zeichen '*'. Betrachten wir ein paar Beispiele. Der Eintrag

```
0    0    1,15    *    *    cmd
```

bedeutet, daß das Kommando *cmd* zur 0-ten Minute und zur 0-ten Stunde, also um Mitternacht, jedes Monats und bei beliebigem Wochentag ausgeführt werden soll. Im Falle des Eintrags

```
0    5-8    *    *    0    cmd
```

wird Kommando *cmd* jeden Sonntag ausgeführt, und zwar um 5, 6, 7 und 8 Uhr. Das Datum spielt hierbei keine Rolle. Aufpassen muß man, wenn man Datum und Wochentag spezifiziert. So wird im Beispiel

```
0    0    1    1    0    cmd
```

Das Kommando am 1. Januar jedes Jahres aufgerufen, allerdings nur,
wenn dieser Tag ein Sonntag ist.

Nun noch einiges zur Angabe des Kommandos. Wird im Kommando-
feld das Zeichen '%' gesetzt, so wird dies als *new-line*-Zeichen interpretiert. Nur die Eingabe bis zum ersten '%' wird von der Shell ausgeführt. Die restlichen Einträge werden als Standard-Eingabe für das
Kommando interpretiert. Was geschieht nun, wenn das Kommando
Meldungen oder Fehlermeldungen ausgeben will. Ein am Bildschirm
aufgerufenes Kommando hat zwei Datei-Deskriptoren für Ausgaben,
stdout für 'normale' Meldungen und *stderr* für Fehlermeldungen. Dies
gilt für von **cron** ausgeführte Befehle nicht. Man kann jedoch mittels
Ausgabeumlenkung Nachrichten des Kommandos in Dateien schreiben lassen. Tut man dies nicht, erhält man diese via **mail** vom **cron**-
Dämon zugeschickt.

11.2   Die Kommandos at und batch

Neben **crontab**, mit dem man Jobs zur regelmäßigen Ausführung
übergibt, bietet das **cron**-Teilsystem noch die Möglichkeit, Kommandos verspätet durchführen zu lassen. Hierbei gibt es zwei Varianten:

 ▷ Das Ausführen eines Kommandos zu einem späteren, fest definierten Zeitpunkt.

 ▷ Das Ausführen eines Kommados zu einem Zeitpunkt, zu dem
   das System relativ wenig belastet ist. In diesem Fall bestimmt
   das System selbst, wann der Befehl ausgeführt wird.

Jobs, die zu einem festen Zeitpunkt ausgeführt werden sollen, werden
mittels des **at**-Kommandos übergeben. Hierbei können gleich mehrere Befehle gleichzeitig angegeben werden. Jedes Kommando wird
in eine neue Zeile geschrieben, und mit <CTRL>d wird die Eingabe
abgeschlossen.

```
at time [date]
kommando1
kommando2
.

.

<CTRL>d
```

Die Zeitangabe *time* kann durch ein-, zwei- und vierstellige Zahlen gemacht werden. Ein- und zweistellige Zahlen bedeuten Stundenangaben. Eine vierstellige Zahl bedeutet Stunden und Minuten. Die Zeitangabe kann alternativ auch in der Form *hour:minute* gemacht werden. Die optionale Datumsangabe *date* wird wie folgt spezifiziert.

▷ Name eines Monats gefolgt vom Datum.

▷ Name eines Wochentags.

Wird kein Datum angegeben, wird das Kommando am gleichen Tag zum definierten Zeitpunkt ausgeführt, bzw. am nächsten Tag, wenn der angegebene Zeitpunkt früher als der aktuelle ist.

Zusätzlich versteht **at** noch die Optionen -l und -r. Mit der -l-Option wird eine Liste der **at**-Jobs ausgegeben. Mit Hilfe der -r-Option werden **at**-Jobs gelöscht.

batch erlaubt die Ausführung größerer Programme zu einem Zeitpunkt, zu dem die Belastung des Systems niedrig ist. Diesen Zeitpunkt bestimmt das System. Die Syntax von **batch** ist die gleiche wie die das **at**-Kommandos, nur daß kein Zeitpunkt angegeben wird:

```
batch
kommando1
kommando2
  .

  .

  .
<CTRL>d
```

11.3 Autorisierung

Nicht jeder Benutzer kann das **cron**-Teilsystem ohne weiteres benutzen. Vielmehr muß er autorisiert sein, um mittels **crontab, at** oder
batch Jobs an **cron** zu übergeben. Die Autorisierung geschieht in
den Dateien *cron.allow* und *cron.deny* bzw. *at.allow* und *at.deny.*
Existiert die Datei */usr/lib/cron/cron.allow*, so haben nur die in diese
Datei eingetragenen Benutzer das Recht, **cron**-Jobs mittels **crontab**
auszuführen. Existert die Datei *cron.allow* nicht, jedoch die Datei
/usr/lib/cron/cron.deny, so haben alle Benutzer, die nicht in *cron.deny*
aufgeführt sind, das Recht **crontab** zu benutzen. Existiert keine dieser Dateien, so hat nur der *superuser* das Recht, **crontab** zu benutzen.
Mit den Dateien *at.allow* und *at.deny* verhält es sich genauso. Sie regeln die Verwendung von **at** und **batch**. Die Einträge in diese Dateien
bestehen aus einem Benutzer pro Zeile.
Die Vergabe der Authorisierungen läßt sich auch mittels der **sysadmsh**
durch Aufruf von

Jobs $\longrightarrow$ **Authorize**

bewerkstelligen.

Kapitel 12

Systemdiagnose und Tuning

Kommen wir nun zu einem Thema, das für den Systemverwalter gerade dann an Bedeutung gewinnt, wenn er der Meinung ist, das System sei ordentlich installiert, die Benutzer alle eingerichtet und die Anwendersoftware fehlerfrei installiert. Gerade in diesem Moment der Entspannung und der wohlverdienten Ruhe schreckt den Systemverwalter lautes und energisches Telefonklingeln hoch. Am anderen Ende der Leitung rufen mehrere Stimmen aufgeregt nahezu völlig Unverständliches durcheinander. Soviel jedenfalls bekommt unser Systemverwalter mit: Ständig wird der Bildschirm der relativ unbedarften Anwender mit Systemmeldungen gefüllt wie etwa: 'No File', 'Cannot creat' und mit sonstigen, ähnlich klingenden Fehlermeldungen. Als erfahrener UNIX-Spezialist wissen Sie natürlich sofort Bescheid: Die Anzahl systemweit zu öffnender Filedeskriptoren ist standardmäßig zu niedrig eingestellt für die 8 Benutzer, die gleichzeitig mit einer Datenbankanwendung arbeiten müssen. Das sind so die Kleinigkeiten, an die man bei der Installation von UNIX einfach immer wieder nicht denkt ...

Ein UNIX-System muß auf seine individuellen Anforderungen hin angepaßt werden, um auch tatsächlich maximale Leistung erbringen zu können. Ein ganz wichtiger Punkt dabei ist die Ausstattung des Rechners. Wenn die Hardware-Ressourcen nicht da sind, kann auch das geschickteste Verändern der Systemparameter nicht die erhoffte Leistung des Systems verbessern. Wer hier spart, tut seinen Anwendern keinen Gefallen. Arbeiten beispielsweise bis zu 8 Benutzer gleichzeitig an einem **SCO UNIX** System V/386 3.2 Betriebssystem mit einer Datenbankanwendung, so sind 16 MBytes Hauptspeicher im Personal Computer das absolute Minimum. Soll zudem noch an der

Konsole mit X-Windows gearbeitet werden, so sind sicherlich noch einige MBytes mehr an Speicher erforderlich. Ebenso muß auf der Festplatte genügend Platz vorhanden sein, um über die installierte System- und Anwendersoftware hinaus Daten von 8-10 Benutzern aufnehmen zu können. Denken Sie daran, daß auch der Swapbereich auf der Festplatte dem Hauptspeicher entsprechend groß ausgelegt ist. Wenn wirklich mal der eine oder andere Prozeß auf die Festplatte ausgelagert werden muß, dann soll wenigstens der Swapbereich auch die erforderlichen Datenmengen aufnehmen können und keine Warnung vom Kernel provozieren. Grundsätzlich ist das System am besten angepaßt, das die wenigsten (Kernel)-Systemmeldungen auf der Konsole produziert.

Wie jetzt genau das Betriebssystem konfiguriert, gewartet und erweitert wird, und mit welchen Utilities und wie dies zu bewerkstelligen ist, soll Ihnen, liebe Leser, auf den nächsten Seiten ausführlich erklärt werden.

12.1 Die Systemparameter

Wie Sie sich sicherlich denken können, gibt es in einem derart komplexen Betriebssystem wie **UNIX** eine Reihe von Systemparametern und Variablen, die von Ihnen, dem Systemverwalter, konfiguriert und verändert werden können. Zu allen möglichen und nur erdenkbaren Bereichen gibt es diese Werte, und es erfordert ein Großmaß an Erfahrung und Systemkenntnis, diese Werte auf einigermaßen sinnvolle Werte zu setzen. Sinnvollerweise sind diese Parameter nach der Systeminstallation auf Werte gesetzt, die ein weitgehend fehlerfreies Arbeiten an dem System ermöglichen. Da die Autoren des Betriebssystems **UNIX** aber nicht wissen können (woher auch ?), was Sie als Systemverwalter jetzt genau mit diesem **UNIX** 'anstellen' wollen, sollten Sie sich in jedem Falle einmal Gedanken darüber machen, wie Ihr System auf Ihre individuellen Anforderungen hin anzupassen sein könnte.

Nun, wir unterscheiden im wesentlichen mehrere verschiedene Parametertypen, von denen die 4 wichtigsten nachher genau beschrieben werden sollen. Es gibt verschiedene Möglichkeiten, die Werte zu verändern. In jedem Falle müssen Sie als Superuser (**root**) am System angemeldet sein, und sich mittels des Kommandos **cd** in das Verzeichnis:

/etc/conf/cf.d

bewegen. An dieser Stelle seien die wichtigsten Verzeichnisse unterhalb */etc/conf* erläutert.

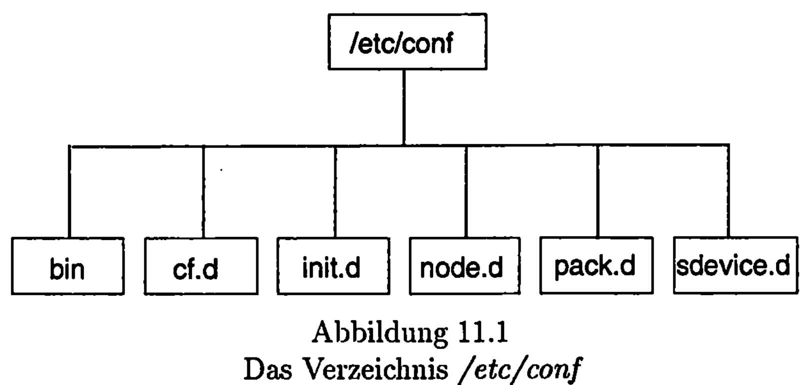

Abbildung 11.1
Das Verzeichnis */etc/conf*

▷ *bin*

Fangen wir dabei mit dem Verzeichnis *bin* an. Wie der Name dieses Verzeichnisses es bereits schon andeutet, sind hier alle ausführbaren Dateien untergebracht, die zum Erstellen eines neuen Betriebssystemkerns notwendig sind. Denken Sie dabei einmal an die Programme **idmake** oder **idtune**.

▷ *cf.d*

Das Verzeichnis *cf.d* ist eigentlich der Platz, zu dem Sie wechseln sollten, wenn Sie den Betriebssystemkern von Hand 'tunen' oder sonst in irgendeiner Form verändern wollen. Hier ist auch das Programm **configure** abgelegt, mit dem Sie menuegesteuert alle Kernelparameter interaktiv ändern können. Desweiteren sind auch hier die wichtigen Dateien *mdevice* und das aus *sdevice.d* generierte File *sdevice* abgelegt.

▷ *init.d*

Kommen wir zum nächsten Unterverzeichnis, das den Namen *init.d*
trägt. Sie können sich sicherlich an die wichtige Systemdatei *inittab*
erinnern. Hier sind wichtige Informationen (meist Programme, die
ausgeführt werden sollen) für */etc/init* abgelegt, die letztendlich beim
Hochfahren des Systems oder gar ständig abgearbeitet werden.

▷ *node.d*

Die meisten Gerätetreiber benötigen als Schnittstelle zu den Anwendern 'Devicenodes'. Das sind Verzeichniseinträge unterhalb des Sy-
stemverzeichnisses */dev*, die sich von normalen Verzeichniseinträgen
doch erheblich unterscheiden. Mit ihrer Hilfe können Ein- Ausgabe-
kontrollbefehle auf dem entsprechenden Gerät durchgeführt werden,
oder aber es wird ganz schlicht und einfach von dem Gerät gelesen oder
aber auf dem Gerät Daten ausgegeben. In dem Verzeichnis *node.d* sind
eventuell benötigte Devicenodes abgelegt. Dabei sind dort wichtige Informationen, wie zum Beispiel die Minorgerätenummer, der Besitzer-
und Gruppeneintrag und die späteren Zugriffsrechte abgespeichert.

▷ *pack.d*

Die Objektmodule der einzelnen Treiber sind im Verzeichnis *pack.d*
zu finden, wobei für jedes zu betreibende Gerät ein eigenes Unterverzeichnis existiert. Jeder Treiber hat nun ein Objektmodul mit dem
einheitlichen Namen *Driver.o*. Optional kann noch eine weitere Datei
für einen Treiber mit dem Namen *space.c* vorhanden sein, in dem in der
Regel feststehende Definitionen (#define ... ...) zu finden sind. Sie,
liebe Leser, sollten jedoch die darin enthaltenen Werte nicht ändern,
bevor Sie nicht genauestens wissen, was Sie mit dieser eventuellen
Änderung eigentlich bewirken.

▷ *sdevice.d*

Durch die innerhalb des Verzeichnisses *sdevice.d* für nahezu jeden Treiber abgelegten Informationen werden die meisten Treiber auch von der
Hardware aus erst richtig konfigurierbar. Hier ist pro Gerät eine Datei, die aus einer Zeile besteht, vorhanden. Sollte das erste der durch
Leerzeichen oder Tabulatoren voneinander getrennten Felder auf 'Y'
stehen, so wird die entsprechende Zeile beim Erstellen eines neuen Betriebssystemkerns in die Datei */etc/conf/cf.d/sdevice* übertragen. In
den anderen Feldern der Zeile sind Informationen über Ein- und Aus-

gabeadressen, Interruptvektoren oder DMA-Kanäle abgespeichert. Im Normalfall sollten Sie diese Einträge nicht manuell verändern, dies sollte über das Programm **configure** geschehen.

12.1.1 Die Dateien *mtune* und *stune*

In diesem Verzeichnis befinden sich 2 editierbare (also ASCII) Dateien, die die Systemparameter aufnehmen. Die Rede ist von den Dateien mit dem Namen *mtune* und *stune*. In der Datei *mtune* sind alle konfigurierbaren Parameter (pro Zeile einer) aufgezählt, wobei dem Namen des Parameters 3 Werte folgen. Der erste beschreibt den Defaultwert, der zweite den Minimalwert und der dritte letztendlich den maximal zulässigen Wert für den aktuellen Parameter. Es ist nicht möglich, unter den Minimal- bzw. über den Maximalwert bei der Einstellung hinauszugehen. Sie sollten *mtune* auch nicht von Hand editieren, um Minimal- oder Maximalwerte zu verändern. Sie können davon ausgehen, daß die Systemstabilität durch das Setzen von Systemparametern über diese Grenzen hinweg erheblich gefährdet ist !
Die Datei *stune* enthält die tatsächlich gesetzten Parameter, die dann auch beim Erzeugen eines neuen Betriebssystemkerns verwendet werden. Das Format ist nahezu identisch zu dem von *mtune*, mit dem Unterschied, daß nur ein Wert dem Klartext des Parameters folgt.
Genau wie bei *mtune* auch, sollten Sie diese Datei niemals 'von Hand' editieren, sondern sich den dazu geeigneteren Utilities **idtune**, bzw. (noch besser) **configure**, die nachfolgend noch ausführlich beschrieben werden, bedienen. Doch kommen wir nun zu den Parametern selbst.

12.1.2 Festplatten und Puffer

NDISK

Der erste zu konfigurierende Parameter innerhalb des Themenbereichs Festplatten und Puffer heißt NDISK und beschreibt sinnigerweise die

maximale Anzahl unterstützter Festplatten. Dieser Wert ist standardmäßig auf 4 gesetzt, und sollte auch diesen Wert beibehalten (Wir
können uns jedenfalls keinen Rechner (Personal Computer) mit mehr
als 4 Festplatten vorstellen).

NBUF

Der Parameter NBUF beschreibt die maximale Anzahl der System-
puffer, die **UNIX** für I/O zur Verfügung stehen. Darin enthalten sind
nicht nur die Puffer für die Blockdevices (Diesen Pufferspeicher nennt
man auch *buffer pool*), sondern auch die Puffer für die zeichenorientierten Geräte (*clists*). Je mehr Hauptspeicher in einem System installiert
ist, desto größer sollte dieser Wert ausfallen. Bei der ersten Installation
des Betriebssystems wird der Wert für NBUF vom System errechnet
und entsprechend gesetzt. Sollten Sie im weiteren Verlauf Ihren Rechner an Hauptspeicher aufrüsten, so sollte der Wert für NBUF erhöht
werden. Auf einem Rechner mit 8 MBytes Hauptspeicher jedenfalls
wird NBUF auf 200 gesetzt.

NPBUF

Bezeichnete NBUF die maximale Anzahl aller Systempuffer, so bezieht sich NPBUF auf die maximale Anzahl der physikalischen Puffer,
also einen Speicherbereich, der Daten für ein bestimmtes Gerät zwi-
schenspeichert (puffert). Da zwischen dem Einlesen von einem physikalischen Gerät und dem Empfangen der gelesenen Daten durch ein
Anwenderprogramm etwa eine Unmenge an Datentransfer und Kernel-
code liegt, ist eine größere Pufferung bei intensiver Anwendung eines
Gerätes empfehlenswert. Wieviele dieser Puffer letztendlich für das
individuelle System als optimal erscheinen, kann pauschal leider an
dieser Stelle nicht gesagt werden. Sie als Systemverwalter müßten
sich einiger Performance-Analyzing Tools bedienen, um den optima-
len Wert hierfür herauszubekommen. Welche es da gibt, und wie diese
zu bedienen sind, soll im weiteren Verlauf dieses Abschnittes erläutert
werden.

MAXBUF und NHBUF

Wir stellen Ihnen nun den Parameter MAXBUF vor, der die maximale Anzahl der Blockheader beinhaltet. Normal für diesen Wert sind 600, wobei die Anzahl der Blockheader abhängig von der Größe des installierten Hauptspeichers berechnet wird.

Auch für den Wert NHBUF gilt: er ist abhängig von einem anderen Wert, nämlich von MAXBUF. NHBUF beinhaltet die maximale Anzahl der Hash-Puffer, die für ein schnelles Auffinden eines gewünschten Blocks in der Queue zuständig sind.

Mit 'Hashing' bezeichnet man einen schnellen Algorithmus zum Finden eines bestimmten Datensatzes. Hierbei wird aus dem Suchbegriff mittels einer Primzahlrechenoperation ein eindeutiger Code gebildet, der als Index in die 'Hashtabelle' benutzt wird. NHBUF sollte zu MAXBUF im Verhältnis 1:4 berechnet werden, wobei zu berücksichtigen ist, daß NHBUF immer eine 2-er Potenz ist. Wenn MAXBUF = 600 ist, so sollte NHBUF = 64 sein.

Setzen Sie bitte den Wert für MAXBUF niemals zu hoch, da sonst bereits ein normalerweise mäßig ausgelastetes System anfängt, in Ermangelung an Hauptspeicher Prozesse auf den Swapbereich der Festplatte auszulagern.

CTBUFSIZE

Endlich haben wir hier einmal einen Parameter, dessen Inhalt einfach und deutlich zu verstehen ist. Es handelt sich um die Puffergröße für Tapeoperationen (Cartridge Buffer Size). Der Defaultwert von 128 erscheint vernünftig, und es gibt eigentlich keinen Grund, diesen Wert zu verändern (es sei denn, Sie wollen Ihren Speicher unnütz verschwenden, oder aber Tape-Operationen unnötig verlangsamen).

DMAABLEBUF

War der Parameter CTBUFSIZE so einfach nachzuvollziehen, so fällt es im Anschluß daran ungeheuer schwer, diese o.g. Variable DMAABLEBUF zu verstehen. In der Dokumentation finden wir den Hinweis, daß es sich hierbei um die maximale Anzahl der Puffer handelt, die DMA-Requests über eine physikalische Speicheradresse von 16MB hinaus behandeln sollen. Der Wert hierfür steht standardmäßig auf 16, und auf diesem Wert sollte er auch belassen werden.

PLOWBUFS

Die Variable PLOWBUFS umschreibt, wieviel Prozent aller Puffer unterhalb der 16 MB Grenze liegen sollen. Standardmäßig ist dieser Wert auf 30 festgesetzt und sollte auch nicht geändert werden (erst recht nicht, wenn Ihr System nicht mehr als 16 MB an Hauptspeicher besitzt).

NCOPYBUF

Dieser Wert spezifiziert die Anzahl der Puffer, die für ein Kopieren von Daten (copyin(), copyout() (K)) benutzt werden können. Eigentlich gibt es keinen Grund, diesen Wert zu verändern.

NAUTOUP

Diese wohlklingende Variable umschreibt ein Zeitintervall mit der Anzahl der Sekunden, nach deren Ablauf ein sogenannter 'dirty block' (also ein im Puffer befindlicher und frisch editierter Block) auf die Festplatte geschrieben wird, bevor der normale 'caching'-Mechanismus dieses tut. Standardmäßig steht der Wert hierfür auf 10 Sekunden. Ein Vergrößern dieses Wertes kann die Systemperformance minimal verbessern, aber leider kann das auch im Falle eines Systemabsturzes katastrophale Folgen für das Dateisystem haben. Also lassen Sie bitte die Finger von diesem Wert.

BDFLUSHR

In gewissen Zeitintervallen werden Schreibblöcke, die noch im 'Buffer Pool' stehen, auf die Festplatte auch physikalisch zurückgeschrieben. Dieser Zeitraum ist normalerweise in einem **UNIX**-System auf 30 festgelegt (Alle 30 Sekunden verrichtet der Prozeß **bdflush** seine Arbeit.). Da das so üblich ist, und auch kein Grund dafür spricht, diesen Intervall zu ändern, sollten Sie den Inhalt von BDFLUSHR auf seinem Wert belassen.

PUTBUFSZ

Hier wird die Größe des Ringpuffers mit dem Namen 'putbuf' auf 2000 festgesetzt, und dabei sollten Sie es auch belassen.

PIOMAP und PIOMAXSZ

Um diese Variable vollends verstehen zu können, wäre es unumgänglich, sich mit Programmierung und Optimierung von Gerätetreibern auseinanderzusetzen. Soviel nun zu Ihrem Verständnis: Jede I/O Anforderung wird vom Betriebssystemkern aufgesplittet und in eine interne Tabelle eingetragen. Die Variable PIOMAP umschreibt die Anzahl der Einträge eben in dieser Tabelle und ist auf standardmäßig 50 gesetzt. Dieser Wert erscheint für alle Systeme ausreichend, also sollten Sie ihn nicht ändern. Das gleiche gilt für den Wert 64, den die Variable PIOMAXSZ nach der Installation beinhaltet. PIOMAXSZ beschreibt die maximale Anzahl der Pages, die für eine I/O Operation einmalig benutzt wird.

Damit hätten wir alle Parameter, die zum 'Aufmöbeln' des Filesystemhandlers von **UNIX** veränderbar sind, abgehandelt. Bevor Sie einen Wert ändern möchten und dessen Auswirkung nicht hundertprozentig voraussagen können, lassen Sie es lieber. Nichts ist schlimmer, als in einem falsch getunten System die Ursache hierfür ermitteln zu müssen. Bedenken Sie, daß Systemsicherheit über alles geht.

Nur, um eine vielleicht um wenige Millisekunden verbesserte Performance des Systems zu erreichen, dürfen Sie keinesfalls größere Datenverluste bei eventuellen Systemabstürzen billigend in Kauf nehmen.

Viele Variablen stehen bereits auf durchaus sinnvollen Werten und sollten auch nicht nachträglich geändert werden. Eigentlich hätte man diese gar nicht erst konfigurierbar machen sollen, um ein falsches Tuning von vornherein zu verhindern.

Doch kommen wir nun zu anderen wichtigen Variablen, denen der Dateien, der Inodes und denen des Dateisystems.

12.1.3　Dateien, Inodes und Dateisysteme

Auch die Variablen, die hierbei zu verändern sind, können den Systemdurchsatz entscheidend verändern. Wenn Sie die Werte geschickt setzen, dann wird das System unter Umständen sehr viel schneller.
Wie dem auch sei, **UNIX** ist sicherlich ein Festplatten-orientiertes Betriebssystem, bei dem nahezu alles in Form von Dateien dargestellt wird. So erscheint es wenig verwunderlich, daß gerade das Ändern dieser Variablen doch recht gravierende Folgen haben kann.
Schauen wir uns diese einmal näher an:

NINODE

Wie wir aus dem dritten Abschnitt wissen, ist jede Datei im **UNIX**-Dateisystem durch eine Inode, eigentlich einem Index auf die Inodetabelle, abgebildet. Die maximale Anzahl der gleichzeitig geöffneten Inodes (also Dateien) wird durch die Variable NINODE festgelegt. Dieser Wert ist standardmäßig mit 300 etwas niedrig angesetzt. Hier schadet es durchaus nicht, insbesondere wenn Sie mit mehr als 4 Benutzern an dem System arbeiten, ihn auf 400-500 zu erhöhen.

NHINODE

Wiederum haben wir es hier mit einer Hashtabelle zu tun, nämlich der, die auf die geöffneten Inodes zeigt. Die Größe dieser Tabelle ist mit dem standardmäßigen Wert 128 passend bemessen.

NFILE

Die maximale Anzahl systemweit offener Dateien ist mit dem Wert 200 eindeutig unterbelegt. NFILE sollten Sie als Systemverwalter also deutlich, mindestens aber um das doppelte erhöhen. Bedenken Sie einmal, wieviele offene Dateien nach dem Start des Betriebssystems in dem Multiusermodus aufgetreten sind. Ein paar Hundert kommen da schnell zusammen; wenn dann noch mehrere Benutzer an einem Datenbanksystem arbeiten ...

Mit einem zu niedrig konfigurierten Wert für NFILE haben wir auch gleichzeitig eine der am häufigsten dokumentierten Fehlermeldungen beim **UNIX** überhaupt ('No File', 'Cannot create', ...).

Ein Wort noch zum Zusammenhang der Parameter NINODES und NFILES. Die Werte für diese beiden Kernelvariabeln sollten zumindest immer gleich sein, es kann dabei aber auch nicht schaden, wenn NINODES etwas größer als NFILES ist. Der Grund hierfür ist relativ simpel: Grundsätzlich belegt jeder Filedeskriptor auch eine Inodestruktur. Das aktuelle Verzeichnis hingegen, wo sich der Anwender befindet, wenn er aktiv auf dem System arbeitet, belegt keinen Filedeskriptor, sondern eine Inodestruktur. Sie können das mit dem **sar** (Dem System Activity Reporter) relativ einfach nachvollziehen. Geben Sie einmal das Kommando:

```
$ sar -v 1 5
```

ein. Die Ausgabe könnte ungefähr so aussehen:

```
andreasn andreasn 3.2 2 i386 10/28/92


10:19:29 proc-sz  ov  inod-sz   ov  file-sz  ov  lock-sz
10:19:30 27/162   0   101/405   0   85/405   0   5/100
10:19:31 27/162   0   101/405   0   85/405   0   5/100
10:19:32 27/162   0   101/405   0   85/405   0   5/100
10:19:33 27/162   0   101/405   0   85/405   0   5/100
10:19:35 27/162   0   101/405   0   85/405   0   5/100
```

Das Kommando zeigt Ihnen unter der Rubrik *inode-sz* und *file-sz* an, wieviele Inodes und Filedeskriptoren gerade benutzt werden. Dabei stellen Sie fest, daß eigentlich immer mehr Inodes als Filedeskriptoren aktiv sind.

NMOUNT

Diese Variable beschreibt die maximale Anzahl gleichzeitig montierter Dateisysteme. Wenn Sie nicht gerade Außergewöhnliches vorhaben sollten, liegen Sie mit dem standardmäßig vergebenen Wert von.8 durchaus richtig. Anders hingegen verhält es sich, wenn Sie **NFS** (Network File System) im Einsatz haben. Hier können durchaus größere Werte erforderlich sein.

CMASK

Mit diesem Wert wird keine Anzahl vergeben (im Gegensatz zu allen vorangegangenen Werten), sondern diesmal eine 'AND'-Maske (eigentlich invertiert 'and not'), die zur Erstellung von Dateien mittels des Systemcalls creat() benutzt wird. Der standardmäßig eingestellte Wert 0 bewirkt hier also eine absolute Nichtbeeinflussung der Dateimaske beim Erzeugen von Dateien. Sie sollten schon triftige Gründe dafür haben, diese Variable eigenständig zu ändern, ansonsten belassen Sie sie einfach bei 0.

NOFILES

Hier ist die Anzahl der maximal geöffneten Dateien pro Prozess definiert. Mit dem voreingestellten Wert von 60 liegt man eigentlich immer richtig. Falls Sie Kundenunterstützung für **SCO UNIX** System V/386 betreiben sollten, werden Sie sicherlich öfter gefragt, warum man diesen Wert nicht vergrößern sollte. Und wie es der Zufall so will, sind es wirklich ausschließlich Programmierer von Datenbankanwendungen, die einfach mit den wirklich üppig bemessenenen 60 Filedeskriptoren nicht auskommen wollen.
Nun, es sind schlicht Programmierfehler, die den Kunden dann auch relativ schnell an diese magische Grenze bringen. Da werden Dateien einfach offengelassen, und für jeden auch nur erdenklichen Unsinn werden neue Dateien angelegt. Abgesehen davon, daß dadurch die gesamte Perfomance des Systems leidet, handelt es sich dabei um

schlechten Programmierstil. Wenn Sie Ihren Kunden 120 Filedeskriptoren gäben, so würden diese nach kurzer Zeit auch nicht genügen. Also, durch Verschwendung wertvoller Systemressourcen kann man schlechten Programmierstil sicherlich nicht auffangen. Sollte **NFS** auf ihrer Maschine installiert sein, dürfen Sie diesen Parameter keinesfalls ändern. Ansonsten können keine Netzwerk-Dateisysteme mehr *gemountet* werden. Lassen Sie also den Wert auf den voreingestellten 60 Filedeskriptoren und glauben Sie uns: es reicht ...

SHLBMAX

Seit **SCO UNIX** System V/386 3.2 Version 2.0 zieren einige seltsamen Dateien das Verzeichnis */shlib*. Es handelt sich um sogenannte *shared libraries*, also Bibliotheken, deren Inhalt C-Funktionen sind, die zur Laufzeit eines Prozesses aufgerufen werden, um hauptsächlich Platzressourcen zu sparen. Wenn Sie als Programmierer beispielsweise die Funktion **printf()** benutzen und dem Linker die Option -lc_s mit auf den Weg gaben, so wird die Funktion **printf.o** nicht etwa aus */usr/lib/libc.a* zum ausführbaren Programm gebunden, sondern es wird eine absolute Adresse aufgerufen, die durch Indizes so eingestellt wurde, daß automatisch die korrekte Shared Library Funktion **printf()** ausgeführt wird. Diese Funktionen sind jeweils nur einmal im System vorhanden und können von beliebig vielen Benutzern aufgerufen werden.

Die Variable SHLBMAX bezeichnet die maximale Anzahl der Shared Libraries, die von einem Prozeß allein benutzt werden kann. Der Defaultwert ist 8, und das kann er auch bleiben, da in einem Normalsystem sicherlich weniger (bzw. nicht mehr) als 8 Einträge im Verzeichnis */shlib* anzutreffen sind (Im Open Desktop Version 2.0 sind durch Hinzufügen von Shared X11R4 Libraries insgesamt 8 Einträge unter */shlib* zu verzeichnen).

FLCKREC

Ein Multiuser, Multitasking Betriebssystem muß Mechanismen haben, um gleichzeitigen Zugriff auf Dateien nicht im Chaos und Verderben enden zu lassen. So hat **SCO UNIX** (bzw. **UNIX** ganz allgemein) hervorragende Techniken zu bieten, die das Handling dieses Problems stark vereinfachen können (vorausgesetzt, man nutzt die gegebenen Hilfsmittel auch).

Die Rede ist vom Record Locking. Durch Setzen eines Flags in der Kernel Filestruktur einer offenen Datei wird beispielsweise festgelegt, ob ein bestimmter Record (also Teil einer Datei oder Datensatz) durch einen anderen Prozeß benutzt werden darf oder nicht. Falls nicht, so wird der Kernel den Zugriff auf diesen Datensatz durch einen anderen Prozeß mit einer aussagekräftigen Fehlernummer schlicht verweigern. Der Inhalt der Variablen FLCKREC ist nun die maximale Anzahl gleichzeitig 'gelockter' Datensätze. Sollte keine Datenbankanwendung auf dem von Ihnen installierten System laufen, so können Sie den voreingestellten Wert von 100 ohne weiteres belassen. Im anderen Falle aber sollten Sie diesen Wert erhöhen, insbesondere dann, falls mehrere Benutzer gleichzeitig mit einer Datenbank arbeiten sollten.

NMPBUF und NMPHEADBUF

Hier haben wir es mit einer Speicherzelle zu tun, die einen für das Acer Fast File System ((E)AFS) wichtigen Parameter beherbergt. Es geht um die Anzahl zusammenhängender Clusterpuffer, die für eine durchgängige Übertragung von Dateiblöcken vom Cache auf die Festplatte hin relevant sind. NMPBUF wird beim Systemstart festgelegt und sollte nicht geändert werden. Für einzelne Cluster Header ist die Variable NMPHEADBUF vorgesehen. Mit dem Wert 100 liegt man hierbei recht gut im Rennen.

BFREEMIN

Für das Acer Fast File System kann an dieser Stelle festgelegt werden, ob eine minimale Anzahl an freien Blöcken auf der sogenannten Free List verbleiben muß oder nicht. Im Normalfall muß das nicht so sein, und damit das auch nicht so ist, steht hier der Wert 0, den Sie auch so stehen lassen sollten.

S5CACHEENTS, S5CACHEQS und S5OFBIAS

Diese drei Variablen (belegt mit den Standardwerten 256,61,8) sind für das System V Dateisystem relevant. Sie sollten nur dann verändert werden, wenn Sie mit dem später noch vorgestellten Utility **sar -nr** feststellen sollten, daß die Trefferrate für Ihren Cache unter 90 Prozent liegt. In diesem Falle ist S5CACHEENTS vorsichtig zu erhöhen.

NGROUPS

Um dem **POSIX**-Standard zu genügen, hat SCO NGROUPS zur Konfiguration freigegeben. Hiermit soll die Anzahl der angehängten Group ID Arrays festgesetzt werden. Da das an keiner uns zugänglichen Stelle dokumentiert war und zudem auch leicht unverständlich wirkt, lassen wir diese Variable einfach in Ruhe.

Damit wäre die Besprechung der zweiten, wichtigen Gruppe konfigurierbarer Parameter abgeschlossen. Kommen wir nun aber zum dritten Punkt, dem der Speicherverwaltung, der Prozesse und dem Swapping.

12.1.4 Prozesse, Memory Management und Swapping

Ebenso wie bei der Besprechung der Parameter für das Dateisystem, ist die enorme Wichtigkeit der Variablen für das Speicher- und Prozeßhandling zu unterstreichen. Schauen wir uns diese einmal in der gleichen Reihenfolge an, wie sie sich uns mit Hilfe des interaktiv aufgerufenen Utility **/etc/conf/cf.d/configure** darstellen:

NPROC

In NPROC ist die maximale Anzahl aller systemweit laufenden Prozesse hinterlegt. Der im Normalfall eingetragene Wert 100 ist für ein System mit mehreren Benutzern sicherlich zu knapp bemessen und sollte von Ihnen dementsprechend erhöht werden.

MAXUP

MAXUP beschreibt die maximale Anzahl an Prozessen für einen Anwender und sorgt eigentlich nur dafür, daß ein Benutzer durch ver-
sehentlich zu viel gestartete Prozesse das System nicht an die durch
NPROC festgesetzten Maximalprozesse bringt. Der hier vorgesehene
Wert von 50 erscheint angemessen.

NREGION

Regionen sind spezielle Tabellen, die der Betriebssystemkern zur Ver-
richtung des Speicher- und Prozeßmanagements benötigt. Die Fehlermeldung 'Region Table Overflow' haben Sie vielleicht schon einmal auf
der Systemkonsole gesehen. Zum ordnungsgemäßen Ablauf eines Prozesses braucht der Kernel pro Prozeß 3 verschiedene Segmente. Das
TEXT-Segment nimmt den eigentlichen Code, das DATA-Segment
die initialisierten Daten auf. Darüber hinaus gibt es das STACK-
Segment, auf dem Rücksprungadressen und lokale Variabeln gespeichert werden. Diese Segemente werden auch REGIONS genannt. Mit
dem Parameter NREGIONS legen Sie die Anzahl der Regionen (Segmente) fest, die dem Kernel zur Ausführung von Prozessen letztendlich zur Verfügung stehen. Als Faustregel können Sie sich merken,
daß NREGIONS mindestens dreimal so groß sein sollte wie der Parameter NPROCS, schließlich nimmt jeder Prozeß drei Segmente (also
Regions) in Anspruch.

ULIMIT

Diese Variable kommt den alten **UNIX** Hasen sehr bekannt vor, kann
man mit dem gleichnamigen Aufruf von der Shellebene aus doch unter anderem die maximale Dateigröße, die eine von einem Anwender
angelegte Datei haben darf, festlegen. Tatsächlich ist der Wert auf
Kernelebene begrenzt auf die Anzahl der in ULIMIT festgelegten 512
Byte Blöcke. 2097152 ist die magische Zahl, die nach der Systeminstallation Inhalt von ULIMIT ist. Damit lassen sich Dateien mit einer
Größe von 1 GByte erzeugen. Das sollte in den allermeisten Fällen
ausreichen.
Ein kleiner Einschub vielleicht an dieser Stelle: Wer des öfteren mit
Kundenproblemen zu tun hat, oder auch im Presales sich verantwort-

lich für den Absatz des Unternehmens zeichnet, hört zuweilen schon von seltsamen Anforderungen und Hirngespinsten, die in den Köpfen mancher Unwissenden umherspuken und für eine nicht unerhebliche Verwirrung in der EDV-Welt sorgen. Da hört man so Aussagen wie, ich brauche eine Festplatte, die 4 Gigabyte groß sein muß, um Daten in einer 3 Gigabyte großen Datei aufnehmen zu können. Diese Daten müssen in Echtzeit von der parallelen Schnittstelle eingelesen und mit Index versehen in diese Riesendatei sortiert eingeordnet werden. Zugegebenermaßen übertreiben wir an dieser Stelle etwas, doch was hierbei klargestellt werden soll ist, daß doch erschreckend viele sogenannter EDV-Leute an die Unerschöpfbarkeit und an die Macht des Steins der Weisen eines **UNIX** Betriebssystems glauben. Doch dem ist sicherlich nicht so. Auch mit **UNIX** können Sie keine Wunder verbringen, und an den Stellen, an denen das System sagt, hier ist Schluß, verlassen Sie sich bitte darauf, daß auch wirklich Schluß ist. Also, eine Datei, die bereits Hunderte von MBytes groß ist, ist einfach schlecht, da deren Handling umständlich und langsam wird. Ja, kommt es zu einem Systemabsturz, so kann es sogar passieren, daß die gesamte Datei mit all ihren indirekt, doppelt und dreifach indirekt adressierten Blöcken kaputt ist, und dann ist das Gejammer unserer 'EDV-Spezialisten' groß: Hätten wir das Problem doch ganz anders angepackt...

SPTMAP

In SPTMAP ist die Größe der virtuellen Speicherbelegungstabelle des Kernels festgelegt. Dem hier vorzufindenden Wert 50 ist eigentlich nichts entgegenzusetzen.

AGEINTERVAL

Nach der in AGEINTERVAL angegebenen Anzahl von Clockticks wird der aktuell behandelte Prozeß als ganz 'heißer' Kandidat gehandelt, bei der nächsten Gelegenheit als veralteter Prozeß in den Swapbereich ausgelagert zu werden. Unter **SCO UNIX** System V/386 3.2 Version 2.0 war der Defaultwert hierfür 19 Ticks, während er unter der Version 4.0 31 Clockticks beträgt (Also ca. 1/2 Sekunde). Die Sache mit diesem Parameter ist wie mit einem zweischneidigen Schwert. Setzen Sie den Wert für AGEINTERVAL runter, so können große Prozesse eher ausgelagert werden und nehmen den anderen Prozessen nicht den ganzen physikalischen Hauptspeicher weg. Andererseits kann sich das System durch dadurch häufigeres 'Swappen' verlangsamen. Genau umgekehrt verhält es sich, wenn Sie den Wert vergrößern. Also, wenn Sie sich nicht ganz sicher sind, lassen Sie es einfach bei dem Default Wert.

GPGSLO und GPGSHI

Und wieder haben wir es hierbei mit einem richtigen Exoten zu tun: GPGSLO und GPGSHI bestimmen den minimalen bzw. maximalen Wert der Variablen Freemem, bei dem Pages von einem Prozeß durch den Scheduler weggenommen werden dürfen. Diese Werte sollten auf stark belasteten Systemen vorsichtig erhöht werden.

MAXSC und MAXFC

MAXSC beschreibt die maximale Anzahl von Pages, die in einem Zug in den Swapbereich ausgelagert bzw. eingelesen werden kann. Hier finden wir den Wert 1 vor, und es spricht nichts dagegen, ihn auch auf 1 stehen zu lassen.

MAXUMEM

In dieser Variablen ist die maximale Anzahl an Pages beschrieben, die ein einzelner Anwenderprozeß an virtuellem Speicherplatz allokieren kann. 4096 ist der standardmäßig vorzufindende Wert, er sollte so beibehalten werden.

MINARMEM und MINASMEM

Diese beiden Parameter legen die minimale Größe eines Prozesses in Pages fest, die resident im Speicher (MINARMEM) bzw. im Swapbereich (MINASMEM) verbleiben müssen, um einen 'deadlock' zu verhindern. Wir wollen einmal den SCO-Autoren glauben, daß der Wert 25 in Ordnung geht.

Wenn Sie jedoch einen 'deadlock' einmal live erleben wollen, haben Sie vielleicht bessere Chancen dazu, wenn Sie diese Werte einfach heruntersetzen.

MAXSLICE

Wie Sie sicherlich wissen, steuert die Systemuhr des Personal Computers (genauer gesagt Timer 0), den 'Taskswitching' Prozeß von **SCO UNIX**. Waren unter der Version noch 60 Ticks pro Sekunde das Maß 'aller Dinge', so sind mittlerweile (wenigstens theoretisch) unter der Version 4.0 100 Clock-Ticks pro Sekunde zu zählen. Und genau diese Werte stehen auch standardmäßig in der Variablen MAXSLICE drin. Es sind nicht mehr Clock-Ticks, weil jede abgelaufene Sekunde sowieso ein 'Context-Switch' vom Prozeß- Scheduler durchgeführt wird. Sollten Sie auf Ihrem System arg ressourcenintensive Prozesse laufen haben, so empfiehlt es sich durchaus, MAXSLICE sagen wir auf einen Wert um ca. 25 zu reduzieren.

Bei vielen der abgehandelten Parameter, die sich auf das Speichermanagement beziehen, können leider keine Pauschalrezepte ausgestellt werden. Sie kommen also vielfach nicht um das Ausprobieren herum, wobei eigentlich nicht oft und energisch genug betont werden muß, daß bei eventuellen Unsicherheiten der voreingestellte Wert des entsprechenden Parameters nicht angetastet werden sollte.

Es gibt noch eine ganze Reihe anderer, wichtiger Parametergruppen (zu denen auch sicherlich STREAMS gehört), bei denen es sich lohnen würde, sie an dieser Stelle ausführlich zu erläutern. Leider ist der Umfang dieses Buches begrenzt, so daß wir Ihnen nur die wichtigsten Variablen vorstellen konnten.

In der folgenden Tabelle fassen wir die wichtigsten Parameter noch einmal zusammen und geben Empfehlungen über die einzustellende Größe für Systeme mit 4, 16 und 32 MB Hauptspeicher. Dies bedeutet jedoch nicht, daß damit ihr System schon optimal *getuned* ist. Die Feinabstimmung müssen Sie auf jeden Fall selbst vornehmen; sie hängt eben stark von den Anforderungen an Ihr spezielles System ab.

	4MB	16MB	32MB
NBUF	500	3000	7000
NINODE	200	1000	3000
NFILE	150	800	1500
NPROC	100	300	800
NCLIST	120	800	2000
MAXUP	50	70	100
NHINODE	64	1024	2048
NMPHEADBUF	150	200	300
NPBUF	20	25	30
NMPBUF	0	20	50
S5CACHENTS	256	256	500
S5HASHQS	61	199	499
S5OFBIAS	8	10	16

12.2   Wie das System konfiguriert wird (idtune, configure und tunesh)

Nun gut, jetzt haben wir die wichtigsten zu konfigurierenden Parameter kennengelernt, jedoch steht eine Frage noch unbeantwortet im Raum: wie werden diese Parameter denn nun eigentlich geändert ?

Wie weiter oben bereits angedeutet, sind all die Werte in den Dateien *mtune* und *stune*, die unter dem Verzeichnis */etc/conf/cf.d* abgelegt sind, zu finden. Hüten Sie sich jedoch davor, diese ASCII-Dateien mittels eines Editors zu verändern. Sie tun sich damit sicherlich keinen allzu großen Gefallen, denn die Gefahr, die Übersicht über diese Werte zu verlieren, ist recht groß.

Es gibt unter **SCO UNIX** System V/386 3.2 Version 4.0 im großen und ganzen drei Utilities, mit denen man die Systemvariablen verändern kann. Die beiden Programme **idtune** und **configure** sind seit langem bereits Bestandteil von **SCO UNIX** (eigentlich schon im **AT&T UNIX**), während **tunesh** ein neues Programm der Version 4.0 des **SCO UNIX** 3.2 ist.

Der ganz unbedarfte Systemverwalter, der vor die Aufgabe gestellt worden ist, das ihm zur Betreuung anvertraute **UNIX** System zu optimieren, sollte das Utility **tunesh** verwenden. Es ist einfach und modular aufgebaut und ohne irgendeine Option interaktiv aufrufbar. Es werden dem Systemverwalter einige Fragen zur Auslastung des Systems gestellt, die er normalerweise auch ohne langes Nachdenken beantworten kann.

Wichtig für **tunesh** ist zu wissen, wieviele Dateisysteme im Durchschnitt montiert werden, ob **NFS** (Networking File System) benutzt wird und wieviele Benutzer ungefähr gleichzeitig am System arbeiten. Die restlichen Informationen (etwa über die Größe des Hauptspeichers oder der Festplatte) kann sich **tunesh** mit Hilfe anderer Programme selbst besorgen.

Viel effizienter ist es hingegen, wenn Sie als Systemverwalter die Inhalte der Systemvariablen (also deren Bedeutung) auch wirklich verstehen, um dann ganz bewußt nach Ihren Vorstellungen das System zu optimieren.

Und das tun Sie bitte entweder mit dem **idtune** Kommando oder (viel besser noch) mit dem **configure**-Kommando. **idtune** ist eigentlich mehr dazu konzipiert, nicht interaktiv von einem Installationsskript aus aufgerufen zu werden. Sie sollten zum Ändern von Systemvariablen deshalb **/etc/conf/cf.d/configure** benutzen, zu dessen Aufruf Sie sich zunächst einmal in das Verzeichnis */etc/conf/cf.d* bewegen müssen.

Schauen wir uns einmal das Kommando **configure** etwas genauer an:

12.2.1 Das Programm configure

Die Syntax ist folgendermaßen:

configure [options] [*resource=value ...*]

Das Programm **configure** kann vorhandene Kernelkonfigurationen ermitteln und verändern. Für den Systemverwalter ist es erheblich einfacher, mit dem Programm **configure** interaktiv zu arbeiten, als die entsprechenden Werte quasi 'von Hand' zu setzen. Für die Systemprogrammierer unter uns, die Gerätetreiber entwickelt haben, ist **configure** auch eine recht gute Hilfe, da dieses Utility verschiedene Fehlersituationen, die sich durch mehrfaches, hintereinander durchgeführtes Editieren von Systemparametern ergeben könnten, verhindert.

Um **configure** ausführen zu können, muß man sich in dem Verzeichnis */etc/conf/cf.d* befinden. Die entsprechenden Ressourcen können entweder über die Kommandozeile oder aber interaktiv (menügesteuert) editiert werden.

Wenn Sie allerdings vorhaben sollten, Komponenten einzelner Gerätetreiber hinzuzufügen oder zu entfernen, kommen Sie um die Eingabe von Kommandozeilenoptionen nicht umhin. Schauen wir uns jedoch zunächst einmal an, wie **configure** interaktiv bedient wird:

Das Handbuch von **SCO UNIX** System V/386 3.2 schlägt vor, daß vor dem Aufruf von **configure** erstmal ein Backup von */unix* nach */unix.old* durchgeführt werden sollte. Wir halten das für relativ überflüssig, da beim Erzeugen eines neuen Betriebssystemkerns sowieso ein solches Backup angelegt wird.

Das Programm **configure** arbeitet genau dann interaktiv, wenn es entweder nur mit der Option -f oder aber ohne irgend eine Option aufgerufen worden ist. Zuallererst bekommt der Systemverwalter ein Menü zu sehen, das folgendermaßen aussieht:

```
  1.  Disk and Buffers
  2.  Character Buffers
  3.  Files, Inodes, and Filesystems
  4.  Processes, Memory Management and Swapping
  5.  Clock
  6.  MultiScreens
  7.  Message Queues
  8.  Semaphores
  9.  Shared Data
 10.  System Name
 11.  Streams Data
 12.  Event Queues and Devices
 13.  Hardware Dependent Parameters
 14.  Remote File sharing Parameters
 15.  Security Parameters

Select a parameter category to reconfigure
by typing a number from 1 to 15, or type 'q' to
quit:
```

Jede dieser oben gezeigten Kategorien, von denen wir Ihnen die wichtigsten drei bereits oben ausführlich vorgestellt haben, beinhalten eine Reihe an konfigurierbaren Parametern. Sie wählen eine Kategorie aus, in der Sie die zugehörige Nummer und dann <RETURN> eingeben. Jeder Parameter einer Kategorie ist dann der Reihe nach einzugeben. Das geht folgendermaßen vor sich:

Zuerst erscheint der Name des Parameters selbst auf dem Bildschirm, danach folgt eine kurze Beschreibung und abschließend wird der augenblickliche Wert der Variablen gezeigt. Unter der Kategorie 'Disk and Buffers' beispielsweise könnte das bei der Variablen NBUF so aussehen:

```
NBUF: total disk buffers.
Currently determined at system start up:
NSABUF: system-addressable (near) disk buffers.
Currently 10:
NHBUF: hash buffers (for disk block sorting).
Currently 128:
```

Um den aktuellen Wert beizubehalten, geben Sie bitte einfach nur
<RETURN> ein. Andererseits geben Sie den gewünschten Wert, ge-
folgt von einem <RETURN> ein. Das Programm **configure** überprüft
anhand der Eintragungen in *mtune*, ob der von Ihnen eingegebene
Wert innerhalb der festgesetzten Grenzen liegt. Falls das nicht der
Fall sein sollte, wird eine entsprechende Warnung ausgegeben. Sie
sollten sich in dieser Situation genauestens überlegen, ob der von Ihnen gewählte Wert in Ordnung geht oder nicht. Es kann passieren,
daß in solch einem Falle das Erzeugen eines neuen Betriebssystemkerns
fehlschlägt, oder schlimmer noch, daß es einige Zeit später zu rätsel-
haften Systemabstürzen kommt. Um **configure** nach dem Ändern
der gewünschten Variablen zu verlassen, müssen Sie am Prompt lediglich 'q' eingeben. Danach werden Sie gefragt, ob die Werte endgültig
geändert werden sollen oder nicht. Falls ja, sollten Sie, nachdem Sie
sich wieder auf der Shellebene befinden, einen neuen Betriebssystemkern erzeugen mit dem folgenden Kommando:

./link_unix

Es wird dann ein Shell-Skript gestartet, das nun die von Ihnen vorge-
nommenen Änderungen dauerhaft in den Kernel installiert. Bis zum
Abschluß des Linkvorgangs können je nach Geschwindigkeit von Festplatte und System einige Minuten vergehen. Nach Abschluß dieses
Vorgangs ist das System entweder mittels

/etc/shutdown

oder aber, wenn Sie der einzige Benutzer am System sind, mittels

init 0

ordnungsgemäß herunterfahren, um nach einem Neustart den neuen Betriebssystemkern zu laden.

Kommen wir nun zu den Optionen, mit denen **configure** aufgerufen werden kann. Grundsätzlich muß man sagen, daß der Aufruf von **configure** mit Optionen nur aus Installationsskripts heraus sinnvoll ist. Aus diesem Grunde werden wir Ihnen auch nicht alle möglichen Optionen erklären, sondern nur einen kleinen Teil. Wer von Ihnen vorhat, selbst derartige Skripts zu entwickeln, soll in den mitgelieferten Handbüchern nachlesen, wie die vielen Optionen zu **configure** denn nun genau aussehen. Man kann mit **configure** Gerätetreiber konfigurieren, sich Informationen über Treiber ausgeben lassen, Treiberdefinitionen aus den Konfigurationsdateien entfernen und Treiberattribute editieren. Zudem können auch noch die oben bereits ausführlich beschriebenen Kernelvariablen geändert werden. **configure** benutzt unter anderem die folgenden Optionen, die wir uns jetzt etwas genauer ansehen wollen:

-m, -b, und -c

Mit diesen drei Optionen spezifizieren Sie den Gerätetreiber, der verändert werden soll. Der -m Option muß die Majornummer des Eintrags in */dev* folgen, während -c/-b ein zeichenorientiertes oder aber ein blockorientiertes Gerät kennzeichnen.

-s

Wenn Streams Module hinzugefügt oder aber gelöscht werden sollen, muß diese Option -s gemeinsam mit -h statt der oben beschriebenen Optionen -m/-b/-c benutzt werden. Für einen Streams-Treiber hingegen muß -s zusammen mit -m/-c aufgerufen werden.

-a und -d

Jede dieser Optionen muß gefolgt werden von dem Namen einer oder mehrerer Funktionen eines Gerätetreibers, die entweder hinzugefügt (-a) oder aber gelöscht (-d) werden sollen. **configure** hält sich dabei an die vorgegebenen Konventionen, daß ein Treiberprefix 2-4 Zeichen lang ist (Auf die Thematik der Treiberprefixe kommen wir in diesem Abschnitt noch genauer zu sprechen).

-h

Mit -h können Sie dem Treiber oder dem Streammodul einen neuen Namen geben, wenn Ihnen der alte nicht mehr gefällt, oder aber wenn Sie einen neuen Treiber haben, dessen Name im System bereits vorkommt. Dieser Name kann 1-8 Zeichen lang sein.

-j

Mit dieser Option können Sie schlicht und einfach die benutzte Majornummer eines Treibers ermitteln, dessen Name hinter -j eingegeben werden muß. Geben Sie anstelle eines Treibernamens das Pseudonym NEXTMAJOR ein, so erhalten Sie die nächsthöchste und nicht benutzte Majornummer.

-f

Wie weiter oben bereits angedeutet, ist die Option '-f' die einzige, die einen noch interaktiven Gebrauch von **configure** zuläßt. Normalerweise sind **mdevice** und **mtune** die maßgeblichen Dateien für **configure**, mit der Option '-f' hingegen können Sie auch andere, alternative Dateinamen dafür vergeben, bzw. festlegen.

-w oder -o

Mit '-w/-o' teilen Sie **configure** mit, daß Sie nicht durch irgendwelche Warnungen darüber, daß mal wieder ein Wert außerhalb der vorgegebenen Grenzen liegt, gestört werden wollen.

-x

Mit '-x' erhalten Sie eine komplette Ausgabe aller dem Programm **configure** bekannten Ressourcen. Das beinhaltet den Namen der Variablen, eine Kurzbeschreibung der Variablen und deren aktuellen Inhalt.

Es gibt noch eine ganze Reihe anderer Optionen, mit denen **configure** traktiert werden kann, jedoch sind wir der Meinung, daß diese nur für Systemprogrammierer interessant sind, die komplexe Gerätetreiber für **SCO UNIX** entwickeln wollen. Das alles aber sollte nicht zum Standardwissen eines Systemverwalters gehören.

12.3 Die Diagnose der Systemeffizienz

Wer im Kundendienst mit **UNIX** Systemen beschäftigt ist, kennt sicherlich Anfragen mehr oder weniger aufgeregter Kunden, die behaupten, Ihr System sei bis zum 'geht nicht mehr' ausgebaut, es arbeiten kaum Personen an der Maschine, und trotzdem sei das gesamte Betriebssystem furchtbar langsam.

Bevor man sich jetzt von der allgemeinen Stimmung anstecken läßt, hilft nur ein klarer Kopf weiter, der genau in diesem Augenblick alle Möglichkeiten durchspielt, wie es zu diesem angeblichen Performanceverlust überhaupt kommen konnte. Und da gibt es mehrere Möglichkeiten.

Zuallererst ist zu bemerken, daß ein frisch installiertes **UNIX** System auf einer einigermaßen ausgebauten Maschine niemals so schrecklich langsam ist, da alle Systemparameter auf erfahrungsgemäß günstige Werte gesetzt worden sind. Nun sind Geschwindigkeitsverhalten, Antwortzeiten und Performance im allgemeinen schrecklich subjektive Begriffe. Wer jahrelang an Supermaschinen (Cray und Konsorten) gearbeitet hat, und nun vor ein **UNIX**-System auf einem 80386-SX Rechner, der womöglich nur mit 20 MHz getaktet ist, gesetzt wird, der bekommt sicherlich einen gehörigen Schock. Andere, die es gewohnt waren, auf ihrem mit 4,77 MHz langsamen XT zu arbeiten, geraten beim Umstieg auf oben genanntes System und Rechner in Entzücken. Was also nur helfen kann, sind nüchterne und pudelnackte Zahlen, anstatt hier der ungebremsten Polemik freien Lauf zu lassen (das kam schon damals bei den Deutschaufsätzen nicht so recht an ...). Also fragen Sie beispielsweise:

▷ Was verstehen Sie unter 'langsam' ?

▷ Wie groß sind die Antwortzeiten nach einer Eingabe ?

▷ Wieviele Sekunden 'steht' das System still und unter welchen Bedingungen ?

Wichtig ist, daß Sie sich ein genaues Bild machen können, wie der Performanceverlust aussieht. Am Besten allerdings ist, Sie bewegen sich zu Ihrem Kunden vor Ort und lassen sich von ihm selbst und auch persönlich das vermeintlich katastrophale Geschwindigkeitsverhalten des Betriebssystems und des Rechners vorführen. Meist müssen Sie Ihren Kunden lediglich beruhigen und ihm auf schonende Art verständlich machen, daß bei der augenblicklich verwendeten Hardware eigentlich nicht viel mehr an Performance herauszuholen ist. In einigen Fällen jedoch gibt es an manchen Systemen tatsächlich sogenannte 'Bottleneck'-Situationen. Diese müssen mit geeigneten Mitteln ausfindig gemacht werden. Eines dieser Mittel ist das Kommando **sar**, was soviel wie 'System Activity Reporter' bedeutet. Schauen wir dieses Kommando und vor allen Dingen die Bedienung desselbigen einmal etwas genauer an:

12.3.1 Der System-Aktivitätsreporter sar

Die ausführliche Beschreibung des Kommandos **sar** ist in der Sektion 'System Administrator Guide' der Handbücher zu finden. Das Utility **sar**, das leider nur als Superuser (*root*) aufzurufen ist, gibt einige, nützliche Daten über die Benutzung, Auslastung und Aktivitäten des **UNIX** Betriebssystems auf dem Bildschirm aus. Eine ganze Reihe an möglichen Optionen verkompliziert allerdings den Aufruf dieses Kommandos. Vielleicht wird man in Zukunft ja mal dieses Utility menügesteuert und in verständlicherer Form präsentieren, wer weiß ? Eigentlich wird, wenn von **sar** die Rede ist, über ein ganzes Paket gesprochen, nämlich dem 'System Activity Report Package', denn schließlich gibt es ja nicht nur das Programm **sar**, sondern auch eine Reihe an Dateien, Programmen und Verzeichnissen, die sich letztendlich auf dieses Paket beziehen. Im Systemverzeichnis */usr/lib* gibt es beispielsweise das Verzeichnis *sa*, in dem die weiteren Programme **sa1**, **sa2** und **sadc** abgelegt sind. Diese werden (je nach Optionen zu **sar**) von **sar** aufgerufen. Schauen wir uns eben die wichtigsten dieser Optionen einmal an:

```
sar [ -ubdycwaqvmnprDSAC ] [ -o file ] t [ n ]
sar [ -ubdycwaqvmnprDSAC ] [ -s time ]
     [ -e time ] [ -i sec ] [ -f file]
```

Nun, das Kommando **sar** läßt sich auch ohne Optionen aufrufen, wobei dann allerdings nur ein eigentlich wenig aussagekräftiger Report erzeugt wird, der die letzten Benutzungen und Auslastungen des Systems prozentual anzeigt, und zwar mit Messungen, die standardmäßig alle 20 Minuten erfolgt sind. Diese ausgegebenen Werte entstammen der Datei */usr/adm/sa/sadd*. Wenn Sie anstelle der Option *t* eine Anzahl von Sekunden eingeben, so wartet **sar** *t* Sekunden, bis eine neue Messung erfolgt. In diesem Falle wird, falls Sie *n* nicht mit einem Wert belegen, nur eine Messung durchgeführt. Ist *n* mit einem Wert versehen, so werden schlicht und ergreifend *n* Messungen durchgeführt, und zwar im Abstand von *t* Sekunden.
Ist die Option -o aus Ihrer Hand in die Kommandozeile gelangt, so ist das nachfolgende Argument der Name einer Datei, in die alle Ausgaben von **sar** im binären Format geschrieben werden. In jedem Falle aber kann man sich die verschiedensten Statistiken anzeigen lassen, deren Auswahl über Optionen in der Kommandozeile geschieht.
Einige Optionen des **sar** können jedenfalls für den Systemverwalter von größtem Interesse sein, und sollten daher ausführlich beleuchtet

werden.

▷ **sar** -r 1 5

Mit dem Parameter '-r' wird Ihnen der noch freie Systemspeicher und
der freie Swap-Bereich in 512-Byte Blöcken angezeigt. Die Ausgabe
dieses Kommandos könnte sich ungefähr wie folgt darstellen:

```
andreasn andreasn 3.2 2 i386 10/28/92
10:59:51  freemem  freeswp
10:59:52    2396    30000
10:59:53    2393    30000
10:59:54    2393    30000
10:59:55    2393    30000
10:59:56    2393    30000

Average     2394    30000
```

Auf einem System, in dem der Swap-Bereich eigentlich ständig belegt
ist, sollten Sie durchaus in Erwägung ziehen, mehr Speicher in das
System einzusetzen.

▷ **sar** -b 1 5

Nach Eingabe dieses Kommandos (also mit der Option -b) bekommen
Sie eine Ausgabe auf den Bildschirm, die ungefähr so aussieht:

```
andreasn andreasn 3.2 2 i386 10/28/92
  11:01:12  bread/s  lread/s  %rcache  bwrit/s  lwrit/s  %wcache
  11:01:13     0       21       100       0        4       100
  11:01:14     0        1       100       0.       1       100
  11:01:15     0        1       100       0        1       100
  11:01:16     0        1       100       1        2        50
  11:01:17     0        1       100       0        1       100

  Average      0        5       100       0        2        89
```

Entscheidend für unsere Beobachtungen sind die Felder *%rcache* und *%wcache*, die uns anzeigen, wieviele Treffer prozentual der Cache-Algorithmus für sich verbuchen konnte. Ein Wert von 100 bedeutet dabei, daß alle angeforderten Daten aus dem Cachespeicher gelesen werden konnten. Das ist ein Idealwert, der beim tatsächlichen Lesezugriff nur ganz selten erreicht wird. Sollte der Wert für *%rcache* auf unter 90 % absinken, so sollten Sie überlegen, die entsprechenden Pufferparameter zu erhöhen. Das gleiche gilt, wenn der Wert für *%wcache* im Durchschnitt auf unter 60 % absinkt.

▷ **sar** -u 1 5

Der Parameter '-u' sorgt für eine Bestimmung der Prozessornutzungszeit (u wie utilize ...). Die Ausgabe dieses Kommandos dürfte bei einem mittel- bis wenig ausgelasteten System ungefähr so aussehen:

```
andreasn andreasn 3.2 2 i386 10/28/92
  11:06:41  %usr  %sys  %wio  %idle
  11:06:42    0     5     0     95
  11:06:43    3     7     0     90
  11:06:44    0     1     0     99
  11:06:45   12     4     0     84
  11:06:46    0     3     0     97

  Average     3     4     0     93
```

Werte für *%idle* um die 90 % herum sind eigentlich gar keine Seltenheit. Meist wartet der Betriebssystemkern eigentlich nur auf sogenannte Events, die von einem Terminal, der Tastatur oder sonst irgendeinem Gerät kommen. Wenn Sie sich beispielsweise mit einer Textverarbeitung befassen, hat die CPU in der meisten Zeit nichts zu tun. Und glauben Sie uns, so schnell kann wirklich kein Mensch Daten über die Computertastatur eingeben, daß der *%idle*-Wert unter 90 % absinkt ...

Sollte der Wert im Durchschnitt trotzdem einmal bedrohlich absinken (nahe 0), dann liegt entweder der Verdacht nahe, daß irgendein Spaßvogel die Zahl *pi* auf 10000 Nachkommastellen berechnet, oder daß die Ressourcen des Systems tatsächlich erschöpft sind.

Index

COBOL – Das Handbuch für den professionellen Programmierer

Auf der Basis des ANSI-Standards unter Berücksichtigung der IBM-Erweiterungen unter VS COBOL II

von E. H. Peter Roitzsch

1993. VIII, 631 Seiten. Gebunden.
ISBN 3-528-05279-1

COBOL ist die am meisten angewendete Programmiersprache, ca. 40 % aller Programme sind in COBOL abgefaßt. Diese Sprache ist hervorragend geeignet zur Aufbereitung und Verarbeitung von Massendaten aus allen wirtschaftlich orientierten Bereichen. Da die anwenderbezogenen Anforderungen an die Verarbeitung dieser Daten einer ständigen Entwicklung unterliegen, muß auch COBOL dieser Entwicklung gerecht werden. Seit 1968 hat das American National Standards (ANSI) die Standardisierung der COBOL-Entwicklung übernommen und somit den Grundstein für die Kompatibilität der Sprache gelegt. COBOL ist für den Einsatz sowohl auf Großrechnern wie auch auf mittleren und Kleinanlagen geeignet. Dementsprechend wurden Compiler entwickelt, die auf dem PC einsetzbar sind, und weit über den ANSI-Standard hinausgehende Funktionen besitzen. Somit ist die Voraussetzung gegeben, COBOL-Programme für fast alle Anwendungsbereiche auf dem PC laufen zu lassen.

Dieses Werk ist ein praxisorientierter Leitfaden für den professionellen Programmierer. Gleichzeitig ist es ein umfangreiches Nachschlagewerk zum besseren Verständnis der COBOL-Handbücher und stellt somit ein Bindeglied zwischen Handbüchern und anwenderbezogener Praxis dar.

Neue Postleitzahlen ab 01.07.1993:
Postfach 58 29, D-65 048 Wiesbaden
Für Direktzustellung:
Faulbrunnenstr. 13, D-65 183 Wiesbaden

Verlag Vieweg · Postfach 58 29 · D-6200 Wiesbaden 1